国家林业局普通高等教育"十三五"规划教材
全国高等农林院校生物科学类系列教材

生物统计学

（第3版）

郭平毅　主编

宋喜娥　杨锦忠　副主编

中国林业出版社

图书在版编目（CIP）数据

生物统计学/郭平毅主编. —3 版. —北京：中国林业出版社，2017.8（2024.8 重印）
国家林业局普通高等教育"十三五"规划教材. 全国高等农林院校生物科学类系列教材
ISBN 978-7-5038-9245-5

Ⅰ. ①生… Ⅱ. ①郭… Ⅲ. ①生物统计—高等学校—教材 Ⅳ. ①Q-332

中国版本图书馆 CIP 数据核字（2017）第 202328 号

中国林业出版社·教育出版分社

策划编辑：杨长峰　　　　责任编辑：肖基浒
第 2 版责任编辑：何 鹏　李 伟
电　　话：(010)83143555　　传真：(010)83143516

出版发行	中国林业出版社（100009　北京市西城区德内大街刘海胡同 7 号）
	E-mail:jiaocaipublic@163.com　电话：(010)83143500
	https://www.cfph.net
经　销	新华书店
印　刷	中农印务有限公司
版　次	2006 年 8 月第 1 版
	2010 年 8 月第 2 版
	2017 年 8 月第 3 版
印　次	2024 年 8 月第 5 次印刷
开　本	850mm×1168mm　1/16
印　张	16.25
字　数	385 千字
定　价	49.00 元

未经许可，不得以任何方式复制或抄袭本书之部分或全部内容。

版权所有　侵权必究

全国高等农林院校生物科学类系列教材

编写指导委员会

顾　问：谢联辉

主　任：尹伟伦　董常生　马峙英

副主任：林文雄　张志翔　李长萍　董金皋　方　伟　徐小英

编　委：（以姓氏笔画为序）

马峙英　王冬梅　王宗华　王金胜　王维中　方　伟
尹伟伦　关　雄　刘国振　张志翔　李凤兰　李长萍
李生才　李俊清　李国柱　李存东　杨长峰　杨敏生
林文雄　郑彩霞　胡德夫　郝利平　徐小英　徐继忠
顾红雅　蒋湘宁　董金皋　董常生　谢联辉　童再康
潘大仁　魏中一

国家林业局普通高等教育"十三五"规划教材
全国高等农林院校生物科学类系列教材

《生物统计学》(第3版)编写人员

主　编　郭平毅
副主编　宋喜娥　杨锦忠
编　者　(以姓氏笔画为序)

王　奇（吉林农业大学）
李六林（山西农业大学）
吴良欢（浙江大学）
宋喜娥（山西农业大学）
张雅文（苏州科技大学）
陈茂学（山东农业大学）
杨艳君（晋中学院）
杨锦忠（青岛农业大学）
原向阳（山西农业大学）
贾俊香（山西农业大学）
郭平毅（山西农业大学）
黄亚群（河北农业大学）

主　审　陶勤南

第 3 版前言

生物统计学是运用数理统计的原理与方法，收集、整理、分析、展示数据，解释生物学现象，探索其内在规律的科学。生物科学的研究对象、研究材料和研究条件复杂多变，研究周期长，影响因素多，从而使数据带有很强的不确定性。因此，以概率论为基础的数理统计方法就成为生物科技工作者必不可少的工具。然而，生物科技工作者很少有时间去掌握抽象复杂的数学知识，但希望充分了解统计学的基本原理，从而能够正确设计试验和从试验结果得出合理结论。本书就是为了满足这些要求而写的，它是在我们几十年从事生物统计学教学基础上形成的，是本课程教学研究的积累和总结。

本书的内容涵盖了生物统计学原理在生物科学试验和生物调查研究中的一般指导作用和各种技术的具体使用方法，以及从试验设计到试验实施过程乃至统计分析、结果解释等各个环节上应注意的问题。本次修订是在全书内容结构基本不变的情况下，对书中符号、公式、数据、习题等存在错误的地方进行了系统修订，对方差分析中的多重比较方法进行了补充完善。本书共 15 章，第 1 章绪论；第 2 章试验设计概述，重点讨论了生物试验设计的一般原理；第 3 章至第 7 章系统介绍了数据整理、概率论基础、统计推断、方差分析、平均数比较等基本原理；第 8 章至第 11 章分别讨论了四种基本试验设计及其应用；第 12 章至第 13 章专门介绍相关与回归分析技术；第 14 章详细介绍在试验报告与结果展示中常用的统计表格与图形的制作原则与方法；第 15 章将 EXCEL 在生物统计学中的应用以实习指导的形式加以介绍，以提高生物统计学这一工具在学习和工作中的使用效率。

本次修订由郭平毅任主编，宋喜娥和杨锦忠任副主编。郭平毅编写第 5 章，原向阳编写第 2 章，杨艳君编写第 1 章与第 3 章，杨锦忠编写第 14 章，陈茂学编写第 7 章和第 12 章，吴良欢编写第 13 章，黄亚群编写第 6 章，张雅文编写第 4 章，王奇编写第 8 章，宋喜娥编写第 9 章和第 15 章，李六林编写第 11 章，贾俊香编写第 10 章。杨锦忠利用统计软件生成并编制了附表中大部分统计用表。

本书在编写和出版过程中，参考了许多生物统计学书籍和教材，特别是在例题与习题的选配方面，吸取了它们中的不少资料，谨在此致谢。由于我们水平有限，加上时间仓促，书中的缺点、错误一定不少，恳请各位读者继续对本书给予关心和帮助，对本书存在的不足之处及时提出意见，以便进一步完善。

郭平毅
2017 年 6 月于山西农业大学

第2版前言

生物统计学是运用数理统计的原理与方法，收集、整理、分析、展示数据，解释生物学现象，探索其内在规律的科学。生物科学的研究对象、研究材料和研究条件复杂多变，研究周期长，影响因素多，从而使数据带有很强的不确定性。因此，以概率论为基础的数理统计方法就成为生物科技工作者必不可少的工具。然而，生物科技工作者很少有时间去掌握抽象复杂的数学知识，但希望充分了解统计学的基本原理，从而能够正确地设计试验和从试验结果得出合理结论。本书就是为满足这些要求而写的，它是在我们几十年从事生物统计学教学基础上形成的，是本课程教学研究的积累与总结。

本书的内容涵盖了生物统计学原理在生物科学试验和生物调查研究中的一般指导作用和各种技术的具体使用方法，以及从试验设计到试验实施过程乃至统计分析、结果解释等各个应用环节上应注意的一些问题。本书共十五章，第一章绪论；第二章试验设计概述，重点讨论了生物试验设计的一般原理；第三章至第七章系统介绍了数据整理、概率论基础、统计推断、方差分析、平均数比较等基本原理；第八章至第十一章分别讨论了四种基本试验设计及其应用；第十二章至第十三章专门介绍相关与回归技术；第十四章详细介绍在试验报告与结果展示中常用的统计表格与图形的制作原则与方法；第十五章将EXCEL在生物统计学中的应用以实习指导的形式加以介绍，以提高生物统计学这一工具在学习和工作中的使用效率。

一切从读者角度出发，力争深入浅出地叙述原理与方法，并保持系统性与实用性。在内容上许多数学定理不给证明，只简单的引用，不过，仍力求做到数学中的严谨，避免过于简单化的危险。特别强调了平均数的比较问题和区间估计问题，所选例题从试验者角度展开讨论，尽量选用最适宜的统计方法，避免了仅从数学角度展开讨论，尽量选用最适宜的统计方法，避免了仅从数学角度讨论脱离实际的弊端。将深奥的数学假定与约束转换为通俗易懂的应用条件和注意事项进行表述。因为篇幅有限，无法容纳所有的生物统计学原理与方法，但本书是开放式的，为读者进一步扩充自己的生物统计学知识提供了导航。

本次修订由郭平毅任主编，宋喜娥和杨锦忠任副主编。郭平毅编写第五章，原向阳编写第二章，杨艳君编写第三章，杨锦忠编写第一章和第十四章，陈茂学编写第七章和第十二章，吴良欢编写第十三章，黄亚群编写第六章，张雅文编写第四章，王奇编写第八章，宋喜娥编写第九章和第十五章，李六林编写第十一章，贾俊香编写第十章。杨锦忠利用统计软件生成并编制了附表中大部分统计用表。

在编写过程中，参考了许多生物统计学书籍和教材，特别是在例题与习题的选配方面，吸取了它们中的不少材料，谨在此致谢。由于我们水平有限，加上时间仓促，书中的缺点、错误一定不少，欢迎读者批评改正。

郭平毅
2010年8月于山西农业大学

第1版前言

生物统计学是运用数理统计的原理与方法，收集、整理、分析、展示数据，解释生物学现象，探索其内在规律的科学。生物科学的研究对象、研究材料和研究条件复杂多变，研究周期长，影响因素多，从而使数据带有很强的不确定性。因此，以概率论为基础的数理统计方法就成为生物科技工作者必不可少的工具。然而，生物科技工作者很少有时间去掌握抽象复杂的数学知识，但却希望充分了解统计学的基本原理，从而能够正确地设计试验和从试验结果得出合理结论。本书就是为满足这些要求而写的，它是我们十几年来从事生物统计学教学讲义的基础上加工而成的，是本课程教学研究的积累与总结。

本书的内容涵盖了生物统计学原理在生物科学试验和生物调查研究中的一般指导作用和各种技术的具体使用方法，以及从试验设计到试验实施过程乃至统计分析、结果解释等各个应用环节上应注意的一些问题。本书共十五章，第一章绪论，第二章试验设计概述重点讨论了生物试验设计的一般原理，第三章至第七章系统介绍了数据整理、概率论基础、统计推断、方差分析、平均数比较等基本原理，第八章至第十一章分别讨论了四种基本试验设计及其应用。第十二章至第十三章专门介绍相关与回归技术。第十四章详细介绍了在试验报告与结果展示中常用的统计表格与图形的制作原则与方法。最后一章将 MS EXCEL 在生物统计学中的应用以实习指导的形式加以介绍，以提高生物统计学这一工具在学习和工作中的使用效率。

一切从读者角度出发，力争深入浅出地叙述原理与方法，并保持系统性与实用性。在内容上，许多数学定理不给证明，只简单地引用，不过，仍力求做到数学上的严谨，避免过于简单化的危险。特别强调了平均数的比较问题和区间估计问题，所选例题从试验者角度展开讨论，尽量选用最适宜的统计方法，避免了仅从数学角度讨论脱离实际的弊端。将深奥的数学假定与约束转换为通俗易懂的应用条件和注意事项进行表述。虽然因篇幅有限，无法容纳所有的生物统计学原理与方法，但本书是开放式的，为读者进一步扩充自己的生物统计学知识提供了导航。

本书由郭平毅任主编，杨锦忠和陈茂学任副主编。郭平毅编写第二章和第五章，杨锦忠编写第一章和第十四章，陈茂学编写第七章和第十二章，吴良欢编写第十三章，黄亚群编写第六章，张雅文编写第三章和第四章，王奇编写第八章，宋喜娥编写第九章和第十五章，李六林编写第十一章，贾俊香编写第十章。杨锦忠利用统计软件生成并编制了附表中绝大多数的统计用表。

在编写过程中，参考了许多生物统计学书籍和教材，特别是在例题与习题的选配方面，吸取了它们中的不少材料，谨在此致谢。由于我们水平有限，加上时间仓促，书中的缺点、错误一定不少，欢迎读者批评指正。

郭平毅
2006 年 2 月于山西农业大学

目 录

第3版前言
第2版前言
第1版前言

第1章 绪 论 …………………………………………………………………… (1)
1.1 生物统计学的发展 …………………………………………………………… (1)
1.1.1 生物统计学的概念 ……………………………………………………… (1)
1.1.2 发展简史 ………………………………………………………………… (1)
1.2 生物统计学在科学实践中的地位 …………………………………………… (3)
1.2.1 生物试验的任务 ………………………………………………………… (3)
1.2.2 生物统计学的地位 ……………………………………………………… (4)
1.3 生物统计学的功能 …………………………………………………………… (4)
1.3.1 生物统计学的内容 ……………………………………………………… (4)
1.3.2 生物统计学的功能 ……………………………………………………… (5)
1.4 生物统计学的学习方法与要求 ……………………………………………… (6)

第2章 试验设计概述 …………………………………………………………… (7)
2.1 概 述 ………………………………………………………………………… (7)
2.1.1 试验指标 ………………………………………………………………… (7)
2.1.2 试验因素及其水平 ……………………………………………………… (8)
2.1.3 试验因素效应——试验目标（一）…………………………………… (8)
2.1.4 指标之间关系——试验目标（二）…………………………………… (9)
2.1.5 总体与样本：生物试验的实质 ………………………………………… (9)
2.2 试验计划和试验方案的拟订 ………………………………………………… (10)
2.2.1 试验种类 ………………………………………………………………… (10)
2.2.2 试验计划的拟订 ………………………………………………………… (11)
2.2.3 试验方案的拟订 ………………………………………………………… (12)
2.3 试验误差及其控制 …………………………………………………………… (13)
2.3.1 试验误差的概念和类型 ………………………………………………… (13)
2.3.2 试验误差的来源 ………………………………………………………… (13)

         2.3.3 试验误差的控制途径 …………………………………………………… (14)
　2.4 试验的评价 ……………………………………………………………………… (14)
         2.4.1 试验计划的评价 ………………………………………………………… (14)
         2.4.2 试验结果和结论的评价 ………………………………………………… (15)
　2.5 试验设计的基本原则 …………………………………………………………… (15)
         2.5.1 重复 ……………………………………………………………………… (16)
         2.5.2 随机 ……………………………………………………………………… (16)
         2.5.3 局部控制 ………………………………………………………………… (17)
         2.5.4 试验单元的设计 ………………………………………………………… (17)
　小　结 ………………………………………………………………………………… (18)

第 3 章　统计描述 ……………………………………………………………………… (19)
　3.1 概　述 …………………………………………………………………………… (19)
         3.1.1 试验资料的性质 ………………………………………………………… (19)
         3.1.2 变数和观察值 …………………………………………………………… (20)
         3.1.3 随机变数的类型 ………………………………………………………… (20)
         3.1.4 参数和统计数 …………………………………………………………… (21)
　3.2 次数分布 ………………………………………………………………………… (21)
         3.2.1 次数分布表 ……………………………………………………………… (21)
         3.2.2 次数分布图 ……………………………………………………………… (24)
　3.3 平均数 …………………………………………………………………………… (25)
         3.3.1 算术平均数 ……………………………………………………………… (25)
         3.3.2 中位数 …………………………………………………………………… (27)
         3.3.3 众数 ……………………………………………………………………… (27)
         3.3.4 几何平均数 ……………………………………………………………… (28)
　3.4 变异数 …………………………………………………………………………… (29)
         3.4.1 极差 ……………………………………………………………………… (29)
         3.4.2 方差与标准差 …………………………………………………………… (30)
         3.4.3 变异系数 ………………………………………………………………… (32)
　3.5 偏度与峰度 ……………………………………………………………………… (32)
　小　结 ………………………………………………………………………………… (33)

第 4 章　总体与样本的关系 …………………………………………………………… (35)
　4.1 概　述 …………………………………………………………………………… (35)
         4.1.1 随机变数及其概率分布 ………………………………………………… (35)
         4.1.2 间断性随机变数的概率分布 …………………………………………… (35)
         4.1.3 连续性随机变数的概率分布 …………………………………………… (36)

4.2 二项总体与二项分布 …………………………………………………………… (37)
    4.2.1 二项总体 ………………………………………………………………… (37)
    4.2.2 二项分布 ………………………………………………………………… (37)
    4.2.3 二项分布的概率计算 …………………………………………………… (38)
    4.2.4 二项分布的形状和参数 ………………………………………………… (38)
4.3 正态分布与中心极限定理 ………………………………………………………… (39)
    4.3.1 正态分布的概率密度 …………………………………………………… (40)
    4.3.2 标准正态分布 …………………………………………………………… (40)
    4.3.3 正态分布的概率计算 …………………………………………………… (41)
    4.3.4 中心极限定理 …………………………………………………………… (42)
4.4 t 分布 ……………………………………………………………………………… (44)
4.5 χ^2 分布 ……………………………………………………………………………… (45)
4.6 F 分布 ……………………………………………………………………………… (46)
小 结 …………………………………………………………………………………… (47)

第 5 章 统计推断 …………………………………………………………………… (49)

5.1 概 述 ……………………………………………………………………………… (49)
    5.1.1 统计推断的概念与内容 ………………………………………………… (49)
    5.1.2 假设检验的类型与错误 ………………………………………………… (51)
5.2 统计假设检验的步骤 ……………………………………………………………… (52)
5.3 平均数的假设检验 ………………………………………………………………… (53)
    5.3.1 单个平均数的假设检验 ………………………………………………… (53)
    5.3.2 两个均值的假设检验——成组比较 …………………………………… (55)
    5.3.3 两个平均数的假设检验——成对比较 ………………………………… (56)
5.4 参数的区间估计 …………………………………………………………………… (58)
    5.4.1 总体平均数的区间估计 ………………………………………………… (58)
    5.4.2 总体平均数差数的区间估计 …………………………………………… (58)
5.5 方差的统计推断 …………………………………………………………………… (59)
    5.5.1 单个方差的统计推断 …………………………………………………… (60)
    5.5.2 两个方差的检验 ………………………………………………………… (61)
    5.5.3 多个方差的检验 ………………………………………………………… (62)
小 结 …………………………………………………………………………………… (63)

第 6 章 非参数假设检验 …………………………………………………………… (65)

6.1 概 述 ……………………………………………………………………………… (65)
6.2 符号检验 …………………………………………………………………………… (65)
    6.2.1 单个样本符号检验 ……………………………………………………… (66)
    6.2.2 两个样本符号检验 ……………………………………………………… (67)

6.3 秩和检验 ·· (68)
    6.3.1 成组数据比较的秩和检验 ·· (69)
    6.3.2 成对比较的秩和检验 ·· (72)
6.4 适合性检验 ·· (73)
    6.4.1 适合性检验的一般程序 ··· (73)
    6.4.2 对不同类型分布比例的适合性检验 ·· (74)
6.5 独立性检验 ·· (75)
    6.5.1 独立性检验的一般程序 ··· (76)
    6.5.2 2×2 列联表的独立性检验 ··· (77)
    6.5.3 $r \times c$ 列联表的独立性检验 ·· (77)
    6.5.4 Fisher 精确检验法 ·· (78)
小 结 ·· (81)

第7章 方差分析与平均数比较基础 ·· (84)

7.1 概 述 ·· (84)
7.2 方差分析的基本原理 ·· (85)
    7.2.1 方差分析的基本原理 ·· (85)
    7.2.2 方差分析的一般步骤 ·· (86)
7.3 线性模型、期望均方与效应模型 ··· (89)
    7.3.1 线性可加模型、期望均方 ··· (89)
    7.3.2 效应模型 ··· (91)
7.4 处理平均数间的多重比较 ··· (93)
    7.4.1 Fisher 最小显著差数法 ··· (93)
    7.4.2 Tukey 固定极差法 ·· (94)
    7.4.3 Dunnett 最小显著差数法 ··· (95)
    7.4.4 Duncan 新复极差法 ··· (96)
7.5 处理平均数间的单一自由度比较 ··· (98)
7.6 数据转换 ··· (102)
    7.6.1 方差分析的基本假定 ·· (102)
    7.6.2 数据转换的方法 ··· (103)
    7.6.3 转换后数据的分析 ·· (103)
小 结 ·· (105)

第8章 完全随机设计与分析 ··· (108)

8.1 概 述 ·· (108)
8.2 试验设计 ··· (108)
    8.2.1 单因素试验的完全随机设计 ·· (109)
    8.2.2 二因素试验的完全随机设计 ·· (109)

8.3 单因素试验结果的分析 …………………………………………………… (110)
　　8.3.1 各处理观察值数目相等的资料的方差分析 …………………………… (110)
　　8.3.2 各处理观察值数目不等的资料的方差分析 …………………………… (111)
8.4 二因素试验结果的分析 …………………………………………………… (113)
　　8.4.1 自由度和平方和的分解 ………………………………………………… (114)
　　8.4.2 各项方差计算 …………………………………………………………… (114)
　　8.4.3 F 检验 ………………………………………………………………… (114)
小　结 …………………………………………………………………………… (117)

第 9 章　随机区组设计与分析 …………………………………………………… (119)
9.1 概　述 ……………………………………………………………………… (119)
9.2 试验设计 …………………………………………………………………… (120)
　　9.2.1 试验设计方法与步骤 …………………………………………………… (120)
　　9.2.2 试验设计特点 …………………………………………………………… (121)
　　9.2.3 随机完全区组试验设计的适用条件 …………………………………… (122)
9.3 单因素试验结果的分析 …………………………………………………… (122)
　　9.3.1 单因素随机完全区组试验结果的方差分析方法 ……………………… (122)
　　9.3.2 单因素随机完全区组试验结果方差分析示例 ………………………… (123)
小　结 …………………………………………………………………………… (125)

第 10 章　拉丁方设计与分析 …………………………………………………… (128)
10.1 概　述 …………………………………………………………………… (128)
　　10.1.1 拉丁方 ………………………………………………………………… (129)
　　10.1.2 标准拉丁方 …………………………………………………………… (130)
　　10.1.3 常用标准拉丁方 ……………………………………………………… (130)
10.2 试验设计 ………………………………………………………………… (131)
10.3 单因素试验结果的分析 ………………………………………………… (133)
　　10.3.1 方差分析原理 ………………………………………………………… (133)
　　10.3.2 方差分析与平均数的比较 …………………………………………… (134)
小　结 …………………………………………………………………………… (136)

第 11 章　巢式设计与分析 ……………………………………………………… (138)
11.1 概　述 …………………………………………………………………… (138)
11.2 试验设计 ………………………………………………………………… (138)
11.3 试验结果的分析 ………………………………………………………… (139)
　　11.3.1 三级巢式设计资料的分析 …………………………………………… (139)
　　11.3.2 四级巢式设计资料的分析 …………………………………………… (143)
小　结 …………………………………………………………………………… (146)

第 12 章　直线相关与回归 ……………………………………………………………………（148）

12.1　概　述 ……………………………………………………………………………（148）
12.1.1　相关与回归的概念 …………………………………………………………（148）
12.1.2　相关与回归的分类 …………………………………………………………（149）
12.1.3　相关与回归的作用 …………………………………………………………（149）
12.2　直线相关 …………………………………………………………………………（149）
12.2.1　相关关系与相关系数 ………………………………………………………（149）
12.2.2　相关系数的性质及计算 ……………………………………………………（150）
12.2.3　相关系数的显著性检验 ……………………………………………………（152）
12.3　直线回归 …………………………………………………………………………（155）
12.3.1　直线回归方程的建立 ………………………………………………………（155）
12.3.2　直线回归方程的显著性检验 ………………………………………………（157）
12.3.3　利用回归方程进行预测 ……………………………………………………（160）
12.4　有关应用问题讨论 ………………………………………………………………（161）
12.4.1　直线回归与相关的内在联系 ………………………………………………（161）
12.4.2　直线相关与回归的应用要点 ………………………………………………（162）
小　结 ……………………………………………………………………………………（163）

第 13 章　多元回归与相关 ……………………………………………………………………（165）

13.1　概　述 ……………………………………………………………………………（165）
13.1.1　多元线性回归 ………………………………………………………………（165）
13.1.2　多元线性相关 ………………………………………………………………（165）
13.2　多元线性回归方程的建立 ………………………………………………………（166）
13.2.1　多元线性回归模型 …………………………………………………………（166）
13.2.2　偏回归系数的计算 …………………………………………………………（166）
13.3　多元线性回归的统计推断 ………………………………………………………（168）
13.3.1　多元线性回归关系的假设检验 ……………………………………………（168）
13.3.2　偏回归系数的假设检验 ……………………………………………………（169）
13.3.3　多元回归方程的区间估计 …………………………………………………（171）
13.3.4　决定系数 ……………………………………………………………………（172）
13.4　多项式回归 ………………………………………………………………………（173）
13.5　多元相关 …………………………………………………………………………（174）
13.5.1　多元相关系数的计算与假设检验 …………………………………………（174）
13.5.2　偏相关系数的计算 …………………………………………………………（175）
13.5.3　偏相关系数的假设检验 ……………………………………………………（176）
13.5.4　偏相关和简单相关的关系 …………………………………………………（177）
小　结 ……………………………………………………………………………………（177）

第14章 统计图表的编制 (179)

- 14.1 概述 (179)
  - 14.1.1 统计图表的作用 (179)
  - 14.1.2 统计图表的常见类型与基本结构 (179)
  - 14.1.3 统计图表的类型选择 (181)
  - 14.1.4 统计图表的编制要求 (182)
- 14.2 单因素试验的图表编制 (183)
  - 14.2.1 非定量处理的表格与柱图 (183)
  - 14.2.2 定量处理的曲线图 (187)
- 14.3 多因素试验的图表编制 (189)
  - 14.3.1 表格 (189)
  - 14.3.2 柱图 (194)
  - 14.3.3 曲线图 (196)
- 14.4 系列数据的图表编制 (198)
  - 14.4.1 时间序列 (198)
  - 14.4.2 多指标数据 (200)
- 小 结 (202)

第15章 EXCEL应用——实习指导 (204)

- 15.1 概述 (204)
- 15.2 **Excel** 基本操作 (204)
  - 15.2.1 目的 (204)
  - 15.2.2 原理与步骤 (204)
  - 15.2.3 要求 (207)
- 15.3 统计数的计算 (208)
  - 15.3.1 目的 (208)
  - 15.3.2 原理与步骤 (208)
- 15.4 两个处理比较的 t 检验 (210)
  - 15.4.1 目的 (210)
  - 15.4.2 原理与步骤 (211)
  - 15.4.3 要求 (212)
- 15.5 试验设计 (212)
  - 15.5.1 目的 (212)
  - 15.5.2 原理与步骤 (212)
  - 15.5.3 要求 (213)
- 15.6 完全随机设计的分析 (213)
  - 15.6.1 目的 (213)

15.6.2　原理与步骤 …………………………………………………… (213)
15.7　随机完全区组设计的分析 ………………………………………………… (214)
　　15.7.1　目的 ………………………………………………………… (214)
　　15.7.2　原理与步骤 …………………………………………………… (215)
15.8　简单相关与回归分析 ……………………………………………………… (215)
　　15.8.1　目的 ………………………………………………………… (215)
　　15.8.2　原理与步骤 …………………………………………………… (216)
15.9　多元相关与回归分析 ……………………………………………………… (219)
　　15.9.1　目的 ………………………………………………………… (219)
　　15.9.2　原理与步骤 …………………………………………………… (219)
15.10　卡方检验 ………………………………………………………………… (221)
　　15.10.1　目的 ………………………………………………………… (221)
　　15.10.2　原理与步骤 ………………………………………………… (221)
15.11　统计图表的编制 ………………………………………………………… (222)
　　15.11.1　目的 ………………………………………………………… (222)
　　15.11.2　原理与步骤 ………………………………………………… (222)
小　结 ……………………………………………………………………………… (223)

参考文献 ………………………………………………………………………… (224)

附录　常用统计用表 ………………………………………………………… (226)

第1章 绪论

1.1 生物统计学的发展

1.1.1 生物统计学的概念

生物统计学是运用数理统计的原理和方法研究生物现象的数量特征及其变异规律的一门学科,而数理统计则是以随机现象的数量特征和分布规律为研究对象的一种数学方法。生物统计学既是应用数学的分支,也是数量生物学的分支。了解和应用生物统计学方法有助于透过环境条件及其他偶然因素所掩盖的表面现象,揭示生物现象本身所固有的规律。因此,对于一般生物科学试验和调查计划的制订、所取得数据的整理和分析及其结果展示而言,生物统计方法都是一种必不可少的有效工具。

1.1.2 发展简史

生物统计学是数理统计学应用最早的领域之一,并为数理统计学的形成与发展做出了重要贡献。以概率论为基础的数理统计学的研究始于 16 世纪,17 世纪中叶帕斯卡(B. Pascal, 1623—1662)和费马(P. Fermat, 1601—1665)创始概率论,18 世纪到 19 世纪初拉普拉斯(M. Laplace, 1749—1827)和高斯(K. Gauss, 1777—1855)各自独立地导出了正态曲线,Gauss 还创立了最小二乘法,并被广泛地应用于生物学。英国优生学派创始人高尔顿(F. Galton, l822—1911)和他的继承人皮尔森(K. Pearson, 1857—1936)在遗传学研究中发展了相关与回归的概念,K. Pearson 还发展了著名的 χ^2 检验法,并创始了 BIOMETRIKA 杂志,使数理统计学的研究与发展进入到一个新的阶段。在 K. Pearson 致力于研究大样本的时候,他在酿酒厂工作的学生哥塞特(W. Gosset, 1876—1937)在小样本研究中导出了著名的"student-t"分布，今天，Student-t 已成为数理统计学家以及试验工作者的一种基本工具，应用非常广泛。进入 20 世纪后数理统计学得到了蓬勃发展，著名的英国农业生物学家费舍尔（R. A. Fisher，1890—1962）对数理统计学的发展做出了巨大贡献并为在农业科学、生物学和遗传学中的应用发挥了很大作用，他的主要贡献有：①参数估计方面。他提出了著名的"极大似然估计法"，这是应用最广的一种估计方法，他在 20 年代的工作，奠定了参数估计的理论基础。②试验设计与方差分析。试验设计的三大原则就是费舍尔和他的合作者叶茨（F. Yates）所开创的。他们还发展了分析这种试验数据的统计方法——方差分析法。③多元分析和相关回归。费舍尔系统地研究了正态分布样本的一些重要统计量的抽样分布，这些都是多元分析、相关回归等分支的奠基性工作。④其他。费舍尔在假设检验和一般统计思想方面，也都做出过重要贡献，包括他提出的一种新的统计推断思想——信任推断法。

在这一时期做出重要贡献的统计学家还有奈曼（J. Neyman，1894—1981）和小皮尔森（E. S. Pearson，1895—1980），在 1936 年和 1938 年他们联合发展了假设检验的系统理论。1946 年，瑞典统计学家克拉美（H. Cramer）出版了第一部严谨而较系统的数理统计著作《统计学数学方法》，标志着数理统计学已成为一门成熟的学科。

在我国，现代统计学的研究起步较晚。在数理统计方面做出贡献的有著名统计学家许宝騄教授，以及王寿仁、张里千、成平、张尧庭、刘璋温、陈希孺、方开泰、王松桂等，他们在多元分析和线性模型的统计推断以及非参数估计、参数估计和试验设计等方面做出了重要贡献。在生物统计方面，著名生物统计学家、植物育种学家王绶教授（1876—1972）于 20 世纪 30 年代首次将生物统计学引进我国，他撰写的《实用生物统计法》是我国最早出版的生物统计专著之一，之后南京中央农业试验厅邀请美国专家 H. H. Love 来我国讲学，讲授了 Statistical Methods in Agricultural Research，这本讲义后来由沈骊英翻译为《农业研究统计方法》，对我国农业研究影响较大，40 年代赵仁镕和余松烈教授合著《生物统计之理论与实际》，范福仁教授出版了《田间试验技术》，还翻译了 C. H. Goulden 著的生物统计学，对推动我国农业生物统计和田间试验方法的应用均产生很大影响。抗日战争胜利后，应台湾省农业试验厅厅长汤文通教授的邀请，余松烈和赵伦彝教授赴台举办生物统计训练班，推动了生物统计在台湾省的应用与发展。

新中国成立初期，由于生物统计的理论和方法与当时推行的苏联米丘林遗传学相悖使这门学科的研究、应用与发展受到很大影响，直到 20 世纪 60 年代初，随着农业科学研究的需要，才又重新被重视并得以迅速发展。在农业部领导下，于 1977 年着手组织编写了《田间试验与统计方法》教学大纲，并由南京农业大学著名统计遗传学家马育华教授主编了《田间试验与统计方法》全国统编教材，反映了当时我国农业生物统计的水平。20 世纪 80 年代初，我国数学家方开泰（1940— ）创立了均匀设计，并在工农业研究中应用。

近几年国际统计界研究的主要成果可以概括为两方面：一是基本理论的研究。主要成就有：概率极限理论及其在统计中的应用、树形概率、Banach 空间概率、随机 PDE'S、泊松逼近、随机网络、马尔科夫过程及场论、马尔科夫收敛率、布朗运动与偏微分方程、空间分支总体的极限、大的偏差与随机中数、序贯分析和时序分析中的交叉界限问题、马尔科夫过程与狄利克雷表的一一对应关系、函数估计中的中心极限定理、极限定理的稳定性问题、因果关系与统计推断、预测推断、网络推断、M-估计量与最大似然估计、参数模型中的精确逼近、非参数估计中的自适应方法、多元分析中的新内容、时间序列理论与应用、非线性时间序列、时间序列中确定模型与随机模型比较、极值统计、贝叶斯计算、变点分析、对随机 PDE'S 的估计、测度值的处理、函数数据统计分析等。二是应用研究。主要成就有：社会发展与评价、可持续发展与环境保护、资源保护与利用、电子商务、保险精算、金融业数据库建设与风险管理、宏观经济监测与预测、政府统计数据收集与质量保证等、分子生物学中的统计方法、高科技农业研究中的统计方法、生物制药技术中的统计方法、流行病规律研究与探索的统计方法、人类染色体工程研究中的统计方法、质量与可靠性工程等。

1.2 生物统计学在科学实践中的地位

1.2.1 生物试验的任务

生物试验是为了提高生产力而进行的一种自觉的、有计划的科研实践。生物试验的任务，首先在于解决生产中需要解决的问题。例如，某地区水稻白叶枯病流行，为了解决这个问题，就需要进行多方面的试验，例如：①对各种防治病害措施做出鉴定，供生产上利用；②征集抗病的水稻品种，通过比较试验，供生产上择优选用；③以抗病品种为亲本进行杂交，通过育种试验，选出抗病高产的优良基因型，以取代生产上的感病品种等。同样，为了制订某作物的科学管理规程或某家畜的饲料配方，以充分发挥品种的增产潜力，就需要进行一系列的栽培试验或饲养试验。

生物试验通常是在易于控制的较小的空间中进行。因而，它有可能最大限度地排除各种非研究因素的干扰，将需要研究的问题充分地突出起来；同时，它又可以向各个方面试探解决问题的最佳方案，而不致造成大的损失。所以，生物试验能够较有效率地解决生产中存在的一些问题。由于生产有着较强的地区性，而生产水平又是在不断发展的，会不断出现新的情况和问题，故这类直接为生产服务的试验，在各个农区都是面广量大的。

生物试验也是解决生物科学提出问题的有效手段。这是由于生物试验并不完全依赖于生产。它可以通过控制或改变某些条件，提供生产中不能或不易自然发生的新条件，以造成新的科学观念或科学假定；也可以根据一定的科学观念或科学假定，设计出相应的试验，来检验这些观念或假定的正确性。例如，已成为动植物育种重要基础的分离定律、自由组合定律和连锁交换定律，就是通过控制条件下的生物杂交试验而得出科学观念，又被从这种观念出发而进行的大量再试验所证实的。所以，从根本上说，生物科学的发展要以生产的发展为基础，这是毋庸置疑的。但是，要使生物科学走在生产的前头，却又非侧重于生物试验不可，这也是毫无疑问的。

从生物试验和农业生产的关系来说，生物试验通常都可看作农业生产的先行和准备。"先行"体现了生物试验的探索性和先进性，"准备"则体现了生物试验的目的性。为了迅速发展我国的农业生产和农业科学，必须大力加强生物试验研究工作。

1.2.2 生物统计学的地位

在生物科学研究中,经常要遇到许多数量方面的问题。图1-1表示统计学在科学研究中涉及数据搜集与分析的各个侧面都发挥着重要作用,贯穿最初提出问题直到最后得出结论的始终。此图区分了两种类型的研究:试验性的和调查性的。在试验性的研究中,各种因素经常受到控制并且固定在事先设定的水平上,在试验的每轮实施中保持不变。在调查性的研究中,有许多因素无法控制,但是,却可以对它们进行记录与分析。

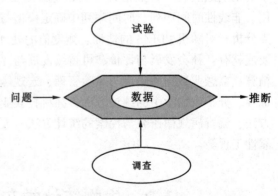

图1-1　科学研究中统计学的关键作用环节

本书将侧重于试验性的研究,当然,书中介绍的许多分析方法也同样适用于调查性的研究。

上述两类研究中的关键环节就是数据。所有数据在收集过程中受到各种各样偶然因素的干扰,难免产生变异。这种变异可能产生于基因型之间固有的差异,或者是环境条件变化引起的随机差异,或者是测量仪器读数中的测量误差,或者是许多其他已知及未知因素影响的结果。

利用统计学方法进行试验设计,能够有效消除已知来源的偏差,控制未知来源的偏差,确保试验能够提供目标对象有关性状的精确数据,防止采用不经济的设计造成不必要地浪费试验资源。同样的,利用统计学方法进行试验数据分析,能够简要展示试验结果,获得关于生物学现象的推断性结论。下节将进一步介绍统计学在生物学试验过程中的功能。

1.3　生物统计学的功能

1.3.1　生物统计学的内容

生物统计学的内容包括试验设计和统计分析。试验设计是指应用数理统计的原理与方法,制订试验方案,选择试验材料,合理分组,降低试验误差,使我们可以利用较少的人力、物力和时间,获得多而可靠的数据资料。

统计分析是指应用数理统计的原理与方法对数据资料进行分析与推断,认识客观事物的本质和规律性,使人们对所研究的资料做出合理的结论。这是生物统计的又一重要任务。由于事物都是相互联系的,统计不能孤立地研究各种现象,而必须通过一定数量的观察,从这些观察结果中研究事物间的相互关系,揭示出事物客观存在的规律性。

统计分析与试验设计是不可分割的两部分。试验设计须以统计分析的原理和方法为基础,而正确设计的试验又为统计分析提供了丰富可靠的信息,两者紧密结合推断出合理的结论,不断地推动应用生物科学研究的发展。

1.3.2 生物统计学的功能

现代生物统计学已在科学研究和生产中得到极为广泛的应用。其基本功能有:

(1)为科学地整理分析数据提供方法

我们做任何工作,都必须掌握基本情况,做到心中有数,才能有的放矢,从而提高工作质量。进行应用生物研究也不例外,都必须有计划地收集资料并进行合理的统计分析,通过调查所得的数据,经过加工整理,从中归纳出事物的内在规律性,用以指导生产。例如,调查某水稻品种穗粒数,可以得到不同个体穗粒数的大量原始数据,从这些杂乱的数据是难以看出什么的。若运用生物统计方法对这些数据进行加工整理,使之条理化,即可大体了解该水稻品种的穗粒数一般情况及其变异特征,得到有用的信息。

(2)判断试验结果的可靠性

由于存在试验误差,从试验所得的数据资料必须借助于统计分析方法才能获得可靠的结论。例如,某农场要研究两种饲料对肉用仔鸡增重及饲料利用率的影响。选择同品种及体重接近的 500 只肉用雏鸡,半数饲以甲种饲料,半数饲以乙种饲料,8 周龄后称其体重并结算饲料消耗,分析比较这些资料,从中得出结论。这就要运用统计分析方法,以决定两群鸡体重及饲料消耗的差异,究竟属于本质原因造成的,抑或属于机遇造成的,即判断是由于不同饲料造成,还是由于其他未经控制的偶然因素所引起。分析之后才能做出比较正确的结论。

(3)确定事物之间的相互关系

科学试验的目的,不仅是研究事物的特征、特性,同时还要研究事物间相互关系的联系形式。例如,测定某群奶牛第一胎的产乳量和以后几胎的产乳量之间的相关关系,就可以根据第一胎产乳量的高低来推断一生的产乳量,这样,就为早期选择和淘汰低产乳牛提供科学预见。这种研究事物之间的联系形式以及相关程度的方法是生物统计的一个重要部分。

(4)提供试验设计的原则和方法

做任何调查或试验工作,事先必须有周密的计划和合理的试验设计,它是决定科研工作成败的一个重要环节。一个好的试验设计,可以用较少的人力、物力和时间,最大限度获得丰富而可靠的资料,尽量降低试验误差,从试验所得的数据中能够无偏地估计处理效应和试验误差的估计值,以便从中得出正确的结论。相反,设计不周,不仅不能得到正确的试验结果,而且还会带来经济上的损失。

(5)为学习其他课程提供基础

我们要学好遗传、育种学等学科,也必须学好生物统计学。比如,数量遗传学就是应用生物统计方法研究数量性状遗传与变异规律的一门学科,如果不懂生物统计学,也就无法掌握遗传学。此外,阅读中外科技文献也常常会碰到统计分析的问题,也必须有生物统计的基础知识。因此,生物科学工作者都必须学习和掌握统计方法,才能正确认识客观事物存在的规律性,提高工作质量。

生物统计学在生物科学研究中虽然有着重要的作用,但也不是万能的。因为生物科学中很多现象受物理学、化学、生物学规律的支配。所以，生物科学研究工作，应该在生物学相关专业理论的指导下进行。

总之，生物统计学是一种很有用的工具，正确使用这一工具可以使科学研究更加有效，使生产效益更高，所以，它是每位从事生物科学工作者所必须掌握的基础知识。

1.4 生物统计学的学习方法与要求

生物统计是数学与生物学相结合的一门交叉学科，所包含的公式很多，我们在学习中，首先，要弄懂统计的基本原理和基本公式。要理解每一公式的含义和应用条件，可以不必深究其数学推导。其次，要认真地做好习题作业，加深对公式及统计步骤的理解，达到能熟练地应用统计方法。再次，应注意培养科学的统计思维方法。生物统计意味着一种新的思考方法——从不确定性或概率的角度来思考问题和分析科学试验的结果。最后，必须联系实际，结合专业，了解统计方法的实际应用；平日要留意书籍和杂志中的表格、数据及其分析和解释，以熟悉表达方法及应用。

练习题

1. 生物统计学的基本内容是什么？各部分之间的关系如何？
2. 生物统计学的功能有哪些？
3. 试从基础型生物科学研究的过程看生物统计学在科学实践中的地位。
4. 试从应用基础型生物科学研究的过程看生物统计学在科学实践中的地位。
5. 试从应用型生物科学研究的过程看生物统计学在科学实践中的地位。

第 2 章 试验设计概述

2.1 概 述

试验设计是生物统计学的一个分支,是进行科学研究的重要工具。它是指整个试验研究课题的设计,主要包括课题的确定、试验方案的拟订、试验材料的选择与分组以及试验资料的收集整理和试验结果的统计分析方法的选择等。由于它与生产实践和科学研究紧密结合,在理论和方法上不断丰富和发展,因而广泛地应用于各个领域。本章将学习试验设计的基本要素、试验计划和试验方案的拟订、试验误差的控制、试验的评价和试验设计的基本原则等内容。

2.1.1 试验指标

试验观察中用来反映研究对象(处理)特征的标志即为试验指标,或者把它称作观察项目。它是一种判断依据,例如,可以把株高作为判断灌水是否促进植物生长的依据,株高就是反映灌水作用的指标。试验观察指标要选得准。因为它关系到试验结果能否回答所研究的问题。例如,对几个甘薯品种作比较的试验来说,用鲜重作为产量指标就明显不妥,因为不同的品种含水量会不同,如果采用干物重或切干率作指标,就较合适。生物体有多种性状和特征,为了要从多方面说明问题,观察指标不应该只选一个就满足,但也不宜选得太多。究竟应当选哪些指标? 这要从它对回答所研究的问题有无用处来考虑,即所谓实用性。例如,株高和植株干重可以作为表达植物生长的指标,但是在研究作物品种的抗虫性上,可以认为这两个指标毫无用处,而幼苗有无茸毛则是研究品种抗虫性的十分有用的指标。

从观察对象(性状或特征)的性质上说,指标可分为定性指标和定量指标两类。前者显示观察对象的属性,即质的规定,如施药后个体反映出有效与无效,受害与未受害,死亡与存活等；后者则显示观察对象的量，即量的规定，如产量、株高、茎粗、土壤容量、含水量等。

从定性指标观察所获得的资料称为定性资料；从定量指标观察所获得的资料称为定量资料。定性资料大都是以观察对象中出现或不出现某一属性的概率或比例来表达的。它没有计量单位，因为属性一般不能度量，只能一个一个地计数。例如，对一些植株清点出有病的有多少株，无病的又有多少株，然后计算出有病株的株数占观察的所有株数的百分比。定性资料通过数出出现某一属性的个体数而取得，因而常常称作计数资料。定量资料是用测量指标所得的数量来表达，因此又称计量资料或测量资料。定量资料有计量单位，如度量衡或时间等单位。这是在表达方式上它和定性资料的不同点。一般说，计量资料要比计数资料精确，可从中做出较为有把握的结论；而且由于它比较精确，即在多次重复测量所得结果之间的变异较小，而且在抽样观察中所抽取的样本含量可以较少。因此试验中最好选用可获得计量资料的指标。

在一个试验中对同一项指标的观察，标准要统一。用文字叙述观察的结果，要简明扼要。同时，一个试验中可以选用单指标，也可以选用多指标，这由专业知识对试验的要求确定。如农作物品种比较试验中，衡量品种的优劣、适用或不适用，围绕育种目标需要考察生育期、丰产性、抗虫性、耐逆性等多种指标。当然一般田间试验中最主要的常常是产量这个指标。各种专业领域的研究对象不同，试验指标各异。在设计试验时要合理地选用试验指标，它决定了观察记载的工作量。过简则难以全面准确地评价试验结果；过繁又增加许多不必要的浪费。试验指标较多时还要分清主次，以便抓住主要方面。

2.1.2 试验因素及其水平

生物学研究中，不论农作物还是微生物，其生长、发育以及最终所表现的产量受多种因素的影响，其中有些属自然的因素，如光、温、湿、气、土、病、虫等，有些是属于栽培条件，如肥料、水分、生长素、农药、除草剂等。进行科学试验时，必须在固定大多数因素的条件下才能研究一个或几个因素的作用，从变动这一个或几个因子的不同处理中比较鉴别出最佳的一个或几个处理。这里被固定的因子在全试验中保持一致，组成了相对一致的试验条件，被变动并设有待比较的一组处理的因子称为试验因素，简称因素或因子，试验因素量的不同级别或质的不同状态称为水平。试验因素的水平可以是定性的，如不同品种，具有质的区别，称为质量水平；也可以是定量的，如喷施生长素的不同浓度，具有量的差异，称为数量水平。数量水平不同级别间的差异可以等间距，也可以不等间距。

2.1.3 试验因素效应——试验目标（一）

由于试验因素的作用对试验指标所起的增加或减少称为试验因素的效应，估算和分析试验因素效应是科学试验的目标之一。

（1）简单效应

简单效应指在同一因素不同水平下同一试验指标的差异。例如，某小麦品种施肥量试验，每公顷施 N 肥 150kg，产量为 6000kg，每公顷施 N 肥 225kg，产量为 6750kg，则在每公顷施 N 肥 150kg 的基础上增施 75kg 的简单效应为 $6750 - 6000 = 750(\text{kg/hm}^2)$。

(2) 互作效应

上述试验为只考察单一因素施肥量的试验。当我们要考察的因素多于一个时，通过分析不但可以了解各个试验因素的简单效应，还可以了解各因素的平均效应和因素间的交互作用。为说明问题，表2-1列出了某大豆品种施用 N、P 的假定试验结果。

表 2-1　某大豆品种施用 N、P 的假定试验结果

试验	因素	水平	N_1	N_2	平均	$N_2 - N_1$
A	P	P_1	10	16	13	6
		P_2	18	24	21	6
		平均	14	20	—	6
		$P_2 - P_1$	8	8	8	—
B	P	P_1	10	16	13	6
		P_2	18	28	23	10
		平均	14	22	-	8
		$P_2 - P_1$	8	12	10	—

表 2-1 为 N 肥与 P 肥的 2×2 处理组合的试验结果，以下用其中的数据说明各种效应。①此时一个因素的简单效应与另一因素的水平相同，该因素不同水平间的产量差异。如表 2-1 试验 A 中 18－10＝8 为 P 在 N_1 水平上的简单效应，16－10＝6 为 N 在 P_1 水平上的简单效应，其他水平计算相同。②一个因素内简单效应的平均数为平均效应，又称为主效，如表 2-1 试验 B 中 N 的主效为 (6＋10)/2＝8，P 的主效为 (8＋12)/2＝10。③N、P 二因素中任一因素的简单效应间的平均差异为交互作用效应，简称互作。它反映一个因素的各水平在另一因素的不同水平中反应不一致的现象。如表 2-1 试验 A 中 N、P 的互作效应为 (6－6)/2＝0 或为 (8－8)/2＝0，此时互作为 0，又称无互作；而表 2-1 试验 B 中 $P_2 - P_1$ 在 N_2 时比在 N_1 时增产幅度大，表现有互作，交互作用为 (12－8)/2＝2 或 (10－6)/2＝2，这种互作为正互作；若 $P_2 - P_1$ 在 N_2 时比在 N_1 时不但没有增产反而减产，此时的互作为负互作。

2.1.4　指标之间关系——试验目标（二）

在科学试验中，通常对一个试验进行多指标考察，统计分析的特点之一就是多角度分析试验因素的效应。分析指标之间的关系便成为深刻揭示事物之间的关系的重要手段，如某小麦品种肥料试验中同时对株高、籽粒重、穗长、穗粒数进行考察，那么这些指标之间有无协同变异关系是分析肥料因素作用效果的一个主要方面。另外，如一块地的产量与降雨量之间等都需进行类似分析，了解它们之间相互影响的规律性，此分析常要用到统计分析方法中的相关与回归、卡平方检验等，有关这方面内容将在后面章节中介绍。

2.1.5　总体与样本：生物试验的实质

总体和样本是生物统计中的两个重要概念。我们把研究对象的某种数量性质的一个数值集合，或简述为研究对象的全体，称为总体（或母体），而组成总体的每个单元（元素）

称为个体。

例如，研究泰山一号小麦的株高，所有泰山一号小麦品种的株高构成一个总体，同样所有泰山一号小麦的穗重又可构成另一个总体。总体的性质取决于个体的性质，是一个与一定的数量指标相联系的概念，因此构成总体单元应是清晰的，它构成了抽样的基础，总体中的个体数称为总体容量，用 N 表示。

若总体中的个体为有限个，如一块玉米田的所有果穗；一个畜群的头数等，则称总体为有限总体。若总体中的个体为无限多个，如某一品种粒重；一块农田中小麦的株数等，则称总体为无限总体。

若从总体中随机地抽取 n 个个体，得到 n 个观察值 $y_1, y_2, \cdots, y_n$，称 $y_1, y_2, \cdots, y_n$ 为该总体容量为 n 的样本(或子样)。

这是因为在研究总体时，由于总体的无限性或测量方法具有破坏性，往往不允许对总体中的全部个体一一测量，而多采用从总体中随机地抽取若干个体的方法。用以估计所研究的总体，我们将这部分个体称为样本，样本中所包含的个体数叫样本容量，用 n 表示。在统计上，当以平均数为考察对象时，一般规定：

$$n < 30 \text{ 为小样本}; \quad n \geq 30 \text{ 为大样本}$$

样本是总体的缩影，统计分析的任务就是由样本推断总体，因此任何试验都存在抽样问题。为使样本正确地反映总体，抽样时必须采用随机的方法，所谓随机抽样是指总体中的每一个体都有同等的机会被抽取，而且每次抽取时，总体中的个体成分不变，采用这种方法得到的样本称简单随机样本，这种抽样方法称简单随机抽样。显然，简单随机抽样就是一个独立地、重复地进行同一的随机试验，为了做到这一点，对有限总体要采用复置抽样法，对无限总体则无此必要了。今后我们把简单随机样本简称为样本。样本毕竟只是总体的一部分个体，因此和总体的真实情况又有所出入。统计分析的核心在于由样本的信息推断总体的信息。因此，获得样本仅是一种手段，而推断总体才是真正目的。

2.2　试验计划和试验方案的拟订

2.2.1　试验种类

试验所研究的内容十分广泛，试验方案可以依其研究对象、试验内容、试区大小、时间长短、试验条件或试验性质等分为若干种类，但最基本的是按照试验因素的多少分类。

（1）单因素试验

在同一试验中只研究一个因素的若干水平，每一水平构成一个试验处理。我们把这种试验称为单因素试验。如作物品种试验，目的是在相同的栽培条件下比较不同品种的生产性能，这里作物的"品种"为试验因素，不同品种为不同水平，由此构成了试验方案。

单因素试验具有设计简单，目的明确，试验结果容易分析的优点，但不能同时了解几个因素的相互联系及其共同效应，反映的问题不够全面，在作物品种比较试验中，统一的试验条件无法满足不同品种的要求，有时难以得到公正的结论。

(2) 多因素试验

在同一试验中研究两个或两个以上因素不同水平按照一定的组合方式构成的若干处理。这类试验可以研究一个因素在另一个因素配合下的平均效应及其交互效应，反映的问题比较全面，有利于选择生产因素的最佳组合，确定因素间的相互关系，对此又称为因子试验或析因试验，例如氮磷肥二因素配合试验，若氮肥用量取 N_1、N_2 两个水平，磷肥用量取 P_1、P_2 两个水平，共构成 $2 \times 2 = 4$ 个处理组合，其试验方案为：N_1P_1、N_1P_2、N_2P_1、N_2P_2。

在多因素试验中，根据因素水平的搭配方法又分完全均衡的试验（全面实施或完全实施）和不完全均衡的试验（部分实施）两类，在完全试验方案中又因因素之间的地位是否平等，分为交叉分组、系统分组和混合分组3种。

(3) 综合试验

综合试验方案是把若干因素的不同水平组合在一起，构成一个整体，形成一个综合因子，由此构成一项试验处理，与另外的一个综合因子进行比较，这种设计在处理之间没有因素水平的组合搭配，无法进行析因分析，往往用于成套技术措施的相互比较与筛选，它与多因素试验相比，可以大大减少处理数量，这对于鉴定外地成套经验是一种行之有效的办法。综合试验由于不能分析各因素的单独作用及因素间的交互作用，一般说只有在所安排的综合措施中那些起主导作用的因素的效应及其交互作用基本明确的基础上进行设置才好。这种试验是把一组综合因素看作一个试验处理，因此，综合试验在实质上应是广义的单因素试验。

2.2.2 试验计划的拟订

一切试验在进行之前，都应拟订出一份计划，将课题的名称、试验的目的、要求、内容及其所需的条件等明确记录下来，这样才能有计划地做好试验的一切准备工作，使每个参加试验的人员思想行动一致，保证试验能够有条不紊地顺利进行。周密而切实可行的试验计划是试验成功的必要保证。

试验计划见诸文字并采取一定格式，便是试验计划书。试验计划书的格式没有统一的规定。有的填表格，有的用文字叙述，其项目也依课题的内容、试验的规模以及试验主持单位的具体要求不同而各有取舍。通常包括以下内容：

①试验课题名称；
②试验目的及其依据；
③试验方案；
④试验单元的数量和要求；
⑤试验设计方法；
⑥试验观察和记载的项目与方法；
⑦试验结果的统计分析方法；
⑧试验所需的条件、设备、经费；
⑨试验的时间、地点及工作人员；
⑩试验预期结果以及试验成果的鉴定。

2.2.3 试验方案的拟订

试验方案是指根据试验目的和要求而设计进行比较与鉴别的全部试验处理的总称。试验方案是整个试验工作的核心部分，应当经过周密的考虑和仔细的讨论后拟订出来。拟订试验方案必须以下列几个原则作为指导思想：

(1) 力求简洁明确，避免繁杂

试验方案应根据研究任务所提出的问题决定采用简单或复杂的方案，凡可用简单方案解决的问题绝对不要采用复杂方案，必须采用复杂方案时，要按照悭吝原则，注意不要过于繁杂，不要企图在一次试验中什么问题都要解决。

确定试验方案的一般程序是：

明确研究目的—确定试验指标—分析影响试验指标的因素并选取试验因素—确定因素的水平—构造试验方案—专家论证—修改后实施。

(2) 试验方案中各处理间要遵守唯一差异原则

唯一差异原则是指各处理之间只允许存在比较因素的差异，其他非比较因素应尽可能保持一致。如根外追肥试验，正确的设计应是：①不喷施；②喷施等量清水；③喷施肥料溶液。若两个处理之间存在两个以上的差异，则无从判断产生试验效应的原因。但是，对唯一差异原则也不能机械搬用，如 N、P、K 三要素试验，由于三种肥料的性质不同，要求不同的施肥方法，有的宜作基肥，有的宜作追肥。因此，在这种试验中就允许存在不同的施肥方法，如果片面强调唯一差异，完全按照同一的方法施肥，反而是不合理的。对于这类试验，原则上应使被研究的因素处在最能发挥最大效益的条件下进行，或者采用多因素试验，增加试验因素，扩大试验处理，才不致出现偏袒现象。

(3) 试验因素水平间的级差要适当

水平级差的大小，以能反映因素不同水平间的效应为原则。级差太小，往往因误差大于水平间的差异而无法估计水平间的效应；级差过大，又难以寻求最佳水平。对于探索性试验，如研究某类土壤上某种肥料的效应，一般选用施肥与不施肥两个水平；如要研究反应曲线的性质以及试验因素的经济效益时，最少应取三个水平。其级差的大小依其试验因素的状况来定，如播种期试验，视作物种类不同，其两期间隔一般最短是 5~7 天，肥料试验以纯养分量计，氮肥级差每 $667m^2$ 不少于 1.5kg N；磷、钾肥以每 $667m^2$ 不少于 2kg P_2O_5 或 K_2O 为宜。

(4) 试验方案中应设置对照

对于单因素试验方案，方案中均应设置比较的基准——对照处理，否则将无从判断其优劣。按照试验的要求，在一个试验方案中，对照处理可以是一个，也可以是多个。一般作物品种比较试验，多以当地推广面积大，使用年限长的当家品种为对照；再如肥料肥效试验，当所用肥料尚不明确在某类土壤上的肥效时，一般要设两个对照，对照Ⅰ为不施肥处理(空白处理)，用以鉴别土壤对肥料的反应；对照Ⅱ为标准肥料处理，用以鉴别其肥效的高低。如不设置空白对照，当试验的肥料品种间不表现差异时，就无从判断导致这种结果的原因是土壤无反应，还是肥料品种之间的效果无差别。

对于多因素试验，由于试验因素水平间的全面搭配，能做到各处理间的唯一差异，处理之间可以相互比较，互为对照，一般不需要专门设置对照处理。

(5) 拟定试验方案时应对所研究的问题进行考察与调研

拟定试验方案时应对研究课题的历史与现状有所了解。哪些问题已经解决，哪些问题尚未解决。在本地区的生产中反映出的问题是什么？同时还应对所研究课题的预期效果有所估计，做到心中有数。这就要求试验工作者应当先查阅有关文献资料，进行调查研究，使方案中每项因素的确定都有科学根据，这样做才能有把握地完成研究任务。

2.3 试验误差及其控制

2.3.1 试验误差的概念和类型

试验误差是指试验中观察值与真值之差，真值是指观察次数无限多时求得的平均值，即总体的平均值。通常我们所研究事物的真值是不知道的，因为试验中所观察的次数是有限的(样本)，且任何试验往往都受到许多非处理因素的干扰，真值与观察值间不可能完全吻合，从而产生试验误差，使试验处理效应不能真实地反映出来，影响试验的准确性和精确性。试验误差是衡量试验结果精确性的依据。试验设计和执行试验过程中必须注意控制和降低试验误差。

根据误差的性质及其产生的原因，误差大致分为两类：

(1) 系统误差

系统误差指在相同条件下，多次测量同一量时，误差的绝对值和符号保持恒定，在条件改变时，则按某一确定的规律变化的误差。系统误差的统计意义表示实测值与真值在恒定方向上的偏离状况，它反映了测量结果的准确度。

(2) 随机误差

随机误差(偶然误差)指在相同条件下多次测量同一量时，误差的绝对值和符号的变化，时大时小，时正时负，没有确定的规律，也不可预定，但具有抵偿性的误差。随机误差的统计意义表示在相同条件下重复测量结果之间彼此接近的程度，它反映了测量结果的精确度。

2.3.2 试验误差的来源

系统误差主要来源于测量工具不准确(如量具偏大或偏小)、试验条件、环境因子或试验材料有规律的变异以及试验操作上的习惯偏向等。其特点是在相同条件下，误差为一定值，不仅数值大小接近，而且性质相同。例如，有一块土地，土壤肥力沿某一方向递减，现在其上设置 A、B、C 三个处理的试验，重复三次，顺序排列(图2-1)。

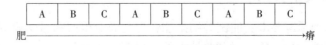

图 2-1　A、B、C 三个处理的顺序排列

显然，这种排列方式，由于 A 处理总是处于左端。C 处理总是处于右端，即使 A、B、

C处理间本无差异，也会因土壤肥力的变化，出现A大于B，B大于C的结果，这显然反映了土壤肥力造成的系统误差的影响。

由此可知，试验条件一经确定，系统误差也随之完全确定了，多次测量的平均值也不能减弱它的影响。存在系统误差的测量结果是不准确的。对于系统误差，一般说可以通过人为的途径加以控制、校准和克服。

随机误差多是由于一些不明的或难以控制的原因形成，通常试验中随机误差的来源大致归纳如下三个方面：①试验材料个体间或局部环境间的差异；②试验操作与管理技术上的不一致性；③试验条件(如气象因子、栽培因子等)的波动性。

通常所说的试验误差主要是指随机误差。随机误差的大小反映了测量值之间重复性的好坏，是衡量试验精确度的依据，误差小表示精确度高，误差大则表示精确度低。显然，只有试验误差小，才能对处理间的差异做出正确而可靠的判断。因此控制与减少随机误差的影响，是每一个试验者都十分关注的问题，也是试验人员主要考察的一类误差。由此说明，克服系统误差，控制与降低随机误差是试验设计的主要任务，也是试验设计原理的依据、出发点和归宿。但是必须指出，试验误差与工作失误造成的差错是不同的，由于工作失误造成的差错将会给试验工作带来不可挽回的损失，必须杜绝发生。

2.3.3 试验误差的控制途径

一般生物试验中控制误差的途径有：

(1) 选择纯合一致的试验材料

如生物试验中，必须严格要求试验材料在遗传型上的纯合性；对于生长发育上不一致的材料，可以按照其大小，壮弱分档安排，将同一规格的安排在同一区组的各个处理上，或将其按比例混合后分配于各处理。

(2) 用严格的科学态度，正确执行各项试验操作，使管理技术标准化

运用后续章节中讨论的"局部控制"的原理，尽最大努力控制与降低试验过程中误差的产生、积累与传递。

(3) 控制产生误差的主要外界因素

如田间试验中引起差异的主要外界因素是土壤差异，为了提高试验精确度，取得合乎实际的试验结果，通常采用3种措施：①重视选择试验地；②试验中采用适当的小区技术；③采用正确的田间试验设计和相应的统计分析方法。

2.4 试验的评价

2.4.1 试验计划的评价

为保证试验达到预定要求，使试验结果能在提高农业生产和科学研究的水平上发挥作用，对生物试验必须进行评价。对试验计划的一般要求：

(1) 试验目的要明确

在大量阅读文献与社会调查的基础上，明确选题，制订合理的试验方案。对试验的预

期结果及其在农业生产和科学试验中的作用要做到心中有数。试验项目首先应抓住当时的生产实践和科学研究中急需解决的问题，并照顾到长远的和在不久的将来可能突出的问题。

(2) 试验条件要有代表性

试验条件的选择应能代表将来准备推广试验结果的地区的自然条件（如试验地土壤种类、地势、土壤肥力、气象条件等）与农业条件（如轮作制度、农业结构、施肥水平等）。这样，新品种或新技术在试验中的表现才能真正反映今后拟推广地区实际生产中的表现。在进行试验时，既要考虑代表目前的条件，还应注意到将来可能被广泛采用的条件。使试验结果既能符合当前需要，又不落后于生产发展的要求。

2.4.2 试验结果和结论的评价

在试验计划符合要求的情况下，对试验得出的结果和结论也有一定的要求。

(1) 试验结果要可靠

在生物试验中准确度是指试验中某一性状（小区产量或其他性状）的观察值与其理论真值的接近程度，越是接近，则试验越准确。在一般试验中，真值为未知数，准确度不易确定，故常设置对照处理，通过与对照相比以了解结果的相对准确程度。精确度是指试验中同一性状的重复观察值彼此接近的程度，即试验误差的大小，它是可以计算的。试验误差越小，则处理间的比较越为精确。因此，在进行试验的全过程中，特别要注意生物试验的唯一差异原则，即除了将所研究的因素有意识地分成不同处理外，其他条件及一切管理措施都应尽可能的一致。必须准确地执行各项试验技术，避免发生人为的错误和系统误差，提高试验结果的可靠性。

(2) 试验结果要能够重演

在相同条件下，重复进行试验，应能获得与原试验相同的结果。这对于在生产实际中推广农业科学研究成果极为重要。生物试验中不仅生物本身有变异性，环境条件更是复杂多变。要保证试验结果能够重演，首先要仔细明确地设定试验条件，包括田间管理措施等，试验实施过程中对试验条件（如气象、土壤及田间措施等）和生物生育过程保持系统的记录，以便创造相同的试验条件，重复验证，并在将试验结果应用于相应条件的农业生产时有相同的效果。其次为保证试验结果能重演，可将试验在多种试验条件下进行，以得到相应于各种可能条件的结果，例如品种区域试验，为更全面地评价品种，常进行2~3年多个地点的试验以明确品种的适应范围，将品种在适宜的地区和条件下推广应用，取得预期的效果。

2.5 试验设计的基本原则

试验设计又称试验方法的设计，它规定了试验方案的实践形式与方法，其中心任务是克服系统误差，控制与减少随机误差的影响，提高试验的准确度与精确度，以获得正确可靠的试验结果。

我们知道，在试验过程中影响试验结果的因素有两类：一是处理因素，即人们在试验中按照试验目的有计划安排的一组试验条件。二是非处理因素，即人们在试验中着重控制又难以完全控制的非试验条件。

不言而喻，生物试验设计的任务就是严格控制非处理因素的影响，尽可能地保持试验处理之间试验条件的一致性，防止两类因素效应的混杂，其目的是降低试验误差，从试验中获得无偏的处理平均值。正确的试验设计是减少误差影响的有效方法，为此，在试验设计中应遵循以下四项原则。

2.5.1 重复

试验中同一处理试验的次数(或种植的小区数)称作重复。习惯地把试验一次称为一次重复，试验两次称为二次重复，依此类推。

试验设置重复的作用有以下几点：

①估计试验误差。只做一次试验的结果无从估计误差，两次以上的重复试验，才能利用试验结果之间的差异估计误差。

②降低试验误差，提高试验结果的精确度。例如，已知土壤差异呈渐变性，相邻小区的土壤差异较小，这时通过扩大试验小区面积的方法平衡土壤差异，控制与降低试验误差的效率受到限制，若改扩大小区面积为增设重复次数，使同一处理分布在整个试验地段的不同部位，就能更为有效地控制与平衡土壤差异的影响。对此有人曾进行了试验，试验结果如图 2-2 所示。结果表明，小区面积由 $25m^2$ 扩大到 $100m^2$，误差由 10% 降低到 7.1%，而试验重复次数(以 $25m^2$ 的小区面积为基准)由一次增加到四次(面积之和仍为

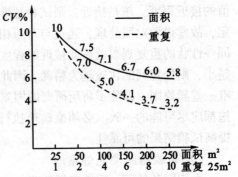

图 2-2 小区面积、重复次数降低试验误差效率的比较

$100m^2$)，误差由 10% 下降到 5%，降低了 50%，以后我们将会知道，试验结果的标准误差 $s_{\bar{y}}$ 与试验的重复次数 n 的平方根呈反比，即

$$s_{\bar{y}} = \frac{s}{\sqrt{n}}$$

式中，s 为样本标准差；$s_{\bar{y}}$ 为标准误差。

可见重复次数越多，试验误差就越小。

③有利于准确地估计处理效应。置同一处理于试验田的不同位置，试验结果中可以容纳比较全面的土壤条件，具有平衡系统误差的作用，有助于取得无偏的试验结果，不难理解，多次重复的平均结果比单个试验单元的结果更为可靠。

2.5.2 随机

随机是指每个处理都有同等的机会被分配到任一试验单元(田间试验中称作小区)，亦即每个试验单元在试验之前接受各项处理的机会均等，其目的在于克服系统误差的影响，

以取得无偏的试验误差估计值。

随机的办法一般采用抽签法或随机数字表法进行。

2.5.3 局部控制

局部控制是按照一定范围控制非处理因素的一种手段，其目的是使非处理因素(试验的本底条件)的影响在一个局部范围内最大限度地趋于一致，以增加试验处理间的可比性，是控制与降低试验误差的重要手段。

特别在占生物试验较大份额的田间试验中，通常很难找到一块肥力十分均匀的地段来安排全部的试验处理，但人们却可以设法把地段按照肥力水平(或其他因子)划分成若干部分，使其每一个局部地段的肥力水平相近，如果在这样一个局部基础条件相近的地段上安排试验的一次重复的全部处理，就可使重复内的非处理因素趋于一致，从而增加了同一重复内各处理间的可比性。在试验设计上把局部相近的地段称为区组，这种做法就称为局部控制，泛指则通称区组控制。利用这种手段安排试验只要求非处理因素在同一区组内最大限度地达到一致，而允许区组之间存在差异。区组控制的原理可以应用于多种类型的试验领域，是一种控制与降低试验误差的有效措施。

如果在一个区组内能够容纳试验方案中的全部处理，则称该区组为完全区组，此时一个区组相当于试验的一次重复。如果在一个区组内只能容纳试验方案中的部分处理，则称该区组为不完全区组，此时一个区组就不再相当于试验的一次重复。必须说明区组和重复是两个不同的概念，应注意加以区别。

2.5.4 试验单元的设计

根据试验的性质确定试验单元的大小对试验结果很重要，以田间试验为例，试验小区的形状和大小对精确度有影响。一般说，随着小区面积增大，变异性减小，但是达到一定的面积后，随面积的增大，精确度的增加很快减慢下来。通常按作物种类不同对小区面积大小要求也不同。小棵作物，如小麦、水稻，小区面积可以小些；大棵作物，如玉米、高粱、棉花等，小区面积可以大些。就我国科研单位一般经验来说，玉米、高粱等大棵作物的小区面积以 $33.3 \sim 133.3 m^2$ 为宜，小麦、水稻等小棵作物以 $16.7 \sim 66.7 m^2$ 为宜。在同一试验中，各个处理的小区面积最好相同，以免在折产和分析上造成麻烦。另外，小区的形状选择也很重要。试验小区的形状不外两种，即长方形和正方形(或接近正方形)，以哪一种较好，应该考虑误差大小和田间操作是否方便来选择。长方形小区的长边应沿着土壤变异最大方向，在克服土壤不均匀性上最有效。

此外，以几个试验对象作为一个试验单元的选择也很重要。如通过增加试验单元中的牲畜头数或树木数量也能增加精确度。然而，如果牲畜和树木可以处理单个个体，宁愿用单个个体做试验单元，并设较多重复来增加精确度，而不愿用牲畜总头数或总树木数相同，但每个试验单元有一个以上个体的试验单元。

按照上述四项原则进行试验设计，再配合相应的统计分析方法，就能正确地估计试验中的各种效应，获得无偏的、最小的试验误差估计。它们的作用与关系如图 2-3 所示。

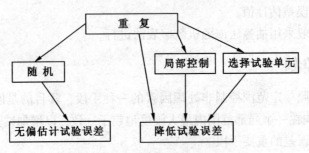

图 2-3 试验设计四原则的关系

小 结

本章主要介绍了试验的基本要素(如试验指标、试验因素及其水平、试验因素的效应、总体与样本等概念)、试验的种类(依试验因素的多少而分为单因素试验、多因素试验和综合性试验)、试验计划的拟定(包括 10 项内容)和试验方案的制订(需遵循 5 个原则)、试验误差的概念及其来源和控制途径、对试验进行评价的标准以及试验设计的基本原则,这些内容都是本门课程的基础知识,在其他的章节中会经常用到。本章的重点在于熟悉试验的基本要素,理解并掌握试验设计的四个原则以及重复、随机排列、局部控制和试验单元在降低试验误差和估计试验误差中所起的作用。

练习题

1. 举例说明下列术语的含义:
   试验因素/水平;处理/试验方案;试验指标/试验单元(小区)/观察值;
   效应;精确度/准确度;系统误差/偶然误差;总体/样本。
2. 试验误差来源有哪些?如何控制?
3. 如何制订正确的试验方案?
4. 简述试验设计基本原则及其相互关系。
5. 农业生物类试验有哪些共同的记载项目?
6. 生物试验的布置与实施要点是什么?
7. 生物试验评价的内容是什么?

第3章 统计描述

3.1 概述

在生物科学研究中，欲认识研究对象的特征和变异规律，就需要进行系统的观测、称量和测定。所得的试验数据我们称之为资料（原始数据），这些资料未整理之前，往往表现为杂乱无章、无规律可循。统计分析就是依靠这些资料，通过科学的整理和分析使其系统化、规范化，从而透过偶然现象认识事物的必然性，揭示生物现象的规律。人们常常将统计这一概念理解为大量数据资料的收集以及对这些数据作一些简单的运算（如求和、平均值、百分比等）或用图表、表格等形式将它们表示出来，其实这些工作仅是统计学的非主要部分，它还包括怎样设计试验、采集数据以及如何对获得的数据进行分析、推断等内容。

3.1.1 试验资料的性质

对于生物学试验及调查所得的数据，由于使用方法和研究的性状特性不同，故试验资料的性质也不相同。根据生物的性状特性，大致可分为数量性和质量性，其中数量性又分为可量性和可数性。

(1) 可量性

可量性指能够以测量、度量、称量等量测方法表示出来的性质。如测定玉米叶片不同时期的叶面积、株高；测定仔猪的体重、奶牛的产奶量等。与可量性状相对应的试验资料称为可量资料。生物学上和农艺上的数据大多属于可量资料。

(2) 可数性

可数性指不能用测量的方法表示，而只能用计数方法表示出来的性质。如冬前小麦单位面积内的总茎数、每穗小麦的小穗数、每穗粒数;种群内的个体数、人的白细胞数等。与可数性状相对应的资料称为可数资料。植物保护上虫害和病害方面的资料多属于可数资料。

(3) 质量性

质量性指对某种现象不能测量和计数,而只能通过观察表示出来的性质。如水稻花药、籽粒的颜色;植株上芒的有无;动物的雌雄性别等。与之相对应的资料称为质量性状资料。

3.1.2 变数和观察值

通过试验获得的数据一般各不相同,表现出不同程度的变异。例如,测量在相同条件下生长的某一小麦品种植株的高度,不同植株的数据各有差异;丢掷一粒骰子,观察朝上的点数。在统计上,将这种具有变异的某一性状或特性的一群数据称为变数或随机变数。变数中每一个体的具体测定数值称为观察值。变数一般用大写英文字母 Y 来表示。若有多个研究变数,也可用 X、Y、Z…来表示。对 n 个个体就其 Y 变数进行观测,可以得到 n 个观测数据,即 n 个观察值。

随机变数具有可量性和可数性这两个性质。对于质量性状资料,为了统计分析,一般需先把质量性状资料数量化,有下面两种方法:

(1) 归类次数法

根据某一质量性状的类别统计其次数,以次数来作为质量性状的数据。在分组统计时可按质量性状的类别进行分组,然后统计各组出现的次数。例如,红花豌豆与白花豌豆杂交,统计 F_2 代不同花色的植株时,在1000株植株中,有红花266株、紫花494株、白花240株。

(2) 等级评分法

用数字级别表示某现象在表现程度上的差别。例如,小麦感染锈病的严重程度可划分为0(免疫)、1(高度抵抗)、2(中度抵抗)、3(感染)级;家畜精液品质可以评为三级,好的评为10分,较好的评为8分,差的评为5分。这样经过数量化的质量性状资料可参照可数资料的处理方法进行。

3.1.3 随机变数的类型

根据随机变数所具有的可量性或可数性,可分为两大类型:

(1) 连续性变数

具有可量性的随机变数称为连续性变数。在连续性变数中,各个观察值由整数和小数构成,只要度量的尺度精确,可在两个相邻的数值间存在精度更高的数值。例如,测定玉米叶面积系数,在3.14~3.15间,也可以有3.1405、3.1468等数值的存在。至于小数位数的多少,要依试验的要求和测量仪器或工具的精确度而定。

(2) 间断性变数

具有可数性的随机变数称为间断性变数。间断性变数必须以整数表示,在两个相邻的整数之间不允许有带小数的数值存在。例如,在计数玉米每穗穗粒数时,只能得到整数,不可能在某一穗上出现 585.7 或 509.5 粒。另外，间断性变数还常常通过统计次数的方法来描述质量性状。

3.1.4 参数和统计数

第 2 章介绍了总体与样本的概念，那么，如何对它们进行描述呢？描述总体特征的数值称为参数，一般用希腊字母表示。如总体平均数 μ，总体方差 σ^2（见本章 3.3 和 3.4 内容）。描述样本的特征数称为统计数，一般用拉丁字母表示。如样本平均数 $\bar{y}$，样本方差 s^2（见本章 3.3 和 3.4 内容）。当试验对象确定后，总体的参数是一个常量，但它只有在总体的全部观察值都已知时才能计算出来，而统计数是一个变数，常随着所取样本的不同而变化。

在农业及生物科学研究中，往往很难得到总体参数，大多是通过样本的观察来研究总体的。样本是总体的缩影，能反映总体的一定情况，因此常用统计数作为总体相应参数的估计值。但样本毕竟只是总体的一部分个体所组成，随着所取个体的数目不同而不同，因此和总体真实情况有所出入。统计分析给我们提供了解决这一矛盾的科学方法，它的核心在于由样本所获得的信息推断总体特征的可能情况。因此，获得样本仅是一种手段，推断总体才是真正的目的。

3.2 次数分布

我们知道对于容量较大的样本，仅计算出样本特征数还不足以全面了解原始资料所反映的规律性，因此有必要把数据资料整理成次数分布表，便能给人以清新、条理的感觉，从而把握资料的全貌。研究次数分布有几点重要意义，一是根据次数分布可以看出数据的集中情况；二是可直观看出数据的变异情况；三是从次数分布图还可看出图形的形状；另外也可以显示出一些不规则的情况。

3.2.1 次数分布表

对一组数据，按照一定的规则划分成多个组，并统计各组内观察值出现的次数，形成变数的次数分布。将次数分布做成表格形式，便为次数分布表。不同的变数资料类型其次数分布表有不同的计算和表示方式。

连续性变数资料次数分布表的制作可分为三步进行：

(1) 确定组数和组距

将观察数据的整个变异范围划分成若干个两两不相交且长度相同的区间，每个区间为一组。组数的确定取决于样本中数据的多少，表 3-6 列出了根据观察数据多少决定组数的经验数字。

表 3-1　样本容量大小与组数的关系

样本容量	组　数	样本容量	组　数
30~60	6~8	200~500	12~17
60~100	7~10	500 以上	17~30
100~200	9~12		

每组的最大值和最小值之差为组距，各组的组距是相同的。在次数分布表中，组数和组距是相互决定的。组数多，组距小；组数少，组距大。组距取值一般由极差和组数确定：

$$组距 = 极差/组数$$

为了使整理后的次数分布表能对原资料的表达不失真走形，又达到简化的目的，组数的确定至关重要。对于资料分组数目的确定，通常依据几条原则：根据观察值个数的多少来确定组距；根据资料极差值的大小确定组距；分组后能反映资料的真实面貌；便于统计运算。

当然分组多少并没有硬性规定，往往按照上面的原则凭经验和资料的特点来综合考虑。

(2) 确定组限与组中值

各组的两个极限值称为组限。每组的最小值为该组的下限，最大值为该组的上限，以此可以确定各个观察值应归入哪一组内。组中值是指组内上下限的算术平均值。第一组组限确定后，其他各组的组限也就相继确定。而决定第一组组限的关键又在于它的下限的确定，其依据如下原则：

第一组下限应小于最小的观察值，并且第一组组中值应与最小值接近。

第一组组中值最好是一个位数较少(最好与观察值的位数相同)，便于计算的值。

第一组的下限加上一个组距为第二组的下限，第二组的下限加上一个组距为第三组的下限，依此类推。各组的上限数值应与下组的下限相连续。每一组区间都为左闭右开区间。

(3) 确定各组次数

统计每组组限内所包含观察值的个数，确定各组的次数，形成次数分布表。包含次数最多的一组的组中值为该资料的众数。

【例 3.1】 表 3-2 是屯玉 4 号玉米穗位高的 100 个观察结果，试将该资料做成次数分布表。

表 3-2　100 株屯玉 4 号穗位高的原始数据　　　　　　　　　　单位：cm

102.2	118.2	86.7	88.1	95.1	86.2	99.0	104.2	98.7	86.1
94.1	100.3	78.2	90.7	88.0	96.1	104.2	98.7	110.2	99.7
98.5	94.5	85.6	92.8	86.1	112.7	104.1	100.0	95.7	93.1
96.9	94.6	92.0	86.3	100.3	115.3	86.2	92.7	114.3	92.4
78.3	101.2	107.2	86.0	75.7	108.0	100.0	90.2	80.7	90.0
104.2	86.5	95.7	105.5	80.1	92.7	110.0	95.1	99.4	100.9

(续)

100.1	84.1	96.1	95.1	92.0	102.5	96.7	100.0	80.6	96.6
80.2	94.8	93.5	103.2	90.1	96.1	90.2	93.4	100.7	74.4
108.5	92.8	80.0	84.7	94.8	112.2	98.5	96.5	92.8	97.2
80.4	80.1	94.7	106.5	90.1	110.0	100.0	104.7	98.8	82.0

解：由资料数据知 $n=100$，按表3-1这些数据应分成7~10组。本例确定组数为8组

$$组距 = (118.2 - 74.4)/8 = 5.475$$

为分组方便，可调整组距为5.5，从最小观察值74.4作为第一组的组中值，得次数分布表（表3-3）。

表3-3　100株屯玉4号穗位高次数分布表

组　限	组中值(y)	次数(f)	频率(%)
[71.65, 77.15)	74.4	2	2
[77.15, 82.65)	79.9	10	10
[82.65, 88.15)	85.4	12	12
[88.15, 93.65)	90.9	21	21
[93.65, 99.15)	96.4	25	25
[99.15, 104.65)	101.9	17	17
[104.65, 110.15)	107.4	6	6
[110.15, 115.65)	112.9	6	6
[115.65, 121.15)	118.4	1	1

从表3-3可看出该资料的变异范围在71.65~121.15cm，众数为96.4cm，大体上是以93.65~99.15cm为中心而分布的，并且基本上左右对称。

对于间断性变数资料次数分布表的制作通过实例分析予以介绍。

【例3.2】 考察某小麦品种的麦穗50个，每穗的小穗数见表3-4，试做成次数分布表说明该品种穗数分布状况。

表3-4　50个麦穗每穗小穗数原始资料

18	18	17	15	17	18	15	18	19	17
17	15	17	19	16	18	20	19	18	16
17	18	18	16	20	18	18	17	18	16
18	19	17	18	17	19	17	20	17	16
17	19	16	17	16	17	17	18	17	17

解：本例是一个间断性变数资料数据，不能按连续性资料的分组法进行分组，一般以每个自然值代表一组，计算各组中观察值出现的次数。现将资料分成6组，使组距为1（表3-5）。

有时对于观察值个数较多的间断性变数，当变异幅度较大时，为避免分组太多难以显示资料的规律性，通常以相邻几个数为一组进行分组。如对变异幅度为27~83粒的小麦

穗粒数进行分组，若以每一观察值为一组，则应有57组；而以5粒为一组（组距=5），则较适宜，资料的规律性才能表现明显。

表 3-5　50 个麦穗每穗小穗数的次数分布

每穗小穗数	次数(f)
15	3
16	7
17	18
18	13
19	6
20	3

3.2.2　次数分布图

为了更直观、形象地描述数据资料变化规律，还可用图形表示，称为次数分布图。常用的次数分布图有以下两种。

（1）柱形图

柱形图也称为直方图，是以次数分布表中各组的下限为坐标系中横坐标，以次数为纵坐标，在每个组限内画出一个个小方柱图组成。每个方柱的宽度等于组距，高度等于次数。对于间断性变量的次数分布作柱形图时，最好在每组的小方柱之间留一条小间隙，以示间断。此外，按一般制图习惯，在柱形图最小组的左侧和最大组的右侧，应各空出大约一个组距的空白，图 3-1 和图 3-2 是分别根据表 3-4、表 3-5 结果制成的柱形图。柱形图的优点是：方柱的面积大小，正好反映了该组次数的多少，非常直观。

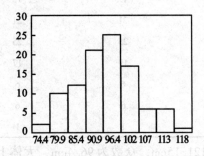

图 3-1　屯玉 4 号穗位高分布的方柱形图

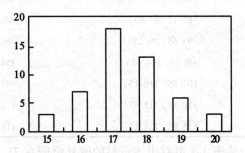

图 3-2　50 个麦穗每穗小穗数分布的柱形图

（2）多边形图

以每组的组中值为横坐标，次数为纵坐标，连接各组相应点即可绘成多边形图。为使多边形图折线下所包含的面积与方柱形图的面积相当，折线在左侧最小组中值外和右侧组中值外应各伸出一个组距的距离交于横轴。图 3-3 是表 3-3 的多边形图。

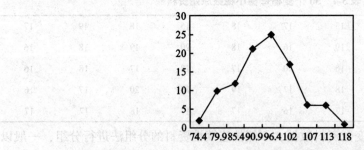

图 3-3　屯玉 4 号穗位高分布的多边形图

通常次数分布以柱形图表示较好，但当一幅图上同时表示多个资料，纵坐标又以相对次数（百分数）表示时，宜用多边形图。对于间断性变量由于组与组之间是不连续的，所以不能用折线图表示。另外，无论哪一种统计图在绘制时，纵、横坐标应取一定的比例，才能使图形既美观又能准确反映资料的分布特点。一般以纵横坐标之比为 4∶5 或 5∶6 较为适宜。

3.3 平均数

平均数是描述总体和样本集中趋势的代表值，它反映了随机变数取值的集中性。也常作为两组同类型资料差异比较的特征代表。平均数种类很多，常见的有算术平均数、中位数、众数、几何平均数。

3.3.1 算术平均数

设一样本具有 n 个观察值 $y_1, y_2, \cdots, y_n$，则样本的算术平均数定义为：

$$\bar{y} = \frac{y_1 + y_2 + \cdots + y_n}{n} = \frac{\sum_{i=1}^{n} y_i}{n} = \frac{\sum y}{n} \tag{3-1}$$

式中，$\sum$ 为求和符号，$\sum_{i=1}^{n} y_i$ 表示从 y_1 一直加到 y_n，通常在意义明确时，可省去下角码简写为：

$$\bar{y} = \frac{\sum y}{n}$$

算术平均数具有两个基本性质：
(1) 样本中各观察值 y 与其算术平均数 $\bar{y}$ 的离差和为零，即

$$\sum (y - \bar{y}) = 0 \tag{3-2}$$

证明：

$$\begin{aligned}
\sum (y - \bar{y}) &= (y_1 - \bar{y}) + (y_2 - \bar{y}) + \cdots + (y_n - \bar{y}) \\
&= (y_1 + y_2 + \cdots + y_n) - n\bar{y} \\
&= \sum y - n\bar{y} = 0
\end{aligned}$$

这一性质表明：一组资料的观察值是围绕其算术平均数作上下波动的。
(2) 样本中观察值与其平均数的离差平方和较各个观察值与其他任意数值的离差平方和为最小。即任给一常数 $a \neq \bar{y}$，则 $\sum (y - a)^2 > \sum (y - \bar{y})^2$

证明：
$$\begin{aligned}
\sum (y - a)^2 &= \sum [(y - \bar{y}) + (\bar{y} - a)]^2 \\
&= \sum [(y - \bar{y})^2 + 2(y - \bar{y})(\bar{y} - a) + (\bar{y} - a)^2] \\
&= \sum (y - \bar{y})^2 + 2(\bar{y} - a) \sum (y - \bar{y}) + n(\bar{y} - a)^2
\end{aligned}$$

由性质(1)即得：

$$\sum (y - a)^2 = \sum (y - \bar{y})^2 + n(\bar{y} - a)^2 \tag{3-3}$$

因为 $n(\bar{y}-a)^2 > 0$

故 $\sum(y-a)^2 > \sum(y-\bar{y})^2$

这一性质表明：算术平均数对资料的代表性是最强的。

上述由样本定义的算术平均数及其特性同样适应于总体。

设一具有 N 个观察值 $Y_1, Y_2, \cdots, Y_N$ 的有限总体，则该总体的算术平均数 μ 为：

$$\mu = \frac{\sum_{i=1}^{N} Y_i}{N} = \frac{\sum Y}{N} \tag{3-4}$$

若所研究总体为无限总体，则总体的算术平均数无法计算，常以样本的平均数作为其估计值。

通过实例分析我们介绍几种算术平均数的计算方法：

(1) 直接计算法。当样本较小时可根据算术平均数的定义直接进行。

【例 3.3】 随机抽取 20 株小麦，其株高(cm)分别为 82，79，85，84，86，84，83，82，83，83，84，81，80，81，82，81，82，82，82，80，求小麦的平均株高。

解：由式(3-1)得：

$$\bar{y} = \frac{\sum y}{n} = \frac{1}{20}(82 + 79 + \cdots + 80) = 82.3 \text{ (cm)}$$

(2) 缩减法。若各观察值 y 都较大，且接近某一常数 y_0 时，可将它们的值都减去 y_0，得到一组新的数据即 $y' = y - y_0$，然后再计算 $\bar{y}$。

由 $y' = y - y_0$ 得：$y = y' + y_0$，于是有：

$$\bar{y} = \frac{\sum y}{n} = \frac{\sum(y' + y_0)}{n} = \frac{\sum y'}{n} + y_0 \tag{3-5}$$

【例 3.4】 利用缩减法计算例 3.1 的平均株高。

解：设 $y_0 = 80$，则各 y' 的值分别为 2，-1，5，4，6，4，3，2，3，3，4，1，0，1，2，1，2，2，2，0，代入式(3-5)得：

$$\bar{y} = \frac{1}{20}(2 - 1 + 5 + 4 + \cdots + 0) + 80 = 82.3 \text{ (cm)}$$

缩减法关键是选用适当的 y_0 值，一般依据的原则是：y_0 必须是一个便于扣除的整数，以便较容易地得出各个 y' 值；y_0 应尽可能接近较多的观察值，从而使 $\sum y'$ 值较小。

(3) 加权平均法。在具有 n 个观察值的样本中，如果观察值 y_i 出现 $f_i(i=1,2,\cdots,m)$ 次，且 $\sum f = n$，则

$$\bar{y} = \frac{f_1 y_1 + f_2 y_2 + \cdots + f_m y_m}{f_1 + f_2 + \cdots + f_m} = \frac{\sum fy}{n} \tag{3-6}$$

【例 3.5】 利用加权平均法计算例 3.1 的平均株高。

解：由例 3.3 整理 20 株小麦株高数据见表 3-6。

表 3-6 由例 3.3 整理 20 个小麦株高数据

株高 (y)	79	80	81	82	83	84	85	86
次数 (f)	1	2	3	6	3	3	1	1

由式(3-6)得：

$$\bar{y} = \frac{1}{20}(79 \times 1 + 80 \times 2 + \cdots + 86 \times 1) = 82.3 \text{ (cm)}$$

算术平均数是综合考虑每个观察值而得来的，因而代表性强，应用较为普遍。常简称为平均数，本教材中若未加特别说明的"平均数"一词，皆指算术平均数。

3.3.2 中位数

将样本中 n 个观察值从小到大依次排列，位于中间位置的数值即为中位数。n 为奇数时，很容易找出中间位置的数，但当 n 为偶数时，就需将中间位置的两个数取其算术平均数作为中位数。可用公式表示为：

$$M_d = \begin{cases} y_{\frac{n+1}{2}} & (\text{当 } n \text{ 为奇数}) \\ \dfrac{y_{\frac{n}{2}} + y_{\frac{n}{2}+1}}{2} & (\text{当 } n \text{ 为偶数}) \end{cases} \quad (3-7)$$

中位数是一个位置平均数，可以免受资料中由于非常因素造成的极端值的影响。但是中位数的决定只与居于中间位置的一个或两个观察值有关，没能用到全部观察值提供的信息，所以与算术平均数有一定的出入。当数据的分布较为对称时，二者相近或相等，而当数据分布偏斜时，二者相差较大，此时中位数对数据趋中性的度量比算术平均数为优。

【例 3.6】 现有一组晋麦 47 号的苗高(cm)：29，28，27，25，29，29，30，27，31，以中位数说明其平均苗高的大小。

解： 该资料共 9 个观察值，按由小到大的顺序排列为 25，27，27，28，29，29，29，30，31，计算中位数：

$$\frac{n+1}{2} = \frac{9+1}{2} = 5$$

$$M_d = y_5 = 29$$

说明平均苗高为 29cm。

如在资料中增加一穗小麦，其苗高为 27cm，计算中位数：

$$\frac{n}{2} = \frac{10}{2} = 5$$

$$\frac{n}{2} + 1 = 5 + 1 = 6$$

$$M_d = \frac{y_5 + y_6}{2} = \frac{28 + 29}{2} = 28.5$$

即平均苗高为 28.5cm。

3.3.3 众数

全部观察值中出现次数最多的观察值为众数，记为 M_0。用众数描述统计资料的数量水平,其代表性要比中位数好得多。因为中位数只能代表一个、最多两个观察值,而众数却代表着大多数观察值的数量水平。间断性变数由于样本内的各观察值易于集中于某一数值,所以众数易于决定。如例 3.6 中晋麦 47 号的苗高众数为 29;连续性变数由于连接两个整数区间之内,可有多个数值存在,样本内各值不易集中于某一数值,因此不易确定众数。连续性资料众数的确定,常需在次数分布表的基础上,由出现次数最多一组的组中值决定,这在后面一节中介绍。

需注意的是,有的样本观察值可出现多个众数,也就是有多个数具有相同的最高频数;而有的样本观察值又没有众数,即所有数出现的频数都相同,例如,60,74,82,85,90 这 5 个观察值就没有众数。

3.3.4 几何平均数

设有 n 个观察值 $y_1, y_2, \cdots, y_n$,其相乘积的 n 次方根为其几何平均数,记为 G,即

$$G = \sqrt[n]{y_1 \times y_2 \times \cdots \times y_n} = (y_1 \cdot y_2 \cdots y_n)^{\frac{1}{n}} \tag{3-8}$$

当观察值个数超过 3 个时,为计算方便,两边取对数:

$$\lg G = \frac{\lg y_1 + \lg y_2 + \cdots + \lg y_n}{n} = \frac{\sum (\lg y)}{n} \tag{3-9}$$

再求 $\lg G$ 的反对数:

$$G = \lg^{-1}(\lg G) = \lg^{-1}\left(\frac{\lg y_1 + \lg y_2 + \cdots + \lg y_n}{n}\right) \tag{3-10}$$

由式(3-10)看出,几何平均数实际就是观察值对数的算术平均数的反对数。它主要用于以百分率、比例表示的数据资料,在计算平均增长率方面具有独特的应用价值。

【例 3.7】 1995 年测量晋中育苗移栽玉米在移栽后每三天的株高生长量于表 3-2,试求平均每三天的株高增长率。

解:首先算出株高每三天日增长率 y,如 7 月 16 日比 7 月 13 日增长 53/45 = 1.1778 倍,7 月 19 日比 7 月 16 日增长 63/53 = 1.1887 倍等,记于表第 3 列,然后各个 y 取对数列于表第 4 列。

$$\lg G = \frac{0.5141}{7} = 0.07344$$

根据式(3-9)与式(3-10):

$$G = \lg^{-1} 0.07344 = 1.18425$$

这说明玉米株高每经过 3 天,比原有高度平均增加 1.18425 倍。根据此结果,可以验算 8 月 1 日的株高应为:$45 \times (1.18425)^6 = 124$,正好与实际测量值相等,要是用算术平均数就有出入。

表 3-7 移栽玉米株高生长量

日期(日/月)	株高(cm)	每三天增长率(y)	$\lg y$
13/7	45	—	—
16/7	53	1.1778	0.07106
19/7	63	1.1887	0.07506
21/7	75	1.1905	0.07572
24/7	88	1.1733	0.06942
27/7	105	1.1932	0.07671
1/8	124	1.1810	0.07223
4/8	147	1.1855	0.07390
合计			0.51410

3.4 变异数

我们知道，观察数据除具有集中性的一面外，还具有分散性的一面。一般来讲，变异程度大的数据，其平均数的代表性较差；而变异程度小的数据其平均数的代表性较好，没有变异的资料，平均数可完全代表整个样本。所以仅了解表示总体或样本资料数据集中性的平均数是不够的，还必须计算变异数以度量观察数据的离散趋势(变异程度)。表示变异程度的统计方法很多，常用的有极差、方差、标准差和变异系数。

3.4.1 极差

极差又称全距，是观察数据中最大值与最小值的差，记为 R。

【例 3.8】 某地种植两个不同的玉米品种，各随机抽取 10 株，测其株高，得数据整理见表 3-8，试说明两品种的株高表现情况。

表 3-8 两个玉米品种的株高资料

品种	株高(m)										平均(m)
甲	1.82	1.83	1.84	1.90	1.94	2.02	2.11	2.20	2.24	2.30	2.02
乙	1.80	1.80	1.84	1.95	1.95	2.01	2.07	2.20	2.22	2.36	2.02

解： 资料中甲品种极差 $R = 2.30 - 1.82 = 0.48$m，乙品种 $R = 2.36 - 1.80 = 0.56$m，由此可见，甲乙品种虽然在同一地区种植平均株高是相同的，但甲品种极差小，平均数代表性好，乙品种由于极差大，平均数的代表性差。

极差在一定程度上能说明观察数据变异的大小，但它仅与两个极端观察值有关，未充分利用资料的全部信息，容易受资料中不正常的极端值的影响，因而它具有一定的局限性。

3.4.2 方差与标准差

显然极差很难解释每个观察值与平均数之间的关系,一个自然的想法是要度量观察数据的离散趋势可用各个观察值与平均数的离差的平均数,即

$$\frac{\sum (y - \mu)}{N}$$

但由算术平均数的性质可知上述平均离差等于零,故平均离差不能说明资料的变异情况,考虑到平均离差为零的原因是平均数两侧的观察值的离差正负抵消所致,因而可通过将各离差取绝对值或平方,以消除负号,再求其平均数。但是取绝对值在实际操作时很不方便,因而更常用的解决办法是将各离差平方,然后相加,所得到的和称为离差平方和。将离差平方和再求平均数,这个平均数就称为方差。

设总体容量数为 N,总体方差 σ^2 为:

$$\sigma^2 = \frac{\sum (y - \mu)^2}{N} \tag{3-11}$$

在计算方差时,由于对每个离均差都取了平方,将实际的变异程度夸大或缩小了,并且方差的单位是原数据单位的平方,因而为说明资料的方便,使变异数的度量单位与相应平均数取得一致,可再将方差开根号,称总体方差的平方根为总体标准差,记为 σ。

$$\sigma = \sqrt{\frac{\sum (y - \mu)^2}{N}} \tag{3-12}$$

故标准差的单位与平均数一致。

总体的方差和标准差都是度量总体离散程度的参数,对一特定的总体来讲它们是常量,往往较难获得。通常以相应的样本统计数即样本方差 s^2(或称均方 MS)和样本标准差 s 作为其估计值。

设一样本具有 n 个观察值 $y_1, y_2, \cdots, y_n$,平均数为 $\bar{y}$,其方差和标准差分别为:

$$s^2 = \frac{\sum (y - \bar{y})^2}{n - 1} \tag{3-13}$$

$$s = \sqrt{\frac{\sum (y - \bar{y})^2}{n - 1}} \tag{3-14}$$

方差的分子 $\sum (y - \bar{y})^2$ 为离差平方和,简称平方和,记作 SS。分母 $(n-1)$ 称为自由度,记作 DF。以自由度 $(n-1)$ 而不是以 n 作为样本方差的除数,理论上其原因是当用 $n-1$ 时所得的样本方差为总体方差的无偏估计值。

自由度一词源于物理学,它的统计意义是指样本内独立而能自由变动的观察值的个数。如原样本含有三个观察值 $y_1 = 10$,$y_2 = 8$,$y_3 = 12$ 则 $\bar{y} = 10$。现若将 y_1 变为 12,y_2 变为 4,要平均数保持不变,这时 y_3 必然等于 14,即 y_3 不能自由变动,只有 y_1、y_2 可随便变动。因此,当样本数为 3 时,其自由度应为样本容量减去不能自由变动的个数,即 $DF = 3 - 1 = 2$。同理,当样本容量为 n 时,其自由度为 $n - 1$。以上是只有其平均数 $\bar{y}$ 的约束,因而有一个观察值不能独立。如果受到 m 个条件的制约,则自由度应为 $n - m$。

在实际计算方差和标准差时，一般将平方和 SS 进行恒等式转换：

$$SS = \sum (y - \bar{y})^2 = \sum y^2 - \frac{(\sum y)^2}{n} \tag{3-15}$$

式(3-15)中 $\frac{(\sum y)^2}{n}$ 项习惯上称为矫正数，记为 C。将式(3-15)代入式(3-13)、式(3-14)即可求出样本方差和标准差。另外当遇到数值较大的数据资料时，为了简化计算过程，可将观察值都减去一常数，所得的方差和标准差不变。

类似于用加权法计算平均数，同样可计算方差和标准差，其计算公式如下：

$$s^2 = \frac{\sum_{i=1}^{m} f_i (y_i - \bar{y})^2}{n-1} = \frac{\sum_{i=1}^{m} fy^2 - \frac{(\sum_{i=1}^{m} fy)^2}{n}}{n-1} \tag{3-16}$$

其中 $f_i(i=1,2,\cdots,m)$ 为观察值 y_i 出现的次数，且 $n = \sum f$ 为全部观察值个数。

【例 3.9】 测得 9 株苗高(cm)的样本数据，列于表 3-9，试计算其标准差(设 $y' = y - 45$)。

表 3-9　九株苗高标准差计算

苗高 (y)	y^2	$y' = y - 45$	y'^2
45	2025	0	0
42	1764	-3	9
44	1936	-1	1
41	1681	-4	16
47	2209	2	4
50	2500	5	25
47	2209	2	4
46	2116	1	1
49	2401	4	16
$\sum y = 411$	$\sum y^2 = 18841$	$\sum y' = 6$	$\sum y'^2 = 76$

解：由表 3-9 中数据按两种算法得：

$$s = \sqrt{\frac{18841 - \frac{411^2}{9}}{9-1}} = 3.0 \text{ (cm)}$$

$$s = \sqrt{\frac{76 - \frac{6^2}{9}}{9-1}} = 3.0 \text{ (cm)}$$

两种算法相比结果一样，故当样本观察数据值较大时，用简化后的数据计算可减少工作量。

3.4.3 变异系数

标准差是衡量观察数据变异程度的一个重要特征数,但是当我们比较两组或两组以上资料的变异程度时,如果两组资料的平均数不等,用标准差就很难说明二者的变异程度,因为标准差依赖于各自的平均数;再如,当比较量纲不同的资料间变异程度大小时,直接用标准差不具有可比性。为此我们将样本标准差除以样本平均数以获得消除了量纲的相对值——变异系数来描述各组资料的变异程度。

若资料的标准差为 s,平均数为 $\bar{y}$,则

变异系数 $cv(\%) = \dfrac{s}{\bar{y}} \times 100(\%)$

【例 3.10】 试比较中单 120 玉米的千粒重($\bar{y} = 248.18\text{g}$, $s = 4.52\text{g}$)与株高($\bar{y} = 210\text{cm}$, $s = 3.81\text{cm}$)的变异状况。

解:
$$cv_1 = \dfrac{4.52}{248.18} = 1.82\%$$

$$cv_2 = \dfrac{3.81}{210} = 1.81\%$$

故千粒重资料的变异程度基本上等同于株高的变异程度。变异系数在田间试验设计上具有重要的用途,可用来评定试验地的均匀性和规划试验。但是,变异系数的大小是受到 s 和 $\bar{y}$ 比值的制约。因此,在采用变异系数表示试验结果或进行变异程度的比较时,应同时列举其 s 和 $\bar{y}$,以免引起误解。

3.5 偏度与峰度

平均数和标准差基本上反映了观察数据资料所包含的大量信息,但对某些样本,其数据变化是有规则的,而数据分布是不对称的,因此需要另一些特征数来弥补 $\bar{y}$ 和 s 的不足。其中之一是度量数据围绕众数呈不对称的程度,即偏度。实践证明具有较好特性并且使用最广泛的方法是建立在三阶中心矩基础上的。三阶中心矩的定义为:

$$m_3 = \dfrac{\sum(y-\bar{y})^3}{n} \tag{3-17}$$

利用 4,11,12 和 13 这四个数示意性的说明三阶中心矩,计算结果见表 3-10。

表 3-10 三阶中心矩举例计算结果

y	$y-\bar{y}$	$(y-\bar{y})^3$
4	−6	−216
11	1	1
12	2	8
13	3	27
40	0	−180

由表 3-10 可看出，将离差立方后，其中一个负数远远超过了另外三个正数，其代数和为负数，且 $m_3 = \dfrac{-180}{4} = -45$。$m_3 < 0$ 即说明在平均数左侧的离差大于右侧的离差，因此分布向右偏(负偏)；同理 $m_3 > 0$ 即说明在平均数右侧的离差大于左侧的离差，因此分布向左偏(正偏)。图 3-4 形象地描述了偏度的不同情形，对于离散数据虽画不出平滑曲线，但用线段表示仍可看出其偏斜状况。

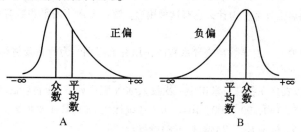

图 3-4　偏斜的图示

m_3 有两点不足之处，一是它带有立方的物理学单位，这在不同类型数据之间不易比较；二是它没有考虑数据的变异情况，因此不具有绝对的含义。为此特制订一个没有任何单位的量，即标准化的三阶中心矩：

$$g_1 = \dfrac{m_3}{m_2^{3/2}} \tag{3-18}$$

式中，

$$m_2 = \dfrac{\sum (y - \bar{y})^2}{n} \tag{3-19}$$

m_2 称为二阶中心矩，它类似于方差 s^2，仅仅分母不同。g_1 是一个纯数，不带任何单位，其绝对值的大小说明曲线的偏斜程度，而正负号决定了偏斜的方向。

第二个度量曲线形状的量是峰度，又称为峭度，记为 g_2。

$$g_2 = \dfrac{m_4}{m_2^2} - 3 \tag{3-20}$$

式中，m_4 称为四阶中心矩，当 $m_4/m_2^2 = 3$ 时，即 $g_2 = 0$，可以认为数据是正态的。当 $g_2 > 0$，认为曲线过于陡峭；当 $g_2 < 0$，认为曲线过于平坦。关于偏度与峰度的具体计算可参见《生物统计学》(第二版)(杜荣骞，2003)。

小　结

本章介绍了生物统计学中常用的一些基本概念：随机变量、观察值、连续性变数、间断性变数、总体、样本等；重点从三个方面详尽地介绍了描述总体、样本特征的参数和统计数；叙述了次数分布表、次数分布图的制作过程和基本要求。

反映资料集中趋势方面的特征数有算术平均数、中位数、众数和几何平均数等。反映资料离散趋势方面的特征数有极差、方差、标准差、变异系数等。反映资料偏离趋势方面的特征数有偏度。反映资料陡峭趋势方面的特征数有峰度。

练习题

1. 有人在大豆田中随机抽选50株巨丰大豆,调查每株上根瘤的多少。在这个试验中变数、观察值、总体、样本、总体单位、样本单位所指的具体内容各是什么?

2. 平均数的主要用途是什么?为什么它有这种用途?统计上常用的平均数有哪几种?它们有哪些不同特点和适用对象?

3. 标准差的作用有哪些?变异数与变异系数的作用有无区别?为什么要将标准差换算成变异系数?试举例说明。

4. 抽查某地区12家农户在各自玉米田中一次投入纯N肥量如下(单位:kg/hm^2):100,120,105,90,110,110,110,115,130,90,100,104。求下述统计数:(1)算术平均数;(2)中位数;(3)众数;(4)极差;(5)方差;(6)标准差;(7)偏度;(8)峰度。

($\bar{y}=107$, $M_d=107.5$, $M_0=110$, $R=40$, $s^2=134.36$, $s=11.59$, $g_1=0.2689$, $g_2=-0.3375$)

5. 从习题4所列数值中都减去20kg,再计算其平均数与方差,由此,你可以得到什么结论?

6. 三个小麦品种的穗长(单位:cm)见下表,问哪一个品种的穗长整齐?(品种津丰小麦的穗长整齐)。

三个小麦品种的穗长　　　　　　　　　　　　　　　　单位:cm

农大139	9.5	10.0	9.5	9.1	10.1	8.2	8.9	8.5
	10.0	9.1	9.1	7.9	9.0	9.0	8.5	8.5
津丰小麦	6.3	7.9	6.0	6.8	7.1	7.2	6.5	6.6
	6.7	7.0	7.2	6.8	7.1	7.1	7.2	5.8
东方红3号	11.3	12.0	11.9	12.0	12.0	11.0	10.8	10.9
	11.0	10.5	10.7	11.0	12.4	11.4	11.8	11.5

7. 在某苗圃随机抽取40株苗木组成样本,测得苗高(单位:cm)见下表,求样本平均数、方差、极差、中位数、变异系数,并列出次数分布表、绘出次数分布图。

($\bar{y}=248.225$, $s^2=3241.615$, $R=208$, $M_d=260.5$, $cv=0.2294$)

样本苗高　　　　　　　　　　　　　　　　单位:cm

283	292	320	275	276	300	252	220	281	310
243	138	291	260	262	169	252	165	241	310
261	325	295	300	270	264	135	343	190	244
275	314	164	185	144	258	141	221	230	230

第4章 总体与样本的关系

4.1 概 述

生物统计学最基本的问题是研究总体与样本之间的关系。其关系有两方面的含义，一是由已知总体研究样本的分布规律，即由总体到样本的研究过程，这是本章所讨论的问题；二是由样本去推断未知的总体，即由样本到总体的研究过程，也就是统计推断问题，这将在以后的几章中加以讨论。为便于研究样本的分布规律，我们首先介绍随机变数及其概率分布的一些基础知识。

4.1.1 随机变数及其概率分布

由第 3 章我们知道随机变数有两种类型，即间断性随机变数与连续性随机变数。它的取值由于受到许多随机因素的影响，因而是不可预测的，但这并不是说随机变数的取值是毫无规律可循，其规律性就在于它取值的概率性，即它的取值是服从某一概率分布的，故我们认为随机变数是以一定的概率分布取值的变数，一个随机变数的所有可能取值就构成了一个总体。一般刻画随机变数的概率分布有 3 种函数：概率函数、概率密度函数、概率分布函数。概率函数描述间断性随机变数取各个可能值的概率函数；概率密度函数描述连续性随机变数取某值的密度函数；概率分布函数描述随机变数取值小于等于某值的概率函数，也称为累积分布函数。

4.1.2 间断性随机变数的概率分布

(1) 概率函数

设 Y 为某个随机变数，其概率函数表示为：

$$f(y) = P(Y = y) \tag{4-1}$$

式中，y 为 Y 的某个可能取值；$P(Y = y)$ 表示 Y 取值为 y 的概率。概率函数具有以下性质：

$$0 \leq f(y) \leq 1, \sum f(y) = 1$$

【例4.1】 从盛有50粒黑豆和50粒黄豆的布袋中，每次随机抽取2粒豆子，观察后又放回布袋。规定取出为黄豆的次数为随机变数 Y，试确定随机变数 Y 的概率函数。

在这一实验中，有3种可能的结果：①$Y = 0$ 即取出的两粒均为黑豆，其概率函数为 $f(0)$ = 第一粒为黑豆的概率×第二粒为黑豆的概率 = $0.5 \times 0.5 = 0.25$。②$Y = 2$ 即两次取出均为黄豆，$f(2) = 0.5 \times 0.5 = 0.25$。③$Y = 1$ 即只有一粒是黄豆，$f(1) = 0.5 \times 0.5 + 0.5 \times 0.5 = 0.5$。由于这三个事件构成完全事件系，亦可从对立事件求出 $f(1) = 1 - 0.25 - 0.25 = 0.5$。因而该随机变数的概率函数可通过下表表示：

y	0	1	2
$f(y)$	0.25	0.5	0.25

称此表为概率分布列。

(2) 概率分布函数

任意给定一个实数 y，间断性随机变数 Y 的概率分布函数定义为：

$$F(y) = P(Y \leq y) = \sum_{x \leq y} f(x) \tag{4-2}$$

显然 $F(y)$ 是实数域上的一个实函数，且具有以下性质：

① $0 \leq F(y) \leq 1, F(-\infty) = 0, F(+\infty) = 1$；

② $F(y)$ 是非减函数；

③ $F(y)$ 至少是右连续的。

针对例4.1可求出 Y 的概率分布函数为：

$$F(y) = \begin{cases} 0 & (y < 0) \\ 0.25 & (0 \leq y < 1) \\ 0.75 & (1 \leq y < 2) \\ 1 & (y \geq 2) \end{cases}$$

4.1.3 连续性随机变数的概率分布

(1) 概率密度

对于在某一区间取值的连续性随机变数，由于任一区间中的取值不可列举，所以不能像间断性随机变数那样把所取值的概率一一列举出来，况且由概率论的定理知连续性随机变数在任一点取值的概率为零，因此只能考虑其在某一区间的概率。设连续性随机变数 Y 在 $(y, y + \Delta y)$ 内的概率为 $P(y < Y < y + \Delta y)$，其中 Δy 是区间长度。当 $\Delta y \to 0$ 时，

$$f(y) = \lim_{\Delta y \to 0} \frac{P(y < Y < y + \Delta y)}{\Delta y} \tag{4-3}$$

称为连续性随机变数 Y 的概率密度函数。

概率密度函数具有以下性质：

① $0 \leq f(y) \leq 1, \int_{-\infty}^{+\infty} f(y) \mathrm{d}y = 1$；

② $P(y_1 \leqslant Y \leqslant y_2) = P(y_1 \leqslant Y < y_2) = P(y_1 < Y \leqslant y_2)$;

$= P(y_1 < Y < y_2) = \int_{y_1}^{y_2} f(y) \mathrm{d}y$。

(2)概率分布函数

任意给定一个实数 y，连续性随机变数 Y 的概率分布函数定义为：

$$F(y) = P(Y \leqslant y) = \int_{-\infty}^{y} f(x) \mathrm{d}x \tag{4-4}$$

那么常见的随机变数 Y 的概率遵从的分布有哪些？

常见的间断性变数有二项分布、泊松分布、超几何分布等，连续性变数有正态分布、连续性均匀分布、指数分布等。

4.2 二项总体与二项分布

4.2.1 二项总体

在实际观测数据中，往往涉及一种计数的数据，是根据总体中各个个体对某一性状的有无而决定的。其中每一个体只能产生两种对立的结果：非"此"即"彼"。如一粒种子要么发芽，要么不发芽；田间的植株要么是病株要么是健株；某一地块中喷施农药后害虫死亡或存活；生产的某一产品合格或不合格等。这种由"非此即彼"的事件构成的总体，称为二项总体。

通常为了便于记载和研究，给"此"事件以观察值"1"，发生的概率记为 p；给"彼"事件(即不发生"此"事件)以观察值"0"，发生的概率为 q。因而二项总体又称为 0-1 总体，其中 $p + q = 1$。

4.2.2 二项分布

从二项总体中随机抽取一个容量为 n 的样本，观察每次抽取的结果发现它们具有如下特征：

①每次抽取只有两个对立结果，如棉花种子的发芽或不发芽，记作 A 与 $\bar{A}$，它们出现的概率分别为 p 与 q。

②每次抽取具有重复性和独立性。即指每次试验条件不变，且在每次抽取中事件 A 出现的概率皆为 p。

以 Y 表示在 n 次试验中事件 A 出现的次数，则 Y 是一个间断性随机变数，它的所有可能取值为 $0, 1, 2, \cdots, n$，其概率函数为：

$$f(y) = C_n^y p^y q^{n-y} \quad (y = 0, 1, 2, \cdots, n) \tag{4-5}$$

称 $f(y)$ 为随机变数 Y 的二项分布。之所以称此分布为二项分布，是因为随机变数 Y 取 y 时的概率函数值 $C_n^y p^y q^{n-y}$，恰好是 $(p+q)^n$ 二项式展开后含有因子 p^y 一项的缘故。整个二项概率分布由 $(p+q)^n$ 展开后给出，由于 $y = 0, 1, 2, \cdots, n$ 为完全事件系，故二项分布概率之和显然为 1，即

$$\sum_{y=0}^{n} C_n^y p^y q^{n-y} = (p+q)^n = 1$$

二项分布是间断性变数的一种重要的理论分布，它的应用范围是相当广泛的。

4.2.3 二项分布的概率计算

【例4.2】 设一批小麦种子其发芽率为0.92，现随机抽取10粒种子观察其是否发芽，问发芽种子数分别为10，9，8，7及小于6的概率各为多少？

解：由题意可知发芽种子数 Y 的概率分布为二项分布，根据式(4-5)，可得：

$P\{Y=10\} = C_{10}^{10} p^{10} q^0 = 0.92^{10} = 0.4344$

$P\{Y=9\} = C_{10}^{9} p^9 q^1 = 10 p^9 q = 10 \times 0.92^9 \times 0.08 = 0.3777$

$P\{Y=8\} = C_{10}^{8} p^8 q^2 = 45 p^8 q^2 = 45 \times 0.92^8 \times 0.08^2 = 0.1478$

$P\{Y=7\} = C_{10}^{7} p^7 q^3 = 120 p^7 q^3 = 120 \times 0.92^7 \times 0.08^3 = 0.0343$

$P\{Y \leq 6\} = 1 - P\{Y \geq 7\}$

$\qquad\qquad = 1 - P\{Y=10\} - P\{Y=9\} - P\{Y=8\} - P\{Y=7\}$

$\qquad\qquad = 1 - 0.4344 - 0.3777 - 0.1478 - 0.0343 = 0.0058$

【例4.3】 一批玉米种子的发芽率 $p=0.7$，试计算在每穴中播4粒时，出现缺苗株数的概率。若要求缺苗率不高于0.01，则每穴至少应种植多少粒种子？

解：设随机变数 Y 为每穴中出苗株数，出现缺苗时，$Y=0$，则：

$$P\{Y=0\} = C_4^0 p^0 q^4 = 0.3^4 = 0.0081$$

即出现缺苗的概率为0.0081。今要求缺苗率不高于0.01，设每穴应种粒数为 n，则需满足：

$$C_n^0 p^0 q^n = q^n \leq 0.01$$

$$n \geq \frac{\lg 0.01}{\lg q} = \frac{-2}{\lg 0.3} \approx 4$$

也就是说，用该种子希望有99%的把握不缺苗，每穴至少需种植4粒种子。

4.2.4 二项分布的形状和参数

对于二项分布，其形状是由 n 和 p 两个参数决定的。若 n 值较大或 $p=q$ 时，则其分布呈对称形状；若 n 值较小且 $p \neq q$ 时，则其分布呈偏斜形状，如图4-1和图4-2所示。在例4.3中，每穴播4粒，则每穴出苗数的二项分布就为一个偏斜分布。$p=0.7$，$q=0.3$ 的情况如图4-3所示。

每一总体都有描述其分布状况的特征值，如描述集中性的平均数和分散性的标准差。二项总体及其分布也不例外，它的平均数 μ 是指做 n 次独立实验，某事件平均出现的次数；标准差 σ 是表示随机变数 Y 取值的离散程度。

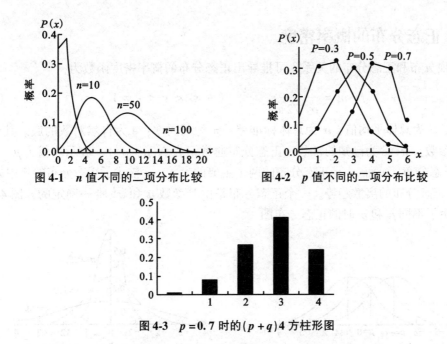

图 4-1　n 值不同的二项分布比较　　图 4-2　p 值不同的二项分布比较

图 4-3　$p=0.7$ 时的 $(p+q)^4$ 方柱形图

由概率论可知间断性变数的总体平均数为每个观察值与其相应的概率乘积之和，即 $\sum yf(y)$，总体标准差为各观察值的离均差平方和与其相应的概率乘积之和的开方，即 $\sqrt{\sum(y-\mu)^2 f(y)}$，据此可以导出二项分布的平均数与标准差的计算公式为：

$$\begin{aligned} \mu &= np \\ \sigma &= \sqrt{npq} \end{aligned} \tag{4-6}$$

式中，n、p 为二项分布的参数，因而通常随机变数 Y 服从二项分布时，也记为 $Y \sim B(n,p)$。

如例 4.3，由式(4-6)可计算每穴出苗数平均为：

$$\mu = 4 \times 0.7 = 2.8$$

其标准差：

$$\sigma = \sqrt{4 \times 0.7 \times 0.3} = 0.916$$

4.3　正态分布与中心极限定理

在生物统计学中，正态分布具有极其重要的地位，它是在 18 世纪末 19 世纪初由法国数学家拉普拉斯(Laplace)和德国数学家高斯(Gauss)等最初研究出来的理论分布，所以有时也称为常态分布或高斯分布。实际问题中的许多随机变数都服从或近似服从正态分布。例如，在正常情况下，农作物的株高和单位面积产量，产品的质量指标(如长度、强度等)，测量中的测量误差，商场的日营业额等。它们的共同特点是数据大部分集中在平均数附近，并且在平均数的两侧成对称分布，即呈两头少、中间多，两侧对称的趋势。

4.3.1 正态分布的概率密度

由二项分布和正态分布的关系,可推导出正态分布的概率密度函数为:

$$f(y) = \frac{1}{\sigma\sqrt{2\pi}}e^{-\frac{(y-\mu)^2}{2\sigma^2}} \quad (-\infty < y < +\infty) \tag{4-7}$$

式中,μ 为总体平均值;σ 为总体标准差;π 为圆周率;e 为自然对数的底。其中 μ,σ 为未知参数,π,e 为已知的常数。正态分布通常记为 $N(\mu, \sigma^2)$,表示均值为 μ,方差为 σ^2 的正态分布。μ 和 σ^2 是正态分布的两个主要的参数,μ 描述了正态分布的集中趋势,σ^2 描述了正态分布的离散趋势。一个正态分布是由其参数 μ 和 σ^2 唯一确定的,图 4-4 与图 4-5 表明了不同 μ 和 σ 时的正态分布图。

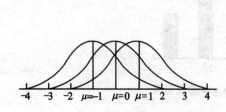 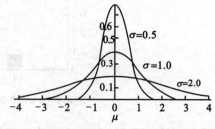

图 4-4 均值不同时正态概率密度曲线的比较　图 4-5 标准差不同时正态概率密度曲线的比较

由正态分布概率密度函数,可得到 $N(\mu, \sigma^2)$ 具有以下基本特征:
① 正态分布曲线是以平均数 μ 为中心向左右两侧作对称分布的单峰钟形曲线。
② 在 $Y = \mu$ 处,$f(y)$ 达到最大值,算术平均数、中位数和众数均汇于一点。
③ 曲线在 $y = \mu \pm \sigma$ 处各有一个拐点,并以横轴为渐近线无限延伸。
④ Y 在 $-\infty \sim +\infty$ 间可处处取值,构成了 Y 取值的完全事件系。故正态曲线与横轴所围成的全部面积必等于 1,观察值出现在任何两个定值 y_1 到 $y_2 (y_1 \neq y_2)$ 之间的概率为:

$$P(y_1 \leq y \leq y_2) = \int_{y_1}^{y_2} \frac{1}{\sigma\sqrt{2\pi}} e^{-\frac{1}{2}\left(\frac{y-\mu}{\sigma}\right)^2} dy \tag{4-8}$$

4.3.2 标准正态分布

对于服从正态分布的随机变数 Y,由式(4-8)计算 Y 落在某个区间 $[y_1, y_2]$ 内的概率,显然该积分算式计算起来非常麻烦和困难,又由于不同的正态分布有不同的 μ 和 σ^2,使得此概率的计算更加复杂,所以必须寻求一个一般化的应用,即对于不同的正态分布,均可以很简单地计算 Y 落在某个区间内的概率。为此,引入 Y 的一个变换:

$$z = \frac{y - \mu}{\sigma}$$

由此可得标准正态分布的概率密度函数为:

$$f(z) = \frac{1}{\sqrt{2\pi}}e^{-\frac{z^2}{2}} \quad (-\infty < z < +\infty) \tag{4-9}$$

式(4-9)实质上就是正态分布的概率密度函数中 $\mu = 0$,$\sigma = 1$ 的情形。从几何意义上说,此变换实质上是作了一个坐标轴的平移和尺度变换,使正态分布具有平均数 $\mu = 0$,

标准差 $\sigma = 1$。这种变换称为标准化正态变换。因此将这种具有 $\mu = 0$，$\sigma = 1$ 的正态分布称为标准正态分布，记为 $N(0, 1)$。另外可推得标准正态分布的概率分布函数为：

$$F(z) = P\{Z \leq z\} = \int_{-\infty}^{z} \frac{1}{\sqrt{2\pi}} e^{-\frac{y^2}{2}} dy \tag{4-10}$$

由对称性容易验证 $F(z) = 1 - F(-z)$。

4.3.3 正态分布的概率计算

在实际问题中常遇到正态分布的概率计算，为了省去计算的麻烦，统计学家已按式(4-10)编成了标准正态分布表，这样对于服从标准正态分布的随机变数 Z 落在区间 $[z_1, z_2]$ 内的概率可通过下式计算：

$$P(z_1 \leq Z \leq z_2) = F(z_2) - F(z_1) \tag{4-11}$$

因此通过查标准正态分布表，可得式(4-11)的值。而对于服从一般正态分布 $N(\mu, \sigma^2)$ 的随机变量 Y，通过标准化正态变换亦可求出其落在任意区间 $[y_1, y_2]$ 内的概率，即：

$$P(y_1 \leq Y \leq y_2) = P\left(\frac{y_1 - \mu}{\sigma} \leq \frac{Y - \mu}{\sigma} \leq \frac{y_2 - \mu}{\sigma}\right) = F\left(\frac{y_2 - \mu}{\sigma}\right) - F\left(\frac{y_1 - \mu}{\sigma}\right)$$

【例 4.4】 设测得 y 为小麦的某一指标值，已知 y 遵从标准正态分布，试求试验结果处于：① $[0.34, 1.53)$；② $[-0.54, 0.84)$；③ $[-2.12, -0.25)$；④ $y \geq 1.53$；⑤ $y < 0.64$ 各区间的概率大小值。

解：由式(4-11)，查附表得：

① $P(0.34 \leq y < 1.53) = F(1.53) - F(0.34) = 0.9370 - 0.6331 = 0.3039$

② $P(-0.54 \leq y < 0.84) = F(0.84) - F(-0.54) = 0.7995 - 0.2946 = 0.5049$

③ $P(-2.12 \leq y < -0.25) = F(-0.25) - F(-2.12)$
$= 0.4013 - 0.0170 = 0.3843$

④ $P(y \geq 1.53) = 1 - P(y < 1.53) = 1 - F(1.53) = 1 - 0.9370 = 0.0630$

⑤ $P(y < 0.64) = F(0.64) = 0.7389$

【例 4.5】 在表 3-7 屯玉 4 号玉米穗位高资料中 $\bar{y} = 94.7 \text{cm}$，$s = 9.24 \text{cm}$。试计算观察值在区间① $[85.46, 103.94)$；② $[76.22, 113.48)$；③ $[66.98, 122.42)$ 的概率。

解：因为不知道 μ 和 σ，故这里以 $\bar{y}$ 估计 μ，s 估计 σ，为了求得 Y 在各个指定区间内观察值出现的概率，首先应将各个区间的上下限标准化，即

① $z_1 = \dfrac{85.46 - 94.7}{9.24} = -1$，$z_2 = \dfrac{103.94 - 94.7}{9.24} = 1$

② $z_1 = \dfrac{76.22 - 94.7}{9.24} = -2$，$z_2 = \dfrac{113.48 - 94.7}{9.24} = 2$

③ $z_1 = \dfrac{66.98 - 94.7}{9.24} = -3$，$z_2 = \dfrac{122.42 - 94.7}{9.24} = 3$

依次查附表得：

$P(85.46 \leq Y < 103.94) = F(1) - F(-1) = 0.8413 - 0.1587 = 0.6826$

$P(76.22 \leq Y < 113.18) = F(2) - F(-2) = 0.9773 - 0.0228 = 0.9545$

$P(66.98 \leq Y < 122.42) = F(3) - F(-3) = 0.9987 - 0.0014 = 0.9973$

上述计算结果正好是观察值 y 落在 $\mu \pm \sigma$，$\mu \pm 2\sigma$，$\mu \pm 3\sigma$ 区间内的三个常用概率，分别是 0.6826，0.9545，0.9973，如图 4-6 所示。

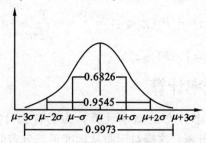

图 4-6　正态分布的三个常用概率

除上面所讨论的以外，在实际的统计推断中常常要研究随机变数 Y 在平均数 μ 左右取值概率为 0.95、0.99 的取值范围。显然，随机变数 Y 在这个范围外取值的概率为 0.05 和 0.01。容易验证下述结果：

$$P(\mu - 1.96\sigma \leq Y \leq \mu + 1.96\sigma) = 0.95$$
$$P(\mu - 2.58\sigma \leq Y \leq \mu + 2.58\sigma) = 0.99$$

4.3.4　中心极限定理

从一个总体中独立随机地抽取容量为 n 的样本，并由样本计算各种统计数，由于样本是随机抽取的，因而由样本数据计算的统计数也是随机变数，它们也有自己的概率分布，称之为抽样分布。在进行统计推断时，常常需要知道统计数的抽样分布，常见的抽样分布类型主要有正态分布、t 分布、χ^2 分布和 F 分布，在以后各节我们将依次逐一介绍。

现假设总体服从正态分布 $N(\mu, \sigma^2)$，由该总体独立随机地抽取一个容量为 n 的样本，样本平均数为：

$$\bar{y} = \frac{\sum y}{n}$$

根据抽样的随机独立性可知每个 y_i 均服从正态分布，即与总体同分布，亦即：

$$y_i \sim N(\mu, \sigma^2)$$

因而 $\bar{y}$ 也服从正态分布，且其平均数为总体平均数 μ，方差为总体方差除以样本容量 $\frac{\sigma^2}{n}$，即

$$\bar{y} \sim N\left(\mu, \frac{\sigma^2}{n}\right)$$

将 $\bar{y}$ 标准化，则称

$$z = \frac{\bar{y} - \mu}{\frac{\sigma}{\sqrt{n}}} \sim N(0,1) \tag{4-12}$$

为 Z 统计数，是进行统计推断的重要统计数之一。

式 (4-12) 的前提条件是总体服从正态分布，如果不满足此条件，样本平均数的分布又

将如何？为此我们介绍一个十分重要的定理——中心极限定理。它的基本含义是：无论总体服从什么分布，只要样本容量足够大，样本平均数就近似服从正态分布。

在农业及生物科学研究中，许多随机变数都可以认为是由很多作用微小且相互独立的随机变数所组成，如在完全相同的试验条件下测量小麦的高度，其株高仍然不一样，这是由于许多无法避免的随机因素所造成的，虽然个别的随机因素对株高的影响不大，但这些因素的总和，对株高将产生很大影响。因此这类随机变数都服从正态分布，表明正态分布是一种最常见的分布，同时也说明了中心极限定理的重要性。

设随机变数 Y 由相互独立的随机变数 $Y_1, Y_2, \cdots, Y_n$ 组成，各 Y_i 的总体平均数为 μ_i，方差为 σ_i^2，则当 $n \to \infty$ 时，$Y = \sum_{i=1}^{n} Y_i$ 渐近服从正态分布 $N(\sum_{i=1}^{n} \mu_i, \sum_{i=1}^{n} \sigma_i^2)$。特别当 Y_i 具有相同的分布时，即 $\mu_i = \mu, \sigma_i^2 = \sigma^2, i = 1, 2, \cdots, n$。$Y = \sum_{i=1}^{n} Y_i$ 渐近服从正态分布 $N(n\mu, n\sigma^2)$，亦即

$$Z = \frac{\frac{\sum Y}{n} - \mu}{\frac{\sigma}{\sqrt{n}}} \sim N(0,1) \tag{4-13}$$

由此得样本平均数具有如下性质：

①如果从正态总体 $N(\mu, \sigma^2)$ 中进行抽样，则样本平均数也服从正态分布，且平均数为 μ，标准差为 $\sigma/\sqrt{n}$。

②如果总体不是正态总体，但其平均数与标准差分别为 μ 和 σ，则当样本容量不断增大时，样本平均数的分布也趋近于正态分布，且其平均数为 μ，标准差为 $\sigma/\sqrt{n}$。该性质说明不论总体的分布形式如何，只要样本容量 n 足够大时，样本平均数的分布就近似为正态分布。

【例4.6】 自区间 $[0, 1]$ 中可重复地任取 100 个实数 Y_i（$i = 1, 2, \cdots, 100$）作为随机变数，使用中心极限定理近似计算 $P(\sum_{i=1}^{100} Y_i > 45)$。

解：由题意每个随机变数 Y_i 均服从均匀分布，且其平均数为 $1/2$，方差为 $1/12$。根据中心极限定理知：

$\sum_{i=1}^{100} Y_i$ 近似服从正态分布 $N(50, \frac{25}{3})$，故：

$$P(\sum_{i=1}^{100} Y_i > 45) = P\left(\frac{\sum_{i=1}^{100} Y_i - 50}{\sqrt{\frac{25}{3}}} > \frac{45 - 50}{\sqrt{\frac{25}{3}}}\right) = 1 - F(-1.73) = 0.9582$$

4.4 t 分布

前面我们在讨论样本平均数的概率分布时,要求总体方差 σ^2 为已知,或者 σ^2 未知但样本容量较大($n \geq 30$)时,可用样本方差 s^2 估计 σ^2。但在实际研究中,经常遇到总体方差 σ^2 未知且样本容量不大($n < 30$)的情况,如果仍用 s^2 来估计 σ^2,这时样本平均数的概率分布就不呈正态分布了,而是服从自由度为 $DF = n - 1$ 的 t 分布,即

$$t = \frac{\bar{y} - \mu}{\frac{s}{\sqrt{n}}} \sim t(n-1) \tag{4-14}$$

式中,$s/\sqrt{n}$ 称为样本标准误差。t 分布类似于正态分布,也是一种对称分布,它只有一个参数,即自由度。因为计算 s 时所使用的 n 个观察值受到平均数 $\bar{y}$ 的约束,故独立观测值的个数(自由度)为 $n-1$。t 分布是英国统计学家 Gosset 于 1908 年以笔名"student"所发表的论文提出的,因此称为学生氏 t 分布,简称 t 分布,记作 $t(n-1)$。t 分布的概率密度函数为:

$$f(t) = \frac{\Gamma\left(\frac{DF+1}{2}\right)}{\sqrt{\pi DF}\,\Gamma\left(\frac{DF}{2}\right)} \left(1 + \frac{t^2}{DF}\right)^{-\frac{DF+1}{2}} \quad (-\infty < t < \infty) \tag{4-15}$$

由 t 分布的概率密度函数,可得 t 分布具有以下特征:

① t 分布与标准正态分布相似,关于 $t = 0$ 对称,并围绕平均数向两侧递降。
② t 分布受自由度影响,不同自由度对应不同的分布曲线;自由度越小,离散程度越大,如图 4-7 所示。
③ 和正态分布相比,t 分布的顶部偏低,尾部偏高,自由度 $DF > 30$ 时,其曲线就比较接近正态分布曲线。当 $DF \to \infty$ 时则和正态分布曲线重合,如图 4-8 所示。

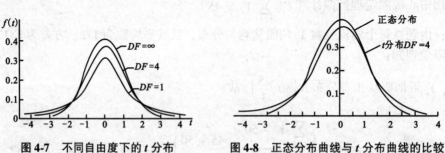

图 4-7　不同自由度下的 t 分布　　图 4-8　正态分布曲线与 t 分布曲线的比较

对于 t 分布,要利用其概率密度函数计算概率是困难的。为了便于计算随机变数服从 t 分布的概率与应用,下面介绍 t 分布临界值的概念。

类似于正态分布,t 分布曲线与横轴所围成的面积等于 1,即 t 值落入区间 $(-\infty, \infty)$ 内的概率为 1;t 值落入任一区间 (t_1, t_2) 内的概率等于该区间所夹曲线下面积。如 t 落入

区间 $[-\lambda, \lambda]$ 内的概率为 0.95，则称 $\pm\lambda$ 为置信水平 $\alpha = 0.05$ 的 t 分布双侧临界值。简便起见，鉴于 t 分布的对称性，制作其置信水平 α 的双侧临界值表时，常只使用正数值，表示为 $t_\alpha(DF)$，满足：

$$P[|t| \leq t_\alpha(DF)] = 1 - \alpha$$

不同自由度、置信水平下的临界值可从 t 分布的双侧临界值附表中查到。有时我们考虑 t 落入区间 $(-\infty, \lambda]$ 内的概率，此时它的概率为 0.95，而 0.05 的概率全部集中在分布曲线的右侧，称此 λ 为置信水平 0.05 的 t 分布上侧临界值，由对称性称 $-\lambda$ 为置信水平 0.05 的 t 分布下侧临界值。考虑到对称性，上、下侧临界值都可以通过 t 分布的双侧临界值表获得。例如，$DF = 10$，置信水平为 0.05 的 t 分布双侧临界值 $t_{0.05} = 2.228$；置信水平为 0.05 的上侧临界值为 $t_{2 \times 0.05} = t_{0.1} = 1.812$，下侧临界值为 $-t_{0.1} = -1.812$。一般地，置信水平为 α 的双侧临界值可以表示为：

$$P(|t| \geq t_\alpha) = \alpha \quad \text{或} \quad P(t \geq t_\alpha) = P(t \leq -t_\alpha) = \frac{\alpha}{2}$$

置信水平为 α 的单侧临界值可以表示为：

$$P(|t| \geq t_{2\alpha}) = \alpha \quad \text{或} \quad P(t \geq t_{2\alpha}) = P(t \leq -t_{2\alpha}) = \alpha$$

【例 4.7】 已知自由度 $DF = 12$ 的 t 分布，求置信水平为 0.01 的双侧、上侧、下侧临界值。

解：直接查附表可得双侧临界值 $t_{0.01}(12) = 3.055$；而上侧临界值是相当于查双侧临界值表 $2\alpha = 2 \times 0.01 = 0.02$ 对应的 $t_{0.02}(12) = 2.681$；下侧临界值为 $-t_{0.02}(12) = -2.681$。

4.5 χ^2 分布

讨论样本方差 s^2 的分布一般是将它标准化，得到一个不带有任何单位的纯数，即讨论标准化之后的变数分布，此时标准化后的变数服从自由度为 $DF = n - 1$ 的 χ^2 分布，即

$$\chi^2 = \frac{DFs^2}{\sigma^2} = \frac{(n-1)s^2}{\sigma^2} \sim \chi^2(n-1) \tag{4-16}$$

χ^2 分布是 Helmert(1875) 和 K. Pearson(1900) 分别独立提出来的，其概率曲线随自由度的不同而改变，它的概率密度函数为：

$$f(\chi^2) = \begin{cases} \dfrac{(\chi^2)^{\frac{DF}{2}-1}}{2^{\frac{DF}{2}}\Gamma\left(\dfrac{DF}{2}\right)} e^{-\frac{1}{2}\chi^2} & (\chi^2 > 0) \\ 0 & (\chi^2 \leq 0) \end{cases} \tag{4-17}$$

由 χ^2 分布的概率密度函数，可得 χ^2 分布具有以下特征：

① χ^2 分布无负值，其取值范围为 $(0, \infty)$，并呈反"J"形的偏斜分布。

② χ^2 分布的偏斜度随自由度降低而增大，当自由度 $DF = 1$ 时，曲线以纵轴为渐近线。

③ 随自由度 DF 增大，χ^2 分布曲线渐趋左右对称，当 $DF > 30$ 时，χ^2 分布已接近正态分布。图 4-9 说明了不同自由度的 χ^2 分布曲线图形。

④ χ^2 分布对自由度具有可加性，即若 $Y_1 \sim \chi^2(DF_1)$, $Y_2 \sim \chi^2(DF_2)$，且相互独立，则 $Y_1 + Y_2 \sim \chi^2(DF_1 + DF_2)$。

与 t 分布类似，在后面几章我们作统计推断时，将用到 χ^2 分布的临界值概念。

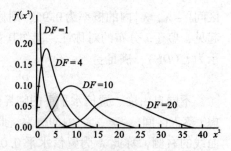

图 4-9 不同自由度下的卡平方分布

附表给出了 χ^2 分布的上侧临界值，即当给定其上侧（右侧）尾部的概率为 α 时，该分布在横坐标上的临界值记为 $\chi^2_\alpha(DF)$，即：$P(\chi^2 \geq \chi^2_\alpha) = \alpha$。例如，自由度 $DF=9$，上尾概率（置信水平）$\alpha=0.05$，查附表得 $\chi^2_{0.05} = 16.92$。若要知道下侧（左侧）尾部的概率为 α 时 χ^2 分布的临界值，只需查上尾概率为 $1-\alpha$ 的上侧临界值即可。例如，自由度 $DF=9$，下尾概率（显著水平）$\alpha=0.05$，查上尾概率为 0.95 的上侧临界值得 $\chi^2_{0.95} = 3.33$。对于双侧临界值可分开考虑按上侧临界值查。一般对于单侧临界值可以表示为：

$$P(\chi^2 \geq \chi^2_\alpha) = \alpha \quad \text{或} \quad P(\chi^2 \geq \chi^2_{1-\alpha}) = 1-\alpha$$

双侧临界值可以表示为：

$$P(\chi^2_{1-\frac{\alpha}{2}} \leq \chi^2 \leq \chi^2_{\frac{\alpha}{2}}) = 1-\alpha$$

【例 4.8】 已知自由度 $DF=13$ 的 χ^2 分布，求满足 $P(\chi^2 < \lambda) = 0.005$ 的 λ 值。

解： 由于 $P(\chi^2 \geq \lambda) = 1 - P(\chi^2 < \lambda) = 1 - 0.005 = 0.995$，所以查自由度为 13 的 0.995 的 χ^2 分布上侧临界值得 $\chi^2_\alpha(DF) = \chi^2_{0.995}(13) = 3.565$，即 $\lambda = 3.565$。

4.6 F 分布

实际问题中常要求考察两个正态总体的方差是否有差异，统计上称为方差齐性问题，现从两个正态总体 $N(\mu_1, \sigma_1^2)$ 和 $N(\mu_2, \sigma_2^2)$ 各随机抽取容量分别为 n_1 和 n_2 的样本，并分别求出它们的样本方差 s_1^2 和 s_2^2，在一定条件下，s_1^2 和 s_2^2 的比值所构成的随机变数服从第一自由度 $DF_1 = n_1 - 1$，第二自由度 $DF_2 = n_2 - 1$ 的 F 分布，即：

$$F = \frac{s_1^2}{s_2^2} \sim F(DF_1, DF_2) \tag{4-18}$$

F 分布首先是英国统计学家 R. A. Fisher 由两个分布分别除以各自的自由度后相除而提出的，其概率密度函数是 Snedcor 于 1934 年直接给出的：

$$f(F) = \begin{cases} \dfrac{\Gamma\left(\dfrac{DF_1 + DF_2}{2}\right)}{\Gamma\left(\dfrac{DF_1}{2}\right)\Gamma\left(\dfrac{DF_2}{2}\right)} \cdot \dfrac{DF_1^{\frac{DF_1}{2}} DF_2^{\frac{DF_2}{2}} F^{\frac{DF_1}{2}-1}}{(DF_1 F + DF_2)^{\frac{DF_1+DF_2}{2}}} & (F > 0) \\ 0 & (F \leq 0) \end{cases} \tag{4-19}$$

显然 F 分布是随自由度 DF_1 和 DF_2 变化而变化的一组曲线。

由 F 分布的概率密度函数，可得 F 分布具有以下特征：

①F 分布是非对称分布，其取值范围为(0，∞)，分布曲线受两个自由度的影响，如图 4-10 所示。

②若 $F \sim F(DF_1, DF_2)$，则 $\frac{1}{F} \sim F(DF_2, DF_1)$。

③若 $t \sim t(DF)$，则 $t^2 \sim F(1, DF)$。

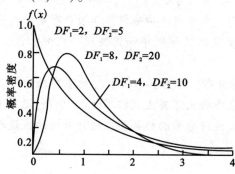

图 4-10　不同自由度下的 F 分布

附表给出了 F 分布的上侧临界值，即对于 $F \sim F(DF_1, DF_2)$，给定其上尾的概率为 α 时，该分布在横坐标上的临界值，记为 $F_\alpha(DF_1, DF_2)$，即：$P(F \geq F_\alpha) = \alpha$。例如，当 $DF_1 = 4$，$DF_2 = 20$ 时，上尾概率 $\alpha = 0.01$ 的上侧临界值为 $F_{0.01}(4, 20) = 4.43$。类似于 χ^2 分布，如要查 F 分布的下侧临界值，即对于 $F \sim F(DF_1, DF_2)$，给定其下尾的概率为 α 时，该分布在横坐标上的临界值，此时原则上查上尾概率为 $1 - \alpha$ 的上侧临界值。但附表只列出几个常用概率的上侧临界值，因而当下尾概率 $\alpha = 0.01$ 时，不能查到上尾概率为 $1 - \alpha = 0.99$ 的上侧临界值 $F_{0.99}$。此时利用 F 分布的性质②，即 $F_{0.99}(4, 20) = 1/F_{0.01}(20, 4)$，因为 $F_{0.01}(20, 4) = 14.0$，所以 $F_{0.99}(4, 20) = 1/F_{0.01}(20, 4) = 1/14.0 = 0.0714$。一般对于单侧临界值可以表示为：

$$P(F \geq F_\alpha) = \alpha \quad 或 \quad P(F \leq F_{1-\alpha}) = \alpha$$

双侧临界值可以表示为：

$$P(F \geq F_{\frac{\alpha}{2}}) = \frac{\alpha}{2} \text{ 及 } P(F \leq F_{1-\frac{\alpha}{2}}) = \frac{\alpha}{2}$$

【例 4.9】 已知 $F \sim F(3, 9)$，$\alpha = 0.05$，求 F 的关于 α 的上侧和下侧临界值。

解： 直接查表可得 F 关于 α 的上侧临界值：$F_{0.05}(3, 9) = 3.86$，F 关于 α 的下侧临界值：

$F_{0.95}(3, 9) = 1/F_{0.05}(9, 3) = 1/8.81 = 0.1135$。

小　结

本章从随机变数的概率分布入手，着重介绍了二项分布、正态分布的基本定义和概率计算；并由样本统计数的抽样分布引出了由正态分布派生的在生物统计学中有着重要应用的三大分布：t 分布、χ^2 分布、F 分布。

二项分布是一种间断性随机变数的分布,可进行相应的概率计算。若 n 较大,p 或 q 非常小时,用泊松分布计算概率(杜荣骞,2003)。标准正态分布的随机变数 Z 落在区间 $(z_1, z_2]$ 内的概率可通过查标准正态分布表求出。对于任意服从正态分布的连续性随机变量 Y,通过标准化正态变换亦可求出其落在任意区间 $(y_1, y_2]$ 内的概率。当 $p=q$ 或 $p \neq q$ 但 n 增大到使 $np>5$ 或 $nq>5$(p 或 $q<0.1$)时,二项分布和泊松分布都渐趋于对称,并近似于正态分布。因此,可用正态分布近似地计算二项分布或泊松分布的概率。但是,间断性变数的点概率和连续性变数的区间概率如何实现转化呢?仅需一个"连续性矫正常数" 0.5 就可实现。

三大统计分布分别为 t 分布,记为 $t \sim t(DF)$,附表中给出了其双侧临界值;卡平方分布,记为 $\chi^2 \sim \chi^2(DF)$,附表中给出了其上侧临界值;F 分布,记为 $F \sim F(DF_1, DF_2)$,附表中给出了其上侧临界值。三大统计分布的临界值在统计分析的假设检验与区间估计方法中有着广泛应用。

练习题

1. 举例说明什么是间断性、连续性随机变数?描述它们的概率分布特征有哪些?
2. 分别叙述正态分布和标准正态分布曲线的特点。μ 和 σ 对正态分布曲线有何影响?
3. 已知 z 服从标准正态分布 $N(0,1)$,试查表计算下列各小题的概率值。
   ①$P(0.3 \leqslant z \leqslant 1.8)$;②$P(-1 \leqslant z \leqslant 1)$;③$P(-2 \leqslant z \leqslant 2)$;④$P(-1.96 \leqslant z \leqslant 1.96)$;
   ⑤$P(-2.58 \leqslant z \leqslant 2.58)$。
   (①0.3462;②0.6826;③0.9545;④0.95;⑤0.99012)
4. 设 Y 服从正态分布 $N(4, 16)$,试通过标准化变换后查表计算下列各题的概率值。
   ①$P(-3 \leqslant Y \leqslant 4)$;②$P(Y<2.44)$;③$P(Y>-1.5)$;④$P(Y \geqslant -1)$。
   (①0.45994;②0.3483;③0.9154;④0.8944)
5. 一场暴风雨过后,某地田块受害概率 $p=1/3$,现要调查 $n=12$ 块田地,试计算受害田块 $y \geqslant 10$ 以上的概率有多少?(5.438×10^{-4})
6. 已知 250 株小麦的高度分布服从正态分布 $N(63.33, 2.88^2)$,问:①株高在 60cm 以下的概率?②株高在 69cm 以上的概率?③株高在 60~64cm 之间的概率?④株高在多少厘米以上的占全体的 95%?⑤株高落在 $\mu \pm 1.96$ 之间的概率是多少?
   (①0.124;②0.024;③0.468;④58.61;⑤0.5038)
7. 查表计算:①已知自由度 $DF=5$ 的 t 分布,求置信水平为 0.05 的双侧、上侧、下侧临界值。②已知自由度 $DF=10$ 的 χ^2 分布,求满足 $P(\chi^2 < \lambda) = 0.005$ 的 λ 值。③$DF=2$ 时,分别求 $P(\chi^2 \leqslant 0.05)$;$P(\chi^2 > 5.99)$;$P(0.05 < \chi^2 < 7.38)$。④已知 $F \sim F(3,10)$,$\alpha=0.05$,求 F 的关于 α 的上侧和下侧临界值。
   (① 2.571;2.015;-2.015;② 2.156;③ 0.025;0.05;0.95;④ 3.71;0.1138)

第5章 统计推断

5.1 概　述

第 4 章研究了随机变数的几种分布规律,这些只属于总体与样本之间关系的一个方面,即从总体到样本的研究。本章我们将讨论总体与样本之间关系的第二个方面,从样本到总体的研究,即如何通过样本去推断总体。就是要从一个或一系列样本所得的结果去推断其总体的结果,即统计推断问题。统计推断包括参数估计和假设检验两个方面。在试验工作中,首先要估计所需要的参数。例如,估计一个小麦新品种的产量,即以样本所得的平均数 $\bar{y}$ 作为总体参数的估计值,称为点估计;此外,还有区间估计,即以一定概率保证参数位于某两个数值之间。但是,试验工作中更为重要的目的是有关估计值的利用。例如,比较两个小麦品种产量的高低就是有关统计假设检验的问题。本章将就单个样本和两个样本间比较,列举平均数假设检验的常用方法。

5.1.1 统计推断的概念与内容

(1) 统计推断概念

所谓统计推断就是根据从未知总体中获得已知的随机样本进行分析和推断,诸如总体的分布形式,总体的参数取值等问题,从而认识该总体。

统计推断基本上包括两大部分内容:一是假设检验;二是参数估计。

(2) 假设检验

在生产和科研实践中,常常提出诸如下列的问题需要我们去解决。

【例 5.1】 某加工厂有一批产品共 200 件,按规定次品率不得超过 3% 才能出厂,今在其中任意抽取 10 件,发现这 10 件中有 2 件是次品。问这批产品能否出厂?

解：设这批产品的次品率是 p，问题转化为如何根据抽样的结果来判断不等式"$p \leq 3\%$"成立与否？

【例 5.2】 用某仪器间接测量某成分含量重复五次所得的结果是：1250，1265，1245，1260，1275，而用别的精确方法测出的含量为 1277（可以看作含量的真值）。试问用此仪器间接测量有无系统偏差？

解：设 μ 为该仪器测得数值之总体的平均数，已获得的 5 个数据是它的一个样本，问题转化为如何判断等式"$\mu = 1277$"成立与否？

【例 5.3】 对种植在 2 个不同地区的同一小麦品种的蛋白质进行测定，得到下列数据：

地区甲 12.6，13.4，11.9，12.8，13.0
地区乙 13.1，13.4，12.8，13.5，13.3

究竟两个地区的小麦蛋白质含量有没有差别？

用 μ_1 和 μ_2 分别表示两个地区小麦的蛋白质含量之总体的平均数，问题变成如何判断等式"$\mu_1 = \mu_2$"是否成立？〔还可以进一步问等式 ($\sigma_1^2 = \sigma_2^2$) 成立与否？〕

这些例子所代表的问题是很广泛的，其共同点就是从已知的样本结果出发去判断关于总体的一个看法是否成立。看法又称"假设"，这就是所谓假设检验问题。

如何对假设进行检验呢？无论假设的形式如何，进行检验的基本思路都是很简单的，是一种带有概率性质的反证法，下面我们结合例 5.1 来说明这种基本思路。

例 5.1 要检验的假设是"$p \leq 0.03$"。我们先假设 $p = 0.03$，看看会出现什么后果，此时 200 件（总体）中有 6 件次品，抽取 10 件，我们先来求这 10 件中至少有 2 件次品的概率，设 Y 为 10 件中次品数，则

$$P_1 = P\{Y = 0\} = C_{10}^0 0.03^0 (1 - 0.03)^{10-0} = 0.732$$
$$P_2 = P\{Y = 1\} = C_{10}^1 0.03^1 (1 - 0.03)^{10-1} = 0.237$$

于是
$$P = P\{Y \geq 2\} = 1 - P_1 - P_2 = 0.031$$

以上结果表明，如果次品率是 3%，那么抽 10 个样品，出现至少 2 个次品的概率将小于 0.04；显然，如果次品率 $p < 3\%$，那么出现 2 个次品的概率更是小于 0.04。总之，如果"$p \leq 0.03$"这一假设成立，那么 10 个样品中出现至少 2 个次品的机会是很少的，平均在 100 次抽样中，出现不到 4 回。也就是说如果 $p \leq 0.03$ 成立，则在一次抽样中，人们实际上很少遇到至少 2 个次品的情形。然而，现在的事实是：在这一次具体的抽样实践中，竟然发现了这样的情形。这是"不合理的"。产生这种不合理的现象根源在于假设"$p \leq 0.03$"，因此，$p \leq 0.03$ 这一假设是不能成立的。故按规定这批产品是不能出厂的。

从上面的分析讨论中可以看出，我们的推理方法有两个特点：

①用了反证法的思想，为了检验一个"假设"（$p \leq 0.03$）是否成立，我们就是假定这个"假设"是成立的，而看由此产生什么后果，如果导致了一个不合理现象的出现，那就表明原来的假定是不正确的，也就是说"假设"是不能成立的。因此，我们拒绝这个"假设"。如果由此没有导出不合理的现象发生，则不能拒绝原来的"假设"，称原假设是相容的。

②又区别于纯数学中的反证法。因为我们这里的所谓"不合理"，并不是形式逻辑中的

绝对矛盾，而是基于人们在实践中广泛采用的一个原则：小概率事件在一次观察中可以认为基本上不会发生。

这个原则在我们日常生活中是不自觉地使用的。就从刚才举的产品验收问题来看，每个稍有经验的人都会拒绝假设"$p \leqslant 0.03$"，其原因实际上就是利用了上述原则。

自然会产生这样的问题，概率小到什么程度才能当作"小概率事件"呢？通常把概率不超过0.05的事件当作"小概率事件"。在统计学上，上述概率等于0.05或0.01称为显著水平，并分别记作$\alpha = 0.05$和$\alpha = 0.01$。

(3) 参数估计

上面我们介绍了假设检验的概念，但在实践中还有许多重要问题与假设检验问题的提法不同，也需要我们去解决。例如，在抽样调查中，常常根据若干样点的农作物产量来估计某区域某种农作物的平均产量；或者用若干样点的材积量来估计某个林场的平均材积量。又如：一群家畜或一批试验小区经过某种处理后，就得根据这些试验单元对处理的平均反应或反应的变异状况来评估处理的效应。这些问题就是统计学上的参数估计问题，是研究如何根据已知的样本结果去估计未知总体的参数（如μ，σ_2等）的问题。根据估计方式不同可分为两类：点估计和区间估计。

①点估计。所谓点估计就是利用样本的一个统计数直接对总体的相应参数进行估计，如用$\bar{y}$估计μ，用s估计σ^2。这种估计结果表现为数轴上的一个点，此即点估计这一称谓的由来。但是由于不同的样本可以产生不同的估计值，点估计无法提供关于估计精度和估计可靠性方面的信息，因此很有必要进行区间估计。

②区间估计。所谓区间估计就是在一定概率保证之下，利用样本结果估算出一个区间，使该区间包含被估计的参数。例如我们可以用70%概率估计某作物品种的小区平均产量μ是[24.9, 26.2]。也就是说区间[24.9, 26.2]包含小区总体平均产量μ的概率是70%。在这里，70%这一概率称为置信度，用$(1-\alpha)$来表示，代表着估计的可靠程度，通常取$1-\alpha$的数值为95%，99%或90%。[24.9, 26.2]这一区间称为置信区间，区间的大小边界值26.2和24.9分别称为上置信限和下置信限，上下置信限的差值即置信区间的长短反映了估计的精度，区间越短，估计越精确。

5.1.2 假设检验的类型与错误

(1) 无效假设与备择假设

假设检验时，首先要提出假设。一般是根据研究目的与所研究问题的性质，提出假设。如上节$p \leqslant 0.03$、$\mu = 1277$、$\mu_1 = \mu_2$、$\sigma_1^2 = \sigma_2^2$。这些含有等号的叫做零假设，亦称无效假设，用H_0表示，是进一步分析计算的重要前提。由于对被研究的总体情况不明，我们在作出上述无效假设的同时，实际上还隐含了相对应的假设：$p > 0.03$、$\mu \neq 1277$、$\mu_1 \neq \mu_2$、$\sigma_1^2 \neq \sigma_2^2$。这些假设称为备择假设，用$H_A$表示，一旦拒绝了无效假设，就意味着接受备择假设。就所研究的某个具体问题而言，无效假设和备择假设应该彼此对立，包括该问题的所有可能答案。值得强调指出，假设应当在着手进行抽样调查或试验的时候就提出，而不是在取得数据（样本结果）之后才提出。由于研究目的的不同，对于表面上相同的问题，却会出现截然不同的无效假设。

例如，研究植物生长调节物质对棉花纤维长度的作用问题。若研究目的是鉴定出对棉花商品生产有价值的能够增加纤维长度的调节物质，则 $H_0: \mu \leq \mu_0$，$H_A: \mu > \mu_0$。其中 μ_0 为对照的纤维长度，μ 为应用调节物质以后的纤维长度。若研究目的是明确调节物质对纤维长度有无影响，若有影响时，拟进一步深入研究其机理。此时，H_0 为 $\mu = \mu_0$，H_A：$\mu \neq \mu_0$。

(2) 单尾检验和双尾检验

虽然假设检验种类繁多，但从其形式上看，只有两种类型：单尾检验和双尾检验。

若备择假设只含有大于号或小于号，如 $H_A: p > 3\%$，$H_A: \mu_1 < \mu_2$ 或 $\mu_1 - \mu_2 < 0$ 等，对其相应的无效假设即 $H_0: p \leq 3\%$，$H_0: \mu_1 \geq \mu_2$ 等进行检验，称为单尾检验。在实践中，检验成批农产品质量是否符合某一规格要求，检验技术革新或改变栽培方式后农产品质量有无显著提高，或成本有无显著降低等，常常属于单尾检验问题。

若备择假设同时含有大于号和小于号，如 $H_A: p \neq 0.03$ 即 "$p < 0.03$" 或 "$p > 0.03$"，以及 $H_A: \mu \neq 1277$ 即 $\mu < 1277$ 或 $\mu > 1277$，对其相应的无效假设，即，$H_0: p = 0.03$，$H_0: \mu = 1277$ 进行检验，称为双尾检验。

单尾检验与双尾检验的方法与步骤相同，只是在如何确定小概率事件的边界问题上不同，这将在本章后续节中作详细介绍。

(3) 假设检验的两类错误

假设检验是带有概率性质的反证法，对 H_0 是否成立的判断是在一定概率水平上进行的，人们不能给出百分之百的结论，因此，在进行假设检验时就有可能发生推断上的错误。假设检验的错误有两种类型：

①第一类错误。若客观上 H_0 为真，我们的结论却是"拒绝 H_0"，就会犯第一类错误。犯第一类错误的概率恰好等于显著水平 α。

②第二类错误。若客观上 H_0 为假，而我们的结论却是"不拒绝 H_0"，就会犯第二类错误。第二类错误的概率用 β 表示。尽管 β 无法确定，但已知其值的大小受到下列因素影响。α 由小变大，则 β 由大变小；当 α 固定时，单尾检验的 β 小于双尾检验 β；样本容量 n 由小变大，则 β 由大变小；试验误差由大变小，则 β 由大变小。一句话，凡是有利于做出"拒绝 H_0"结论的措施，都能降低 β。

5.2 统计假设检验的步骤

假设检验方法是先按研究目的提出一个假设；然后通过试验或调查，取得样本资料；最后检查这些资料结果，看看是否与无效假设所提出的有关总体参数的大小相符合。如果两者之间符合的可能性不是很小，则将接受这个无效假设；如果符合的可能性很小，则将否定它，从而接受其备择假设。具体地讲，通过总体的分布确定由该总体抽出的样本统计数应该在某一范围内，如果超过了这个范围界限，那么就认为无效假设是错误的，应接受备择假设。下面以一个例子说明假设检验方法的具体内容。

【例5.4】 设某一地区的当地小麦品种一般 667m^2 产 300kg，即当地品种这个总体的

平均数 $\mu_0 = 300(kg)$，并从多年种植结果获得其标准差为 $75(kg)$，而现有某新品种通过 25 个小区的试验，计得其样本平均产量为每 $667m^2$ 330kg，即 $\bar{y} = 330$，那么新品种样本所属总体与 $\mu_0 = 300$ 的当地品种这个总体是否有显著差异呢？以下将说明对此假设进行统计测验的方法。

(1) 对样本所属的总体提出统计假设，包括无效假设和备择假设

通常所做的无效假设常为所比较的两个总体间无差异。无效假设的意义在于以无效假设为前提，可以计算试验结果出现的概率。检验单个平均数，则假设该样本是从一已知总体(总体平均数为指定的 μ_0)中随机抽出的，即 $H_0: \mu = \mu_0$。如上例，即假定新品种的总体平均数 μ 等于原品种的总体平均数 $\mu_0 = 300kg$，而样本平均数 $\bar{y}$ 和 μ_0 之间的差数 $330 - 300 = 30(kg)$ 属随机误差；对应假设则为 $H_A: \mu \neq \mu_0$。如果测验两个平均数，则假设两个样本的总体平均数相等，即 $H_0: \mu_1 = \mu_2$，也就是假设两个平均数的差数 $\bar{y}_1 - \bar{y}_2$ 属随机误差，而非真实差异，其对应假设则为 $H_A: \mu_1 \neq \mu_2$。

(2) 规定检验的显著水平 α 的取值

用来检验假设正确与否的概率标准称为显著水平。一般以 α 表示，如 $\alpha = 0.05$ 或 $\alpha = 0.01$。假设检验时选用的显著水平，除 $\alpha = 0.05$ 和 $\alpha = 0.01$ 为常用外，也可以选 $\alpha = 0.10$ 或 $\alpha = 0.001$ 等。到底选哪种显著水平，应根据试验的要求或试验结论的重要性而定。如果试验中难以控制的因素较多，试验误差可能较大，则显著水平可选低些，即 α 值取大些；反之，如试验耗费较大，对精确度的要求较高，不容许反复，或者试验结论的应用事关重大，则所选显著水平应高些，即 α 值应该小些。显著水平 α 对假设检验的结论是有直接影响的，所以它应在试验开始前即规定下来。

(3) 在 H_0 为正确的假定下，根据平均数($\bar{y}$)或其他统计数的抽样分布，如为正态分布的则计算正态离差 z 值

由 μ 值查附表即可知道因随机抽样而获得实际差数(如 $\bar{y} - \mu$ 等)由误差造成的概率。或者根据已规定概率，如 $\alpha = 0.05$，查出 $z = \pm 1.96$，因而划出两个否定区域为：$\bar{y} \leq \mu - 1.96\sigma_{\bar{y}}$ 和 $\bar{y} \geq \mu + 1.96\sigma_{\bar{y}}$。

(4) 将规定的 α 值和算得的 μ 值的概率相比较，或者将试验结果和否定区域相比较，从而作出接受或否定无效假设的判断

以前述小麦为例，$\bar{y} - \mu_0 = 30$，因随机误差而得到该差数的概率 $P < 0.05$，因而可以否定 H_0，认为这个差数是显著的。如果因随机误差而得到某差数的概率 $P < 0.01$，则认为这个差数在 0.01 水平上是显著的。

5.3 平均数的假设检验

5.3.1 单个平均数的假设检验

(1) z 检验

现举一个双尾检验的例子。

【例5.5】 某地区已推广的小麦品种平均每667m² 产量300kg，标准差75kg，即 $\mu_0 = 300$，$\sigma = 75$。现有一抗病品种在30 块田种植得平均每667m² 产量330kg，即 $n = 30$，$\bar{y} = 330$。问可否认为两品种的平均每667m² 产量有差异？

解：首先作出 $H_0: \mu = \mu_0 = 300$，$H_A: \mu \neq \mu_0$

再规定 α 值，我们取 $\alpha = 0.05$

接着，计算 z 值：

$$z = \frac{\bar{y} - \mu_0}{\sigma_{\bar{y}}} = \frac{\bar{y} - \mu_0}{\sigma/\sqrt{n}} = \frac{330 - 300}{75/\sqrt{30}} = 2.19$$

根据正态分布即 z 分布，已知 $P(|z| \geq 1.96) = 0.05$，即 $z_{0.05} = 1.96$，现有 $|z| = 2.19 > z_{0.05} = 1.96$，所以我们推断：拒绝 H_0，即认为两品种的平均产量有差异。

下面介绍一个单尾检验的例子。

【例5.6】 仍用例5.5数据，问可否认为新品种比原有品种增产？

解：$H_0: \mu \leq \mu_0 = 300$，$H_A: \mu > \mu_0$

取 $\alpha = 0.05$

$$z = \frac{\bar{y} - \mu_0}{\sigma_{\bar{y}}} = \frac{\bar{y} - \mu_0}{\sigma/\sqrt{n}} = \frac{330 - 300}{75/\sqrt{30}} = 2.19$$

已知 $P(z \geq 1.64) = 0.05$，即 $z_{0.05} = 1.64$，现有 $z = 2.19 > z_{0.05} = 1.64$，所以我们推断：拒绝 H_0，即认为新品种的产量高于原有品种。

对于形如 $H_0: \mu \geq \mu_0$，对 $H_A: \mu < \mu_0$ 的问题，按下列方法找出临界值 $z_{0.05}$。因为 $P(z \leq -1.64) = 0.05$，故 $z_{0.05} = -1.64$。若计算的 $z < z_{0.05}$，则拒绝 H_0，否则不能拒绝 H_0。

严格地讲，z 检验只能用于总体方差已知的正态总体的平均数检验，在实践中这种情形很少遇到。事实上，对于总体方差未知的大样本（一般 n 至少要大于30），可用样本方差代替总体方差进行近似 z 检验。当总体的分布与正态分布相距较大时，这种近似计算要求样本容量还要大些（n 要大于50，甚至要大于100）。

对于二项分布的情形，只要令 $\mu = p$，$\sigma_{\bar{y}} = \sqrt{\dfrac{p(1-p)}{n}}$，就可以进行近似 z 检验。

(2) t 检验

对于总体方差未知的小样本正态分布资料，应采用 t 检验。其一般步骤如下：

第一步：作(1) $H_0: \mu = \mu_0$，$H_A: \mu \neq \mu_0$，或(2) $H_0: \mu \leq \mu_0$，$\mu > \mu_0$，或(3) $H_0: \mu \geq \mu_0$，$\mu < \mu_0$。

第二步：规定显著水平 α 的取值。

第三步：计算 t 值。

$$t = \frac{\bar{y} - \mu_0}{s/\sqrt{n}} \tag{5-1}$$

第四步：确定 t 临界值。根据 $DF = n - 1$，查 t 分布的双尾临界值表即 $t_\alpha(DF)$ 表来确定 t 临界值。对于双尾检验，只需根据 α 和 DF，便可以直接找出 t_α。对于单尾检验 $H_0: \mu \leq \mu_0$，应根据 α 和 DF，将表中 $t_{2\alpha}(DF)$ 作为 t 上侧临界值。这是由于 t 分布具有对称性。对于单尾检验 $H_0: \mu \geq \mu_0$，应根据 α 和 DF，取 $-t_{2\alpha}(DF)$ 作为 t 下侧临界值。

第五步：统计推断。

若 $|t| > t_\alpha(DF)$，推断拒绝 H_0：$\mu = \mu_0$，否则不拒绝 H_0；

若 $t > t_{2\alpha}(DF)$，推断拒绝 H_0：$\mu \leq \mu_0$，否则不拒绝 H_0；

若 $t < -t_{2\alpha}(DF)$，推断拒绝 H_0：$\mu \geq \mu_0$，否则不拒绝 H_0。

【例5.7】 常规种植某小麦品种的千粒重为36g，按新种植方式在8个小区上种植，得其千粒重为37.6g，39.6g，35.4g，37.1g，34.7g，38.8g，37.9g，36.6g。问新旧种植方式对该品种的千粒重有无影响？

解：第一步：H_0：$\mu = \mu_0 = 36$，H_A：$\mu \neq \mu_0$

第二步：规定显著水平：$\alpha = 0.05$

第三步：计算 t 值：

$$\bar{y} = (37.5 + 39.6 + 35.4 + 37.1 + 34.7 + 38.8 + 37.9 + 36.6)/8 = 37.2$$

$$s = \sqrt{\frac{37.5^2 + 39.6^2 + \cdots + 36.6^2 - \frac{2833^2}{8}}{8-1}} = 1.64$$

$$t = \frac{\bar{y} - \mu_0}{s/\sqrt{n}} = \frac{37.2 - 36}{1.64/\sqrt{8}} = 2.09$$

第四步：确定 t 临界值。$DF = n - 1 = 8 - 1 = 7$ 时，$t_{0.05}(7) = 2.365$

第五步：统计推断。$|t| = 2.069 < t_{0.05}(7) = 2.365$，故不拒绝 H_0，即根据现有试验结果，不能认为新种植方式改变了该品种的千粒重。

5.3.2 两个均值的假设检验——成组比较

实际工作中经常遇到由两个样本均值之差，来检验两个样本所属总体均值有无显著差异的问题，其一般提法是：

设两总体 $\xi_1 \sim N(\mu_1, \sigma_1^2)$，$\xi_2 \sim N(\mu_2, \sigma_2^2)$，分别从中抽取容量为 n_1，n_2 的样本，由样本观测值 $(y_{11}, y_{12}, \cdots, y_{1n_1})$；$(y_{21}, y_{22}, \cdots, y_{2n_2})$ 在给定显著性水平 α 下，检验

H_0：$\mu_1 = \mu_2$ 或 $\mu_1 - \mu_2 = 0$；

H_A：$\mu_1 \neq \mu_2$ 或 $\mu_1 - \mu_2 \neq 0$（双尾检验）

检验这类问题时，因其抽样方法或试验设计的方法不同，分为成对数据和非成对（成组）数据的两种假设检验。

如果相比较的两个样本彼此独立，则不论两样本容量是否相同，所得数据为非成对数据。其均值的差异比较，又因两样本所属总体方差 σ_1^2，σ_2^2 是否已知，分 z 检验和 t 检验两种。常见的为两样本所属总体方差 σ_1^2，σ_2^2 未知，且为小样本，为 t 检验。

已知 $(\bar{y}_1 - \bar{y}_2) \sim N(\mu_1 - \mu_2, \sigma_1^2/n_1 + \sigma_2^2/n_2)$

则

$$\sigma_{\bar{y}_1 - \bar{y}_2}^2 = \sqrt{\frac{\sigma_1^2}{n_1} + \frac{\sigma_2^2}{n_2}} \tag{5-2}$$

因 σ_1^2，σ_2^2 未知，在 $\sigma_1^2 = \sigma_2^2 = \sigma^2$ 时，可用两样本方差估计，其无偏估计 $\hat{\sigma}^2$ 为：

$$\hat{\sigma}^2 = \frac{SS_1 + SS_2}{n_1 + n_2 - 2} \tag{5-3}$$

则
$$s_{\bar{y}_1-\bar{y}_2} = \sqrt{\hat{\sigma}^2(\frac{1}{n_1}+\frac{1}{n_2})} = \sqrt{\frac{SS_1+SS_2}{n_1+n_2-2}(\frac{1}{n_1}+\frac{1}{n_2})} \tag{5-4}$$

当 H_0：$\mu_1 = \mu_2$ 成立时，统计数 t 为

$$t = (\bar{y}_1 - \bar{y}_2)/s_{\bar{y}_1-\bar{y}_2} \sim t(n_1+n_2-2)$$

当 $|t| \geq t_\alpha(n_1+n_2-2)$ 时，在 α 水平下拒绝 H_0。

【例 5.8】 夏玉米硼肥肥效试验，重复 5 次得小区产量，见表 5-1：

表 5-1 小区产量　　　　　　　　　　　　　　　　　　　单位：kg

处理	各重复产量					合计	平均
施硼	39.0	37.6	44.3	42.4	42.1	205.4	41.08
不施硼	33.9	35.7	39.1	33.5	38.1	180.3	36.06

试检验两处理产量之间有无显著差异。

解：（1）H_0：$\mu_1 = \mu_2$；H_A：$\mu_1 \neq \mu_2$，为双尾检验。

（2）求 $\bar{y}_1$，$\bar{y}_2$，SS_1，SS_2，$S_{\bar{y}_1-\bar{y}_2}$。

$$\bar{y}_1 = 41.08,\ \bar{y}_2 = 36.06$$
$$SS_1 = (y_1 - \bar{y}_1)^2 = 29.6$$
$$SS_2 = (y_2 - \bar{y}_2)^2 = 24.75$$

则 $s_{\bar{y}_1-\bar{y}_2} = \sqrt{\dfrac{29.6+24.75}{5+5-2}(\dfrac{1}{5}+\dfrac{1}{5})} = 1.65$

（3）求 t 值。

$t = (\bar{y}_1 - \bar{y}_2)/s_{\bar{y}_1-\bar{y}_2} = (41.08 - 36.06)/1.65 = 3.046$

（4）查 t 临界值表。$DF = 5+5-2 = 8$，$t_{0.05}(8) = 2.306$，$t_{0.01}(8) = 3.355$

（5）检验。因为 $|t| > t_{0.05}(8)$，故拒绝 H_0，施用硼肥有显著的增产作用。

5.3.3　两个平均数的假设检验——成对比较

若试验设计是将两个性质相同的供试单元——成对地组合起来，然后把相比较的两个处理分别随机地分配到每一对中的两个供试单元上，由此得到的观测值为成对数据。例如对比设计是以土地条件最为近似的两个相邻小区为一对，布置两个不同处理；或在同一植株某一器官的对称部位上施行两种不同处理等。例如两种不同浓度的杀虫剂，同时施于一张叶片的左右两侧，以检验药液浓度对叶片灼伤的危害，这种做法可以有效地消除由于叶片老嫩不同给试验指标产生的影响，保证同一对试验单元间的条件近似，以提高处理之间的可比性。

对于这类资料由于试验效应与其试验单元状态有关，按照通常的办法由甲、乙两处理分别组成样本进行统计分析，会由于单元状态造成的系统误差混入，而产生错误的结论。如果我们用每对中两处理的差数计算其误差，则可以消除试验单元状态与试验因子之间的相关影响造成的系统误差，提高其准确度。

设 $(y_{11},y_{21}),(y_{12},y_{22}),\cdots,(y_{1n},y_{2n})$ 为 n 对观测值，并记 $d_i = y_{1i} - y_{2i}$，$i = 1,2,\cdots,n$，为每对观测值之差数，其差数平均值

$$\bar{d} = \frac{\sum_{i=1}^{n} d_i}{n} \tag{5-5}$$

差数标准差为：

$$s_d = \sqrt{\frac{\sum(d-\bar{d})^2}{n-1}} \tag{5-6}$$

差数的标准误为：

$$s_{\bar{d}} = \frac{s_d}{\sqrt{n}} = \sqrt{\frac{\sum(d-\bar{d})^2}{n(n-1)}} \tag{5-7}$$

于是统计数

$$t = \bar{d}/s_{\bar{d}} \sim t(n-1)$$

当 $|t| \geq t_\alpha(n-1)$ 时，在 α 水平下拒绝 $H_0: \mu_d = 0$。

【例 5.9】 为鉴定小麦新品种 A 的生产力，以当地的优良小麦品种 B 为对照，两两组成一对分别种植于相邻的两个小区上，重复 8 次，产量结果列于表 5-2。试检验这两个品种产量之间有无差异。

表 5-2　两种小麦种子的产量结果　　　　　　　　单位：kg/小区

配对	1	2	3	4	5	6	7	8	∑
A	21	20	18	17	16	17	19	20	
B(对照)	15	17	15	16	16	16	17	19	
$d = y_1 - y_2$	6	3	3	1	0	1	2	1	17
d^2	36	9	9	1	0	1	4	1	61

解：(1) $H_0: \mu_d = 0$，$H_A: \mu_d \neq 0$，为双尾检验。

(2) 求 $\bar{d}$, $s_{\bar{d}}$。

$$\bar{d} = 17/8 = 2.125$$

$$s_{\bar{d}} = \sqrt{\frac{\sum(d-\bar{d})^2}{n(n-1)}} = \sqrt{\frac{61 - 17^2/8}{8(8-1)}} = 0.6665$$

(3) 求 t 值。

$$t = \bar{d}/s_{\bar{d}} = 2.125/0.6665 = 3.188$$

(4) 查 t 临界值表。$DF = 8 - 1 = 7$，$t_{0.05}(7) = 2.365$，$t_{0.01}(7) = 3.499$。

(5) 检验。

$$|t| > t_{0.05}(7)$$

拒绝 H_0，新品种产量较对照品种存在显著差异。

5.4 参数的区间估计

5.4.1 总体平均数的区间估计

常见的资料为总体方差未知,又为小样本,这时,我们使用统计数 t,由 t 分布知

$$t = \frac{\bar{y} - \mu}{s/\sqrt{n}} \sim t(n-1) \tag{5-8}$$

此时,对于给定的 α,t_α 可根据其自由度 $DF = n-1$,由 t 临界值表查出 t 值在一定 α 下随 n 的变化而变化。因此,当 σ^2 未知,又为小样本时

$$P\left[\left|\frac{\bar{y}-\mu}{s/\sqrt{n}}\right| < t_\alpha(DF)\right] = 1-\alpha$$

则,μ 的 $1-\alpha$ 的置信区间为

$$\bar{y} \pm t_\alpha(DF)\frac{s}{\sqrt{n}}$$

【例 5.10】 设小麦主茎穗长服从正态分布,今从一麦田随机抽取 20 株,测其主茎平均穗长为 8.2cm,标准差为 0.52cm,求 $\alpha = 0.05$ 时,该品种主茎穗长 μ 的置信区间。

解:本例 $n = 20$,$DF = 20 - 1 = 19$,$t_{0.05}(19) = 2.093$

则 $8.2 - 2.093 \times 0.52/\sqrt{20} < \mu < 8.2 + 2.093 \times 0.52/\sqrt{20}$

简化为 $8.2 - 0.24 < \mu < 8.2 + 0.24$

或者 $7.96 < \mu < 8.44$

这表明该品种主茎穗长落入 7.96~8.44cm 的概率为 95%,用 8.2cm 作为该小麦品种主茎穗长的估计值,最大估计误差限为 ±0.24cm,可靠性为 95%。

5.4.2 总体平均数差数的区间估计

(1) 成组资料

差数的区间估计是在一定概率水平下,由两样本平均值之差,估计两总体均值至多能相差多少或至少能相差多少的问题,其估计方法因总体方差 σ^2 是否已知分为两种情况。农业中常见的情况是两总体方差 σ_1^2,σ_2^2 未知,又为小样本,且 $\sigma_1^2 = \sigma_2^2$。有

$$t = [(\bar{y}_1 - \bar{y}_2) - (\mu_1 - \mu_2)]/s_{\bar{y}_1 - \bar{y}_2} \sim t(n_1 + n_2 - 2)$$

$$s_{\bar{y}_1 - \bar{y}_2} = \sqrt{\hat{\sigma}^2\left(\frac{1}{n_1} + \frac{1}{n_2}\right)} = \sqrt{\frac{SS_1 + SS_2}{n_1 + n_2 - 2}\left(\frac{1}{n_1} + \frac{1}{n_2}\right)} \tag{5-9}$$

则 $\mu_1 - \mu_2$ 的置信区间为

$$(\bar{y}_1 - \bar{y}_2) \pm t_\alpha(n_1 + n_2 - 2)s_{\bar{y}_1 - \bar{y}_2}$$

置信度为 $1-\alpha$。

【例 5.11】 玉米硼肥肥效试验,随机排列,重复 5 次,测得施硼处理小区平均产量

为41.08kg/小区，$s_1 = 2.72$kg；不施肥处理小区平均产量为36.06kg/小区，$s_2 = 2.49$kg，求置信概率为95%时，两处理玉米平均产量差数的置信区间。

解：本例两总体方差未知，在$\sigma_1^2 = \sigma_2^2$的假定下，σ^2由两样本方差估计，

$$s_{\bar{y}_1 - \bar{y}_2} = \sqrt{\frac{SS_1 + SS_2}{n_1 + n_2 - 2}\left(\frac{1}{n_1} + \frac{1}{n_2}\right)} = \sqrt{\frac{(n_1-1)s_1^2 + (n_2-1)s_2^2}{n_1 + n_2 - 2}\left(\frac{1}{n_1} + \frac{1}{n_2}\right)}$$

$$= \sqrt{\frac{(5-1)2.72^2 + (5-1)2.49^2}{5+5-2}\left(\frac{1}{5} + \frac{1}{5}\right)} = 1.65$$

当$DF = 5 + 5 - 2 = 8$，$\alpha = 0.05$时，查t临界值表得，$t_\alpha(8) = 2.306$

则$\mu_1 - \mu_2$的置信区间为

$(41.08 - 36.06) - 2.306 \times 1.65 < \mu_1 - \mu_2 < (41.08 - 36.06) + 2.306 \times 1.65$

简化为$5.02 - 3.80 < \mu_1 - \mu_2 < 5.02 + 3.80$

或者$1.21 < \mu_1 - \mu_2 < 8.82$

结果表明，在95%置信概率下，施硼肥比不施硼肥每$667m^2$至少多收玉米1.21kg，至多多收8.82kg。

(2) 成对资料

成对数据总体差数μ_d的$1 - \alpha$的置信区间的两个置信限分别为：

$$\bar{d} - t_\alpha(n-1)s_{\bar{d}} \leq \mu_d \leq \bar{d} + t_\alpha(n-1)s_{\bar{d}}$$

其中：

$$s_{\bar{d}} = \frac{s_d}{\sqrt{n}} = \sqrt{\frac{\sum(d-\bar{d})^2}{n(n-1)}}$$

$t_\alpha(n-1)$为置信度$= 1 - \alpha$、$DF = n - 1$时的t临界值。

【例5.12】 已知A法处理病毒在番茄上产生的病痕数要比B法平均减少$\bar{d} = -8.3$，$s_{\bar{d}} = 1.997$个，试求μ_d的99%置信限。

解：由附表4查得$DF = 6$时，$t_{0.01}(6) = 3.707$。

于是有：$L_1 = -8.3 - (3.707 \times 1.997) = -15.7$(个)

$L_2 = -8.3 + (3.707 \times 1.997) = -0.9$(个)

或写作：$-15.7 \leq \mu_d \leq -0.9$

以上L_1和L_2皆为负值，表明A法处理病毒在番茄上产生的病痕数要比B法减少$0.9 \sim 15.7$个，此估计的置信度为99%。

5.5 方差的统计推断

前述已知，正态分布由两个参数——均值μ和方差σ^2决定，我们讨论了检验有关均值的假设的z检验和t检验。但在许多实际问题中，还常常要求检验关于方差的假设，如前述运用t检验(σ^2未知)检验两个正态总体的期望是否相等的问题中，我们总是首先假定两总体的方差相等，即$\sigma_1^2 = \sigma_2^2$，它们是否真的相等，能否满足这个假定，需要检验；

又如在作物育种过程中，我们经常需要检验两种性状的稳定性等，这都必须通过对方差的检验来实现。

5.5.1 单个方差的统计推断

(1) 单个方差的检验

设 $\xi \sim N(\mu, \sigma^2)$，其中，$\mu$，$\sigma$ 未知，要检验假设 $H_0: \sigma^2 = \sigma_0^2$。

这里所谓 $\sigma^2 = \sigma_0^2$，相当于 $\sigma^2/\sigma_0^2 = 1$，由于总体方 σ^2 未知，故用样本方差 s^2 估计之，这样我们必须考虑比值 s^2/σ_0^2 是否接近于 1。为此，我们提出假设 $H_0: \sigma^2 = \sigma_0^2$。

针对这个假设，采用比值

$$\chi^2 = \frac{(n-1)s^2}{\sigma_0^2} = \frac{\sum(x-\bar{x})^2}{\sigma_0^2} \tag{5-10}$$

为统计数，该统计数服从自由度为 $n-1$ 的 χ^2 分布。

这个统计数的分子为样本离差平方和，它刻画了样本的离散程度，而分母是在正常情况下总体的方差。因此，这个比值太大、太小都表明两者有较大差异，（或总体方差有所改变），若给一显著性水平 α，可由 $\chi^2(n-1)$ 分布表查出临界值上限 $\chi^2_{\frac{\alpha}{2}}$ 和临界值下限 $\chi^2_{1-\frac{\alpha}{2}}$。它们分别满足

$$P(\chi^2_{1-\frac{\alpha}{2}} \leq \chi^2 \leq \chi^2_{\frac{\alpha}{2}}) = 1 - \alpha$$

【例 5.13】 一个混杂的小麦品种，株高标准差 $\sigma_0 = 14 (\text{cm})$，经提纯后，随机抽取 10 株，其株高分别为 90cm，105cm，101cm，95cm，100cm，100cm，101cm，105cm，93cm，97cm，试检验提纯后的群体株高有无变化。

解：(1) $H_0: \sigma^2 = \sigma_0^2$；$H_A: \sigma^2 \neq \sigma_0^2$。

(2) 求 $SS = \sum(y - \bar{y})^2$。

$$SS = \sum y^2 - \frac{(\sum y)^2}{n} = 90^2 + 105^2 + \cdots + 97^2 - (90 + 105 + \cdots + 97)^2/10 = 218.1$$

(3) 求统计数 χ^2。

$$\chi^2 = (n-1)s^2/\sigma_0^2 = SS/\sigma_0^2 = 218.1/14^2 = 1.11$$

(4) 查 χ^2 表。$DF = 10 - 1 = 9$，$\alpha = 0.05$，$\chi^2_{0.975}(9) = 2.700$

(5) 检验。

$$\chi^2 = 1.11 < \chi^2_{0.975}(9) = 2.700$$

拒绝 H_0，接受 H_A。又因为 $218.1/9 = 24.2 < 14^2$，故上述样本系抽自 $\sigma < 14 (\text{cm})$ 的总体，即提纯后的株高比原株高整齐。

(2) 单个方差的估计

单个方差的统计见表 5-3。

表 5-3 单个方差统计

估计对象	对总体/样本的要求	置信上下限	
σ^2	正态总体	$\left(\dfrac{(n-1)s^2}{\chi^2_{\frac{\alpha}{2}}(n-1)}, \dfrac{(n-1)s^2}{\chi^2_{1-\frac{\alpha}{2}}(n-1)}\right)$	
σ_1^2/σ_2^2	正态总体	$\left(F_{1-\frac{\alpha}{2}}(n_2-1, n_1-1)\dfrac{s_1^2}{s_2^2}, F_{\frac{\alpha}{2}}(n_2-1, n_1-1)\dfrac{s_1^2}{s_2^2}\right)$	
估计对象	对总体/样本的要求	具有单尾置信上限	具有单尾置信下限
σ^2	正态总体	$\left(-\infty, \dfrac{(n-1)s^2}{\chi^2_{1-\alpha}(n-1)}\right)$	$\left(\dfrac{(n-1)s^2}{\chi^2_{\alpha}(n-1)}, \infty\right)$
σ_1^2/σ_2^2	正态总体	$\left(-\infty, F_{\alpha}(n_2-1, n_1-1)\dfrac{s_1^2}{s_2^2}\right)$	$\left(F_{1-\alpha}(n_2-1, n_1-1)\dfrac{s_1^2}{s_2^2}, \infty\right)$

5.5.2 两个方差的检验

设 $\xi_1 \sim N(\mu_1, \sigma_1^2)$，$\xi_2 \sim N(\mu_2, \sigma_2^2)$，其中各参数均未知，由样本 $(y_{11}, y_{12}, \cdots, y_{1n})$ 和 $(y_{21}, y_{22}, \cdots, y_{2n})$ 来检验假设 $H_0: \sigma_1^2 = \sigma_2^2$。

这里所谓 $\sigma_1^2 = \sigma_2^2$，相当于 $\sigma_1^2/\sigma_2^2 = 1$，此时我们使用两样本方差 s_1^2，s_2^2 作为总体方差 σ_1^2，σ_2^2 的估计量，故可用两样本的方差比 s_1^2/s_2^2 的大小来反映两总体方差比的大小，故构造统计数

$$F = s_1^2/s_2^2 \tag{5-11}$$

该统计数服从第一自由度为 n_1-1，第二自由度为 n_2-1 的 F 分布，因此称 F 检验。

给定显著性水平 α 后，查 F 分布表，可得临界值的上限 $F_{\frac{\alpha}{2}}$ 和下限 $F_{1-\frac{\alpha}{2}}$，它们分别满足

$$P(F \geqslant F_{\frac{\alpha}{2}}) = \alpha/2$$

$$P(F \leqslant F_{1-\frac{\alpha}{2}}) = \alpha/2$$

由两样本值计算出统计数 F 值，若实测 F 值落在拒绝区域 $F \geqslant F_{\frac{\alpha}{2}}(DF_1, DF_2)$ 或 $F \leqslant F_{1-\frac{\alpha}{2}}(DF_1, DF_2)$ 中，则在 α 水平下，拒绝 H_0，认为两正态总体的方差有显著差异；反之，接受 H_0，不能认为两正态总体的方差存在显著差异，此为双尾 F 检验。若 $F \geqslant F_{\alpha}(DF_1, DF_2)$，或 $F \leqslant F_{1-\alpha}(DF_1, DF_2)$，才拒绝 H_0，则为单尾 F 检验。

为了便于用表，在计算 F 值时，一般将较大的那个样本方差作为分子，较小者作为分母，此时便可利用上侧分位数作临界值，当单尾检验时 $F \geqslant F_{\alpha}(DF_1, DF_2)$，或者，双尾检验时 $F \geqslant F_{\frac{\alpha}{2}}(DF_1, DF_2)$，拒绝 H_0（注意，此时第一自由度为分子自由度，第二自由度为分母自由度）。

【例 5.14】 已知喷施矮壮素处理的平方和 $SS_1 = 3487.5$，$n_1 = 8$；不喷施矮壮素（对照）处理的平方和 $SS_2 = 11387.5$，$n_2 = 8$，试检验两样本所属总体方差有无显著差异（或是否满足 $\sigma_1^2 = \sigma_2^2$ 的方差齐性的假定）。

解：（1）$H_0: \sigma_1^2 = \sigma_2^2$；$H_A: \sigma_1^2 \neq \sigma_2^2$，为双尾检验。

（2）求 F 值。因 $n_1 = n_2$，$SS_1 < SS_2$，故以 s_2^2 为分子。

$$F = \frac{SS_2/(n_2-1)}{SS_1/(n_1-1)} = \frac{11387.5/7}{3487.5/7} = \frac{1626.7}{498.2} = 3.265$$

(3) 查 F 表。本例给定 $\alpha = 0.05$。

$$DF_1 = n_1 - 1 = 7, \quad DF_2 = n_2 - 1 = 7$$

查附表，得

$$F_{0.05}(7, 7) = 3.787$$

(4) 检验。

$$F = 3.265 < F_{0.05}(7, 7) = 3.787$$

接受 H_0，不能认为两总体方差之间存在显著差异，满足 $\sigma_1^2 = \sigma_2^2$ 的方差齐性假定，可以根据两样本进行平均数的显著性检验。严格地讲在进行两样本的显著性检验之前，都应首先进行方差齐性的检验以判断是否满足 $\sigma_1^2 = \sigma_2^2$ 的假定，不满足 $\sigma_1^2 = \sigma_2^2$ 的样本是不能用上述方法进行均值间的显著性检验的。

5.5.3 多个方差的检验

假定有3个或3个以上样本，每一样本均可估得一方差，则由 χ^2 可检验各样本方差是否来自相同方差总体的假设，这称为方差的同质性检验，可写为 $H_0: \sigma_1^2 = \sigma_2^2 = \cdots = \sigma_k^2$（$k$ 为样本数）；$H_A: \sigma_1^2, \sigma_2^2, \cdots, \sigma_k^2$ 不全相等。这一检验方法由 Bartlett(1937) 提出，故又称为 Bartlett 检验，是一种近似的 χ^2 检验。

假如有 k 个独立的方差估计值：$s_1^2, s_2^2, \cdots, s_k^2$，各具 $DF_1, DF_2, \cdots, DF_k$ 个自由度，那么合并的方差 s_p^2 为：

$$s_p^2 = \frac{1}{\sum DF} \sum DFs^2 \tag{5-12}$$

$$\sum DF_i = DF_1 + DF_2 + \cdots + DF_k$$

由此，Bartlett 检验 χ^2 值为：

$$\chi^2 = [\sum DF_i \ln s_p^2 - \sum DF_i \ln s_i^2]/C \tag{5-13}$$

式中，$DF_i = n_i - 1$，n_i 为样本容量，C 为矫正数：

$$C = 1 + [\sum(1/DF_i) - 1/\sum DF_i]/[3(k-1)]$$

上述的 χ^2 值具有 $DF = k - 1$；若所得 χ^2 值不显著，应接受 H_0；若 $\chi^2 > \chi_\alpha^2(DF)$，便拒绝 H_0，表明这些样本所属总体方差不是同质的。

【例5.15】 假定有3个样本方差 $s_1^2 = 4.2$，$s_2^2 = 6.0$，$s_3^2 = 3.1$，各具有自由度 $DF_1 = 4$，$DF_2 = 5$，$DF_3 = 11$，试检验其是否同质。

解：这里假设为 $H_0: \sigma_1^2 = \sigma_2^2 = \sigma_3^2$；$H_A$：3个方差不全相等（这里的 H_A 不能用不等号表示，因为如 H_0 被拒绝，只能推论三者不相等而并不能确定属于 $\sigma_1^2 = \sigma_2^2 \neq \sigma_3^2$，$\sigma_1^2 \neq \sigma_2^2 = \sigma_3^2$，$\sigma_1^2 \neq \sigma_2^2 \neq \sigma_3^2$ 等情况中的哪种）。然后，在表5-4进行同质性检验的计算：

表 5-4 同质性检验的计算表

i	s_i^2	DF_i	$DF_i s_i^2$	$\ln s_i^2$	$DF_i \ln s_i^2$
1	4.2	4	16.8	1.43508	5.7403
2	6.0	5	30.0	1.79176	8.95880
3	3.1	11	34.1	1.13140	12.4454
Σ		20	80.9	4.35824	27.1446

由表 5-4 可得：

$s_p^2 = 80.9/20 = 4.045$

$DF_i \ln s_p^2 = 20 \times 1.39748 = 27.9496$

$C = 1 + (1/4 + 1/5 + 1/11 - 1/20)/[3(3-1)] = 1.0818$

$\chi^2 = (27.94960 - 27.14452)/1.0818 = 0.744$

查 χ^2 表，当 $DF = k - 1 = 3 - 1 = 2$ 时，$\chi^2_{0.05}(2) = 5.99$。$0.744 < 5.99$，故接受 H_0，说明本例的 3 个方差估计值是同质性的。

Bartlett 检验受到非正态总体很明显的影响。因此，如遇到非正态总体资料，应对原数据进行对数转换。否则所检验的是非正态性而不一定是方差的异质性。

小 结

本章主要介绍了统计推断的概念、假设检验的类型及错误、假设检验的基本方法和平均数的假设检验。统计推断是用样本的结果来推断总体的可能结果，统计假设检验和参数的区间估计是统计推断的两个方面。

假设检验的基本方法(步骤)是：①首先根据试验目的提出假设；②确定检验的显著水平；③构建统计量并计算其值；④查 z 临界值或 t 临界值；⑤作出推断和结论。

假设检验只能判断处理之间有或没有显著差异，但如果存在显著差异的话，这种差异究竟有多大呢？通过区间估计的方法能够判断这种差异的大小。通过置信区间上下限的大小及正负号，能够得到假设检验显著与否的信息。

单个平均数的假设检验有 z 检验和 t 检验两种，当总体方差已知或总体方差虽未知但样本容量较大时采用 z 检验，如果总体方差未知而样本容量又较小时则采用 t 检验。

两个处理的平均数之间进行比较时根据试验设计方法的不同可以分为成组资料和成对资料两种，需要注意的是在应用时需慎重考虑究竟是哪一种设计方法或统计分析方法，如将成对资料当作成组资料去分析，可能导致的结果就是两处理之间原本有显著差异，但通过检验却否定了这种真实存在的差异，同样如果将原本应该是成组资料当作成对资料去处理也可能导致原本无显著差异但通过检验却接受了这种不真实存在的差异。

练 习 题

1. 某春小麦良种的千粒重 $\mu_0 = 34g$，现自外地引入一高产品种，在 8 个小区种植，得其千粒重(g)

为：35.6，37.6，33.4，35.1，32.7，36.8，35.9，34.6，问：(1)新引入的品种的千粒重与当地良种有无显著差异？(2)估计在置信度为95%时新品种的千粒重范围。(①$t=2.09$，$p>0.105$；②[32.63，35.37])

2. 据以往资料，已知某小麦品种每平方米产量的 $\sigma^2 = 0.4$kg。今在该品种的一块地上用A、B两法取样，A法取12个样点，得每平方米产量 $\bar{y}_1 = 1.2$kg；B法取8个样点，得 $\bar{y}_2 = 1.4$kg。试比较A、B两法的每平方米产量是否有显著差异？($t = -0.69$，$p > 0.05$)

3. 调查每667m² 30万苗和35万苗的麦田各5块，得每667m²产量(kg)于下表，试求：检验两种密度667m²产量的差异显著性。($t = -1.08$，$p > 0.05$)

y_1(30万苗)	840	870	920	850	800
y_2(35万苗)	880	890	890	840	900

4. 研究矮壮素玉米使矮化的效果，在抽穗期测定喷矮壮素小区玉米8株、对照区玉米9株，其株高(cm)结果如下表。试作假设检验。($t = -3.05$，$p > 0.01$)

y_1(喷矮壮素)	160	160	200	160	200	170	150	210	—
y_2(对照)	170	270	180	250	270	290	270	230	170

5. 测定冬小麦品种东方红3号的蛋白质含量(%)10次，得 $\bar{y}_1 = 14.3$，$s_1^2 = 1.621$；测定农大139号的蛋白质含量5次，得 $\bar{y}_2 = 11.7$，$s_2^2 = 0.135$。试求：(1)检验两品种蛋白质含量的差异显著性。(2)求东方红3号小麦的蛋白质含量与农大139号小麦蛋白质含量的相差的95%置信限。(①$t = 4.40$，$p < 0.01$；②[1.32，3.88])

6. 选生长期、发育进度、植株大小和其他方面皆比较一致的两株番茄构成一组，共得到7组，每组中一株接种A处理病毒，另一株接种B处理病毒，以研究不同的处理病毒方法对纯化的效果，得结果为病毒在番茄处理上产生的病痕数目，见下表。试求：(1)检验两种处理方法的差异显著性。(2)求两处理差异的99%置信限。(①$t = -4.15$，$p < 0.01$；②[-0.88，-15.69])

组别	1	2	3	4	5	6	7
y_1(A法)	10	13	8	3	5	20	6
y_2(B法)	25	12	14	15	12	27	18

7. 研究某种新肥料能否比原肥料每667m²增产增收10kg以上皮棉，选土壤和其他条件最近似的相邻小区组成一对，其中一区施新肥料，另一区施原肥料作对照，重复9次。产量结果见下表。试检验新肥料能否比原肥料增产增收10kg以上皮棉？(①$t = 8.07$，$p < 0.01$；②[7.98，14.36]，[6.52，15.81])

重复区	I	II	III	IV	V	VI	VII	VIII	IX
y_1(新肥料)	134.8	145.6	136.8	132	141.6	139.2	134.4	137.3	125.2
y_2(对照)	121.2	133.2	129.8	123.6	123.4	134.4	124.8	122.6	113.4

8. 某棉花株区圃36个单行的皮棉平均产量为 $\bar{y} = 4.1$kg，已知 $\sigma = 0.3$kg，求99%置信度下该株区圃单行皮棉产量的置信区间。([3.97，4.23])

第6章 非参数假设检验

6.1 概述

第5章讲述的假设检验方法，是基于总体分布的形式(如正态分布)为已知的情形，检验总体参数是否等于某一指定值，或两个总体的参数是否相等，称为参数检验。在生物学研究中，也有一些资料并不符合参数检验的要求，也不能通过数据转换使其符合参数分析条件。这时参数假设检验的方法就不适用，而需要一种不依赖于总体分布类型，也不对总体参数进行统计推断的假设检验方法，称为非参数检验。

非参数检验对总体不作严格假定，不受总体分布的限制，又称任意分布检验，它直接对总体分布或分布位置作假设检验。所以，非参数检验适用范围广，且收集资料、统计分析也比较简便。但在总体分布已知时，参数检验能够利用更多的样本中的信息，检验效率也较高。如果无效假设是错误的，要检验出同样大小的差异采用非参数检验需要有较大的样本。

非参数检验方法很多，本章仅介绍其中常用的符号检验、秩和检验以及建立在 χ^2 分布上的适合性检验和独立性检验。

6.2 符号检验

符号检验是一种最为简易的非参数检验方法，它通过符号变化判断总体分布位置。分析时不是直接利用观察值，而是用观察值与中位数之间差异的正负符号多少来检验总体分布的位置；或用配对观察值之差的正负号检验两个总体分布位置的异同。用来检验的数据资料可以是定量的,也可以是非定量的。

6.2.1 单个样本符号检验

设有一分布类型未知的总体,其中位数为 ξ。从该总体中随机抽取 n 个观察值 x_1,$x_2,\cdots,x_n$,则有 $\frac{1}{2}$ 的 $(x_i-\xi)>0$(记为"+"号)和 $\frac{1}{2}$ 的 $(x_i-\xi)<0$(记为"−"号)。在这些差数中,n 个"+"(即 0 个"−")、$(n-1)$ 个"+"(即 1 个"−")、$(n-2)$ 个"+"(即 2 个"−")、$\cdots$、0 个"+"(即 n 个"−")的概率分布,与 $p=q=\frac{1}{2}$ 时 $(p+q)^n$ 的展开相对应。依此可以准确地计算出各种符号组合出现的概率,从而做出所需的假设检验。

其检验步骤:

①提出无效假设和备择假设。$H_0:\xi=C$,即假设所检验的总体中位数等于常数 C(C 为已知的中位数);$H_A:\xi\neq C$。

②确定显著水平 α。一般用 $\alpha=0.05$。

③计算差值并赋予符号。计算各观察值与中位数之差,差值为正值时赋予"+"符号,用 n_+ 表示出现"+"号频数;负值赋予"−"符号,用 n_- 表示出现"−"号频数;因此有,$n=n_++n_-$。

④计算概率值。如果 H_0 正确,中位数两侧的观察值数目应该相等,则 n_+ 和 n_- 的频数应该相等,即 $n_+=n_-=y$。因此,有 $n_+=y$ 或 $n_-=y$ 的概率为

$$P_{n_+=y}=C_n^y\left(\frac{1}{2}\right)^y\left(\frac{1}{2}\right)^{n-y} \tag{6-1}$$

⑤统计推断。只要计算出 $n_+\neq y$ 或 $n_-\neq y$ 的概率,就可判断 $n_+\neq y$ 或 $n_-\neq y$ 是否是由试验误差所造成的。若计算出的概率值较大(大于 α),则认为 $n_+\neq y$ 或 $n_-\neq y$ 是由于误差造成的,接受 $H_0:\xi=C$;反之,则否定 H_0。

显然这种检验比较的是中位数而不是平均数。当所研究总体的分布对称时,中位数与平均数相等。此时,符号检验与前面章节中讲述的 t 检验的结果是一致的。

【例 6.1】 一批玉米种子规定其发芽率达 90% 即为合格。随机抽取 10 袋,各取 200 粒做发芽试验,得发芽数分别为 168,171,179,181,175,178,183,169,185,182。试检验该批种子是否达到规定发芽标准?

解:检验步骤:

(1)提出无效假设和备择假设。假设该批种子达到规定发芽标准,即 $H_0:\xi=200\times 0.9=180$ 粒;$H_A:\xi\neq 180$ 粒。

(2)确定显著水平 $\alpha=0.05$。

(3)计算差值并赋予符号。将上述 10 个观察值分别减去 180 粒,得符号为:−,−,−,+,−,−,+,−,+,+,有 $n_+=4$,$n_-=6$。

(4)计算概率值。如果 H_0 正确,则 $n_+=n_-=5$。现计算 $n_+\neq 5$ 或 $n_-\neq 5$ 时由试验误差所造成的概率为:

$$P_{(n_+\neq 5)}=P_{(n_+\leq 4)}+P_{(n_+\geq 6)}$$

$$= P_{(n_+=0)} + P_{(n_+=1)} + P_{(n_+=2)} + P_{(n_+=3)} + P_{(n_+=4)} + P_{(n_+=6)} + P_{(n_+=7)} + P_{(n_+=8)} + P_{(n_+=9)}$$
$$+ P_{(n_+=10)}$$
$$= 1 - P_{(n_+=5)} = 1 - C_{10}^5 \left(\frac{1}{2}\right)^5 \left(\frac{1}{2}\right)^5 = 1 - 0.2461 = 0.7539$$

由于 $P_{(n_+ \neq 5)} > 0.05$，故推断这批玉米种子的发芽率与规定标准的差异不显著，是合格的。

从上述计算可知，概率值的多少仅仅是 n 的函数，而与基础总体的分布无关。设以 S 表示实际观察到的 n_+ 和 n_- 中的较小值，即 $S = \min(n_+, n_-)$。以 $S_\alpha(n)$ 表示显著水平为 α 时 n_+ 或 n_- 的最低临界值，则 $S_\alpha(n)$ 仅需要满足条件：

$$2 \sum_{y=0}^{s_\alpha(n)} C_n^y \left(\frac{1}{2}\right)^n \leq \alpha \tag{6-2}$$

利用式(6-2)算出 $\alpha \leq 0.01$、0.05 和 0.10 时的最大整数 $S_\alpha(n)$，并构建符号检验临界值表(见附表10)。因此，在进行符号检验时，只要直接将 S 和表中的 $S_\alpha(n)$ 相比较就可以了。当 $S > S_\alpha(n)$ 时，则在 α 水平上接受 H_0；反之，若 $S \leq S_\alpha(n)$ 时，则在 α 水平上否定 H_0，接受 H_A。上例6.1中 $S = \min(n_+, n_-) = 4$，查附表，$n = 10$ 时，$S_{0.05}(10) = 1$，$S > S_{0.05}(10)$，故接受 H_0，即认为这批玉米种子的发芽率达到规定标准。

附表给出的是双侧检验用表，用作单侧检验时，应将符号检验表中的概率 α 除以2。对于大样本($n > 10$)，也可以直接用正态分布作近似的计算。

【例6.2】 将例6.1资料按正态分布近似计算。

解：检验步骤：

(1) 提出无效假设和备择假设。$H_0: \xi = 180$ 粒，即假设该批种子达到规定发芽标准；$H_A: \xi \neq 180$ 粒；

(2) 计算统计量 Z_c。在 H_0 为正确的假设下，由二项分布可计算得 $\mu = np = 10 \times \frac{1}{2} = 5$(即总体平均数为5个"+"号或5个"-"号)

$$\sigma = \sqrt{npq} = \sqrt{10 \times \frac{1}{2} \times \frac{1}{2}} = 1.5811$$

$$Z_c = \frac{n_+ + 0.5 - \mu}{\sigma} = \frac{4 + 0.5 - 5}{1.5811} = -0.3162$$

(3) 统计推断。作两尾测验。查附表1正态分布数值表，得 $P_{n_+ \neq 5} = 2 \times F_{(-0.3162)} = 0.7519$，推断结果同上。

6.2.2 两个样本符号检验

主要用于配对数据资料的分析。假设两个总体分布位置相同，即 $H_0: \xi_1 = \xi_2$，则每对数据之差，出现"+"与"-"的概率均为 $\frac{1}{2}$。尾区的概率计算与单个样本符号检验一样为：

$$P_{(n_+ \leq y)} = \sum_{n_+=0}^{y} P(n_+) = \sum_{n_+=0}^{y} C_n^{n_+} \left(\frac{1}{2}\right)^n \tag{6-3}$$

或

$$P_{(n_-\leq y)} = \sum_{n_-=0}^{y} P(n_-) = \sum_{n_-=0}^{y} C_n^{n_-}\left(\frac{1}{2}\right)^n \tag{6-4}$$

其中 $n = n_+ + n_-$，$y = \min(n_+, n_-)$。

将尾区概率 P 与显著水平 α 相比，可做出统计推断。

【例 6.3】 12 名评审人员对 2 种面包制品用百分制加以评分，结果见表 6-1。

表 6-1　两种面包制品质量专家评分结果

编号	1	2	3	4	5	6	7	8	9	10	11	12
A 种面包	78	69	74	71	72	75	76	69	74	73	76	75
B 种面包	79	74	72	72	75	75	78	73	75	75	79	76

比较两种面包制品品质有无显著性差异。

解：检验步骤：

（1）提出无效假设和备择假设。假设 $H_0: \xi_1 = \xi_2$，即两种面包制品品质差异不显著；$H_A: \xi_1 \neq \xi_2$。

（2）确定显著水平 $\alpha = 0.05$。

（3）计算差值并赋予符号。以 A 种面包制品评分减去 B 种面包制品评分，得出符号为：$-,-,+,-,-,0,-,-,-,-,-,-$，即 $n_+ = 1, n_- = 10, n = n_+ + n_- = 11$（"0"不计入，样本数量 n 相应减1）。

（4）计算概率值。在 $n = 11$ 时，$P_{(n_+\leq 1)} + P_{(n_-\geq 10)}$ 的和为：

$$P_{(n_+\leq 1)} = P_{(0)} + P_{(1)} = C_{11}^0\left(\frac{1}{2}\right)^{11} + C_{11}^1\left(\frac{1}{2}\right)^{11}$$

$$= 0.000488 + 0.05371 = 0.005859$$

$$P = P_{(n_+\leq 1)} + P_{(n_-\geq 10)} = 2 \times P_{(n_+\leq 1)} = 0.01772$$

（5）统计推断。计算两种面包制品由于随机误差造成的概率 $P < \alpha = 0.05$。故否定 H_0，即认为两种面包制品品质差异显著。

由上述实例计算可以看出，符号检验方法极为简便。但因仅使用了差数为正或为负的个数，完全不考虑差数的绝对值差异，所以会使一部分试验信息损失掉，结果比较粗放。若采用该方法分析，通常要求 n 必须大于 4。若 $n \leq 4$ 时，由于 $\left(\frac{1}{2}\right)^4 > 0.05$，永无拒绝 H_0 的可能。

6.3　秩和检验

秩和检验是通过将观察值按由小到大的次序排列，每一观察值给编以秩，计算出秩和进行检验。其检验效率较符号检验为高，因为它除了比较各对数据差值的符号外，还比较各对数据差值大小的秩次高低。

6.3.1 成组数据比较的秩和检验

(1) 一般原理

从两个未知分布类型的总体中,分别独立抽取容量分别为 n_1 和 n_2 两个样本,并将两样本数据放在一起,按取值大小从小到大依次进行编号,每个数据的位置编号即为秩。利用秩 $1,2,\cdots,n$ 来代替原始的 n 个数据。如果 $H_0: \xi_1 = \xi_2$,即两个样本所属总体的位置没有差异,那么对应于第一个样本的秩和与对应于第二样本的秩和应该大致相等。如果一个样本的秩和明显地小于另一样本。计算较小秩和 T 出现的概率 p。若 p 大于显著水平 α,接受 $H_0: \xi_1 = \xi_2$;否则,若 $p < \alpha$,否定 H_0。在实际应用时,一般不直接求出概率值,而根据秩和检验表(见附表),查出秩和临界值进行比较。

(2) 检验步骤

① 将两样本数据混合从小到大排列编秩。若有两个或多个数据相等,则它们的秩等于其所占位置的平均值。

② 把数据按样本的不同分开。当 $n_1 < n_2$ 计算较小样本容量的秩和 T。若 $n_1 = n_2$,则计算平均数较小的样本的秩和 T。

③ 查秩和检验表(见附表11)中单侧检验或双侧检验临界值 T_1 和 T_2。如果 $T_1 < T < T_2$,则接受 H_0;如果 $T \leq T_1$ 或 $T \geq T_2$,则否定 H_0,接受 H_A。

【例6.4】 研究乙酸对水稻幼苗生长的影响。乙酸处理种植了7盆,正常条件(对照)下种植5盆。每盆均为4株。幼苗在溶液中生长7天后,测定茎叶干重,结果见表6-2。

表6-2 乙酸对水稻茎叶干重的影响　　　　　　　　　　　单位:g/盆

对照 A	4.32	4.38	4.10	3.99	4.25	—	—
乙酸 B	3.85	3.78	3.91	3.94	3.86	3.75	3.82

问:乙酸处理对植物生长是否有显著影响?

解:检验步骤:

(1) 提出无效假设和备择假设。$H_0: \xi_1 = \xi_2$,即假设乙酸处理对植物生长无影响;$H_A: \xi_1 \neq \xi_2$

(2) 确定显著水平。$\alpha = 0.05$。

(3) 编秩次,计算秩和。将对照和乙酸处理两个样本数据从小到大统一排序,并赋予相应的秩次,见表6-3。

表6-3 不同处理观察值的秩次和秩和计算

对照 A	4.32	4.38	4.10	3.99	4.25	—	—	秩和 T
秩	11	12	9	8	10	—	—	50
乙酸 B	3.85	3.78	3.91	3.94	3.86	3.75	3.82	秩和 T
秩	4	2	6	7	5	1	3	31

计算较小样本容量(对照处理)秩和为 $T = 50$。

(4) 查秩和检验表,进行统计推断。乙酸处理与对照相比,对幼苗生长影响孰大孰小事先未知,故采用双侧检验。查附表,当 $n_1 = 5, n_2 = 7, \alpha = 0.05$,临界的 $T_1 = 20, T_2 =$

45。实得 $T > T_2$。否定 H_0,即乙酸处理对植物生长有显著影响。

秩和检验表只适用于 $n_1 \leq 10, n_2 \leq 10$。当 n_1, n_2 都大于 10 时,其秩和 T 的抽样分布已很接近于正态分布,且具有:

平均数:
$$\mu_T = \frac{n_1(n+1)}{2} \tag{6-5}$$

标准差:
$$\sigma_T = \sqrt{\frac{n_1 n_2(n+1)}{12}} \tag{6-6}$$

因此有:

$$Z = \frac{T - \mu_T}{\sigma_T} = \frac{T - \frac{n_1(n+1)}{2}}{\sqrt{\frac{n_1 n_2(n+1)}{12}}} \sim N(0,1) \tag{6-7}$$

据此可做出单侧 z 检验和双侧的 z 检验。

【例 6.5】 研究不同施肥种类对玉米品质的影响。A 处理为仅施农家肥(底肥),B 处理为在拔节期和孕穗期分别追施 $300 kg/hm^2$ 尿素。收获后分析籽粒中的蛋白质含量(%)见表 6-4。

表 6-4 不同施肥种类收获原籽粒中蛋白质含量   单位:%

| A | 6.82 | 7.04 | 7.76 | 7.45 | 7.26 | 7.55 | 7.64 | 7.13 | 6.92 | 7.38 | 8.06 | | |
| B | 8.01 | 7.84 | 8.26 | 7.75 | 7.54 | 8.45 | 8.07 | 8.62 | 7.65 | 7.94 | 8.53 | 8.16 | 8.05 |

比较施用农家肥和化肥影响玉米籽粒蛋白质含量上差异是否有显著?

解: 检验步骤:

(1)提出无效假设和备择假设。$H_0: \xi_1 = \xi_2$,即假设两种肥料对玉米籽粒蛋白质含量影响无显著差异;$H_A: \xi_1 \neq \xi_2$。

(2)确定显著水平。$\alpha = 0.05$。

(3)编秩次,计算较小样本容量的秩和 T。将施用农家肥和化肥两个处理的数据从小到大统一排序,得表 6-5。

表 6-5 农家肥和化肥数据处理

A	6.82	7.04	7.76	7.45	7.26	7.55	7.64	7.13	6.92	7.38	8.06		
秩	1	3	13	7	5	9	10	4	2	6	18		
B	8.01	7.84	8.26	7.75	7.54	8.45	8.07	8.62	7.65	7.94	8.53	8.16	8.05
秩	16	14	21	12	8	22	19	24	11	15	23	20	17

计算较小样本容量的秩和为

$T = 1 + 3 + 13 + 7 + 5 + 9 + 10 + 4 + 2 + 6 + 18 = 78$

(4)计算统计量 Z。由于两个样本容量 $n_1 = 11, n_2 = 13$ 都大于 10,可进行近似的 Z 检验。

平均数:$\mu_T = \dfrac{n_1(n+1)}{2} = \dfrac{11 \times (24+1)}{2} = 137.5$

标准差：$\sigma_T = \sqrt{\dfrac{n_1 n_2 (n+1)}{12}} = \sqrt{\dfrac{11 \times 13 \times (24+1)}{12}} = 17.26$

有 $Z = \dfrac{T - \mu_T}{\sigma_T} = \dfrac{78 - 137.5}{17.26} = -3.447$

实得 $|Z| > Z_{0.05} = 1.96$，$P < \alpha = 0.05$，故否定 H_0，接受 H_A，推断两种施肥对玉米籽粒蛋白质的含量有显著影响。

当存在 m_i 个并列秩数据时，要近似地进行 Z 检验，利用式(6-5)时，需进行矫正，矫正后的 σ_T 为：

$$\sigma_T = \sqrt{\dfrac{n_1 n_2 (n^3 - n - \sum C_i)}{12n(n-1)}} \tag{6-8}$$

其中，C_i 是并列秩数据 m_i 的函数：

$$C_i = (m_i - 1) m_i (m_i + 1) \tag{6-9}$$

如果 $\sum C_i = 0$，即没有并列数据，仍采用式(6-7)进行 Z 检验。

【例6.6】 调查玉米不同播种深度的地中茎长度数据见表6-6。

表6-6 不同播种深度的地中茎长　　　　　　　　　　单位：cm

深播	31	64	71	58	46	46	54	44	68	44	45	79
正常播种	31	44	35	32	40	53	54	50	34	49	52	—

试检验两种播种深度玉米地中茎长度差异是否显著。

解：检验步骤：

(1)提出无效假设和备择假设。假设两种播种深度的地中茎长度具有相同的分布，即 $H_0: \xi_1 = \xi_2$；$H_A: \xi_1 \neq \xi_2$。

(2)编秩次，计算秩和。

将两种播种深度的地中茎长度的数据从小到大排序，得表6-7。

表6-7 两种播种深度的地中茎长度数据处理

深播	原观察值	31	44	44	45	46	46	54	58	64	68	71	79
	秩	1.5	8	8	10	11.5	11.5	17.5	19	20	21	22	23
正常播种深度	原观察值	31	32	34	35	40	44	49	50	52	53	54	—
	秩	1.5	3	4	5	6	8	13	14	15	16	17.5	—

因为秩次1和2的数值并列，取其平均秩1.5作为并列秩次，其他并列数值的秩次按同样方法计算。然后计算较小样本容量秩和 T：

$T = 1.5 + 8 + 5 + 3 + 6 + 16 + 17.5 + 14 + 4 + 13 + 15 = 103$

(3)计算统计量 z 值。

$n = n_1 + n_2 = 12 + 11 = 23$

$\mu_T = \dfrac{n_1 (n+1)}{2} = \dfrac{12 \times (23+1)}{2} = 144$

本例中有4组并列秩次，第一组的并列秩次为1.5，原始观察值数 $m_1 = 2$；第二组的并列秩次为8，原始观察值数 $m_2 = 3$；第三组的并列秩次为11.5，原始观察值数 $m_3 = 2$；

第四组的并列秩次为17.5，原始观察值数 $m_4 = 2$。由式(6-9)得：
$$C_1 = 1 \times 2 \times 3 = 6, \quad C_2 = 2 \times 3 \times 4 = 24$$
$$C_3 = 1 \times 2 \times 3 = 6, \quad C_4 = 1 \times 2 \times 3 = 6$$

因此，有：
$$\sum C_i = C_1 + C_2 + C_3 + C_4 = 6 + 24 + 6 + 6 = 42$$

于是，有：
$$\sigma_T = \sqrt{\frac{n_1 n_2 (n^3 - n - \sum C_i)}{12n(n-1)}} = \sqrt{\frac{12 \times 11 \times (23^3 - 23 - 42)}{12 \times 23 \times (23-1)}} = 16.22$$

$$z = \frac{T - \mu_T}{\sigma_T} = \frac{103 - 144}{16.22} = -2.528$$

推断：$|z| > z_{0.05} = 1.96$，故否定 H_0，接受 H_A，即认为两种播种深度玉米地中茎长度差异显著。

6.3.2 成对比较的秩和检验

有两个同分布的总体，从中随机抽取两两成对的样本，计算每对观察值的差数 d，然后将这些差数依其绝对值从小到大顺序排列，并依次给以秩次 $1, 2, \cdots, n$（若 $d = 0$，则不参加秩次编排）。再统计差数为正（$d > 0$）的秩和及差数为负（$d < 0$）的秩和，记差数为正（或为负）的秩和为 T。若不断重复抽样，就可以得到一个间断性的、左右对称的 T 分布。具有：

平均数：
$$\mu_T = \frac{1}{4}n(n+1) \tag{6-10}$$

标准差：
$$\sigma_T = \sqrt{\frac{n(n+1)(2n+1)}{24}} \tag{6-11}$$

若没有并列的秩次可得到：
$$Z = \frac{T - \mu_T}{\sigma_T} \sim N(0,1) \tag{6-12}$$

利用式(6-12)可对 $n > 50$ 的成对资料作单侧或双侧的秩和检验。若 $n \leq 50$ 可直接利用配对比较的秩和检验 T 临界值表（见附表12）作秩和检验，以实例叙述之。

【例6.7】 一位医学研究者想知道某项新型锻炼方式对 60~80 岁的妇女脉搏速率是否有影响，随机抽取该年龄段的妇女12人，分别在2个月的锻炼以前与以后测量她们的脉搏速率，测验结果如下：

锻炼以前　75　81　73　75　70　74　82　64　79　83　73　82
锻炼以后　71　83　70　60　75　67　85　65　69　71　65　76

解： 检验步骤（给定 $\alpha = 0.05$）：

(1) 提出无效假设和备择假设。
$H_0: \xi_1 = \xi_2$，即假设锻炼前后的脉搏速率无显著差异；$H_A: \xi_1 \neq \xi_2$。

(2) 编秩次，计算正秩和 T_+ 或负秩和 T_-（用绝对值计算），确定统计量 T。

计算差数 d：4，-2，3，15，-5，7，-3，-1，10，12，8，6

按绝对值大小编排秩次(若差数中有零,舍去):

$$5,\ 2,\ 3.5,\ 12,\ 6,\ 8,\ 3.5,\ 1,\ 10,\ 11,\ 9,\ 7$$

统计 $d > 0$ 正的秩和:$T_+ = 5 + 3.5 + 12 + 8 + 10 + 11 + 9 + 7 = 65.5$

或负的秩和:$T_- = 2 + 6 + 3.5 + 1 = 12.5$

任取 T_+(或 T_-)做检验统计量 T,本例取 $T_- = 12.5$,$T_+ = 65.5$。

(3)确定概率值 P 和作出统计推断。查附表,若检验的统计量 T 在上、下界值范围内,其对应的 P 值大于表上方相应概率水平;若 T 在上、下界值范围外,则 P 值小于相应的概率水平。当 $n = 12$ 时,$T_1 = 13$,$T_2 = 65$,现得 $T_- = 12.5$,在 13~35 之外,$T_+ = 65.5$,在 13~65 之外,查得双尾概率 $P < 0.05$,故否定 H_0,即锻炼前后的脉搏速率有显著差异。

6.4 适合性检验

适合性检验是用来检验实际观察数与依照某种假设或模型计算出来的理论数之间是否一致,所以又称为吻合度检验或拟合优度检验。这种检验根据是否已知总体的分布类型分为两种情况:一种是已知总体的分布类型,检验各种类别的比例是否符合某个假设或理论的比例,如测定 F_2 或其他分离世代的性状表现是否符合孟德尔分离规律、自由组合定律等;另一种是总体的分布类型未知,要检验的是该分布的类型是否符合某个假设或理论的分布类型,如检验某一分类数据所在总体的分布是否符合二项分布等。

6.4.1 适合性检验的一般程序

设某总体有 k 个类别或组,每一类别(组)个体出现的概率依次为 $P_1, P_2, \cdots, P_k$,在 n 次独立观察试验中,各组的理论频数依次为 $E_1 = np_1, E_2 = np_2, \cdots, E_k = np_k$,各组实际观察频数为 $O_1, O_2, \cdots, O_k$,则有:

$$\sum_{i=1}^{k} \frac{(O_i - E_i)^2}{E_i} \tag{6-13}$$

近似服从 χ^2 分布。在实际应用中自由度的确定:①若已知各种类型的理论概率,可以直接计算出各类别(组)理论频数。为满足各理论频数之和等于实际频数之和这个约束条件,自由度为类型数 $k - 1$。②若总体的分布中含有 m 个未知参数需要用样本统计数估计,以此代替参数值来计算各类或组的理论概率和理论频数,则自由度为 $k - m - 1$,其中 m 是所代替的总体参数个数。

由 χ^2 分布可以对实际观察频数与根据某种理论或需要预期的理论频数是否相符做出检验。检验步骤为:

①提出无效假设 H_0 和备择假设 H_A。

②选择适宜的计算公式。

③求得各个理论频数 $E_i = np_i$,并根据各实际频数 O_i,代入式(6-13)得 χ^2 值。

④若实际计算的 $\chi^2 < \chi_\alpha^2(DF)$,接受 H_0;否则,否定 H_0。

由上述检验的统计量可看出,观察频数与理论频数相差越大,χ^2 值越大,只有大的 χ^2

值才能导致否定无效假设,所以 χ^2 检验始终是右侧检验。

由于 χ^2 分布是连续分布,而分类数据资料是离散性的,所以由式(6-13)计算出的统计量只是近似服从 χ^2 分布,近似程度取决于样本含量和类别数。为使这类检验更确切,一般要求:

①每个类别的理论频数不少于5,即 $E_i \geq 5$;若某些类别理论频数过少,如果将相邻的类别合并起来是有实际意义的,可将相邻的类别进行合并以产生较大的理论频数。合并后的统计量同样服从 χ^2 分布,自由度应作相应的调整。

②当自由度等于1时,需要进行连续性矫正,矫正的检验统计量为:

$$\chi_c^2 = \sum_i^k \frac{(|O_i - E_i| - 0.5)^2}{E_i} \tag{6-14}$$

③对于大自由度($DF > 100$)的 χ^2 检验,可利用式(6-15)的近似公式计算 χ^2 临界值:

$$\chi_{1-\alpha}^2(DF) = 0.5 \left(\sqrt{2DF - 1} + Z_{1-\alpha}\right)^2 \tag{6-15}$$

如,对 $DF = 500$, $\alpha = 0.05$ 的 χ^2 临界值为:

$$\chi_{0.95}^2(500) = 0.5 \left(\sqrt{2(500) - 1} + 1.645\right)^2 = 552.85$$

如果求得的 χ^2 值大于552.85,则在0.05的水平上拒绝零假设。反之,给定了一个 χ^2 值后,可以按正态离差 Z 测验代替 χ^2 测验。

$$Z = \sqrt{2\chi^2} - \sqrt{2(DF) - 1} \tag{6-16}$$

如 $Z \geq 1.64$,即表示给定 χ^2 有显著性。

6.4.2 对不同类型分布比例的适合性检验

以例子来说明,例6.8为用于检验已知某种理论比例的资料。

【例6.8】 美国热带地区生长的一种名为"四点花"植物,因是午后开花而得名。"四点花"植物能开红、白、粉红三种颜色的花。花色是受单基因位点上的不完全显性等位基因控制。因此,纯合白花亲本和纯合红花亲本杂交,F_1 开粉红花。根据孟德尔遗传原理,粉红花植株自交,后代将产生1:2:1比例的红花、粉红花和白花植株。一位遗传工作者自交240个粉红花植株,获得55株开红花、132株开粉红和53株开白花。这些数据资料能否决断该性状是受单基因位点不完全显性基因控制($\alpha = 0.05$)。

解: 检验步骤如下:

(1)提出无效假设和备择假设。H_0:观察数据符合孟德尔比例(红花:粉红花:白花 = 1:2:1);H_A:不符合这种比例。

(2)选择计算公式。本例涉及三种类别且理论比例已知,自由度应为 $k - 1 = 3 - 1 = 2 > 1$。故直接利用式(6-13)来计算 χ^2。

(3)计算理论频数和 χ^2 值。根据理论比例1:2:1,可知红花、粉红花和白花的理论概率分别为1/4、1/2和1/4。因而计算得

开红花: $E_1 = \dfrac{1}{4} \times 240 = 60$(株)

开粉红色花: $E_2 = \dfrac{1}{2} \times 240 = 120$(株)

开白花：$E_3 = \dfrac{1}{4} \times 240 = 60$（株）

表 6-8　卡平方值计算表

性　状	实际观察值 O_i	理论值 E_i	$\dfrac{(O_i - E_i)^2}{E_i}$
红　色	55	60	0.42
粉红色	132	120	1.2
白　色	53	60	0.82
合　计	240	240	2.44

由表 6-8 中第四列计算得：

$$\chi^2 = \sum \dfrac{(O_i - E_i)^2}{E_i} = 0.42 + 1.2 + 0.82 = 2.44$$

(4) 查 χ^2 临界值，作出统计推断。

当自由度 $DF = 2$，显著水平 $\alpha = 0.05$，做右侧检验。由附表得，$\chi^2_{0.05}(2) = 5.99$，得 $\chi^2 < \chi^2_{0.05}(2)$，接受 H_0，即该性状是受单基因位点不完全显性基因控制。

【例 6.9】　一位遗传专业学生希望用菜豆重演孟德尔的一个经典试验。以豆荚的颜色（绿色对黄色为显性）作为研究的目标性状。用两个绿色豆荚杂合体杂交，产生 556 个体中有 416 为绿豆荚，140 为黄色豆荚。如果该性状符合孟德尔分离规律，后代中绿豆荚：黄豆荚应该为 3:1。该实验结果能否支持这一假设？

解：检验步骤：

(1) 提出无效假设和备择假设。H_0：豆荚颜色的遗传符合孟德尔分离规律；H_A：不符合分离规律。

(2) 选择计算公式。本例只涉及两种类型，自由度 $DF = 1$，故需要进行矫正，利用式(6-14)。

(3) 计算理论频数和 x^2 值。

绿豆荚理论频数：$E_1 = 556 \times \dfrac{3}{4} = 417$

黄豆荚理论频数：$E_1 = 556 \times \dfrac{1}{4} = 139$

$$\chi^2_c = \dfrac{(|416 - 417| - 0.5)^2}{417} + \dfrac{(|140 - 139| - 0.5)^2}{139} = 0.0024$$

(4) 查临界 x^2 值，作出统计推断。查附表 3 得，$\chi^2_{0.05}(1) = 3.84 > \chi^2_c$，故在 0.05 水平上应接受 H_0，即该种子颜色遗传符合孟德尔 3:1 理论比例。

6.5　独立性检验

独立性检验是研究两个或两个以上变数之间彼此关联程度。例如，人类色觉与性别之间，若相互独立，表示性别与色觉的反应无关，即男女在色觉的反应上无差异的；若不相互独立，则表示男女在色觉的反应是有差异的。独立性测验常利用列联表进行检验。

列联表是一种将观察数据按两个或多个变数分类的频数表。表6-9 显示按两个变数（行变数和列变数），且行变数有 r 个等级，列变数有 c 个等级，排列为一个 r 行 c 列的二维列联表，称为 $r \times c$ 表。O_{ij} 是行变数第 i 等级和列变数第 j 等级出现的频数，R_i 是行变数第 i 等级总频数，C_j 是列变数第 j 等级总频数，n 为试验总频数。

表6-9 $r \times c$ 表的一般化形式

行变数 \ 列变数	1	2	…	j	…	c	合计
1	O_{11}	O_{12}	…	O_{1j}	…	O_{1c}	R_1
2	O_{21}	O_{22}	…	O_{2j}	…	O_{2c}	R_2
…	…	…	…	…	…	…	…
i	…	…	…	O_{ij}	…	O_{ic}	R_i
…	…	…	…	…	…	…	…
r	O_{r1}	O_{r1}	…	O_{rj}	…	O_{rc}	R_r
合计	C_1	C_2	…	C_j	…	C_c	n

6.5.1 独立性检验的一般程序

以上述 $r \times c$ 列联表为例说明其检验步骤。

（1）提出无效假设和备择假设

假设行变数和列变数间无关联。或者说，根据实际观察的结果 O 与两者之间并无关联的前提下，从理论上推导出的理论数 E 之间无差异，即

$$H_0 : O - E = 0$$

（2）计算理论数 E

根据概率乘法法则，若事件 A 和事件 B 是相互独立的，即它们之间无关联，这时事件 A 和事件 B 同时出现的概率等于它们分别出现时的概率乘积

$$P(AB) = P(A) \times P(B) \tag{6-17}$$

反过来，若事件 A 和事件 B 同时出现的概率等于它们分别出现时的概率乘积，那么事件 A 和事件 B 是独立的，两者无关联；若事件 A 和事件 B 同时出现的概率不等于它们分别出现时的概率乘积，则这两个事件间是有关联的。

以 P_{11} 代表行变数第 1 等级和列变数第 1 等级出现概率，根据式(6-17)计算 $P_{11} = (R_1/n) \times (C_1/n)$，理论频数为：

$$E_{11} = \frac{R_1}{n} \times \frac{C_1}{n} \times n = \frac{R_1 \times C_1}{n}$$

由此获得行变数第 i 等级和列变数第 j 等级的理论频数为：

$$E_{ij} = \frac{R_i \times C_j}{n} \tag{6-18}$$

(3) 计算 χ^2 或 χ_c^2 值

按式(6-13)或式(6-14)计算 χ^2 值。因为每一行的理论数受该行总频数的约束，每一列的理论数同样受该列总频数的约束，所以总的自由度只有 $(r-1)(c-1)$。对于 2×2 列联表的自由度是 $(2-1)(2-1)=1$，因此只能利用式(6-14)计算 χ^2 值。

(4) 查临界 χ^2 值，作出统计推断

若 $\chi^2 < \chi_\alpha^2(DF)$，则观察频数与理论频数是一致的，即行变数与列变数间无关联的假设可以成立。若 $\chi^2 > \chi_\alpha^2(DF)$，则观察频数与理论频数不一致，即行变数与列变数间有关联。不同的分类方式产生不同的效果。

6.5.2 2×2 列联表的独立性检验

【例 6.10】 对随机抽取的 100 人按（正常或色盲）两个属性分类，得到表 6-10。试检验性别与色觉反应是否有关联。

表 6-10 性别与色觉反应的观察结果

性别	色觉		合计
	正常	色盲	
男	36	8	44
女	54	2	56
合计	90	10	100

解：检验步骤：

(1) 提出无效假设和备择假设。H_0：性别与色觉反应无关联；H_A：性别与色觉反应彼此是相关的。

(2) 计算理论数 E。依据性别与色觉反应相互独立的假定，算得各类的理论频数为：

$$E_{11}=\frac{44\times 90}{100}=39.6,\ E_{12}=\frac{44\times 10}{100}=4.4$$

$$E_{21}=\frac{56\times 90}{100}=50.4,\ E_{22}=\frac{56\times 10}{100}=5.6$$

(3) 计算 χ_c^2 值。由式(6-13)得：

$$\chi_c^2=\frac{(|36-39.6|-0.5)^2}{39.6}+\frac{(|8-4.4|-0.5)^2}{4.4}+\frac{(|54-50.4|-0.5)^2}{50.4}+\frac{(|2-5.6|-0.5)^2}{5.6}=4.333$$

(4) 统计推断。当自由度 $=(2-1)(2-1)=1$ 时，查附表 3，$\chi_{0.05}^2(1)=3.84$，得 $\chi_c^2 > \chi_{0.05}^2(1)$，$P<0.05$，否定 H_0，接受 H_A，表明人类对色觉反应与性别显著相关。实际观察值显示为男性色盲发生率显著高于女性。

6.5.3 $r\times c$ 列联表的独立性检验

因 $r>2$，$c>2$，其自由度 $DF=(r-1)(c-1)>2$，所以在进行 χ^2 检验时，不需要作连续性矫正。

【例6.11】 以叶片枯萎程度表现干热风危害程度。分别调查了不同灌水量3块地，并都随机抽取200个叶片得到表6-11所示数据。问灌水是否对抗御小麦干热风有作用？

表6-11 不同灌溉方式下小麦叶片受干热风危害情况

灌溉方式	叶片枯萎程度			合计
	绿叶	小部分枯萎	大部分枯萎	
大水	159(126.33)	26(31.67)	15(42)	200
小水	124(126.33)	34(31.67)	42(42)	200
未灌	96(126.33)	35(31.67)	69(42)	200
合计	379	95	126	600

解：检验步骤如下：

(1)提出无效假设与备择假设。H_0：小麦受干热风危害程度与不同灌溉方式无关；H_A：小麦受干热风危害程度与灌溉方式有关。取 $\alpha = 0.05$。

(2)计算理论频数。根据H_0的假定，计算各分类项的理论频数 $E_{11} = (379 \times 200)/600 = 126.33, \cdots$，所得结果填于表6-11括号内。

(3)计算χ^2值。根据式(6-13)可得：

$$\chi^2 = \frac{(159-126.3)^2}{126.3} + \frac{(26-31.7)^2}{31.7} + \cdots + \frac{(69-42)^2}{42} = 52.02$$

(4)查临界值，进行统计推断。本例 $DF = (3-1)(3-1) = 4$，查附表，$\chi^2_{0.05}(4) = 9.49$，实得$\chi^2 = 52.02 > \chi^2_{0.05}(4)$，$P < 0.05$。故否定原灌溉方式与受害程度无关的假定。认为灌溉与不灌溉对抗御小麦干热风效果明显不同，灌溉是有作用的。

虽然和适合性检验都利用式(6-13)计算χ^2，但两种检验方法还是有明显的不同。首先，两者研究目的不同。一个是检验实际观察分类与已知理论的或假设分类是否一致(适合性检验)，另一个是研究两个变数间相关性(独立性检验)。其次，适合性检验只按一个变数的属性进行分类。而独立性检验的频数资料是按行变数和列变数两个属性进行分类，构成 $2 \times 2, \cdots, r \times c$ 不同列联表。第三，适合性检验的理论频数是按已知的属性分类理论或假设计算的。独立性检验的理论频数则是在假定两个分类变数相互独立的情况下，由观察值数据计算出的。第四，适合性检验的自由度确定时，用了各理论频数之和等于实际频数之和这一个。独立性检验行变数和列变数的各理论数受到各自总频数的约束，所以有2个约束条件，即 $DF = (r-1)(c-1)$。

6.5.4 Fisher 精确检验法

当 2×2 列联表资料中总观察频数 $n < 40$，或任意组合的理论频数 $E_{ij} < 1$，或用式(6-13)计算出χ^2后所得的概率 $P \approx \alpha$ 时，需改用列联表资料Fisher氏精确检验法。该方法是由 R. A. Fisher(1934)提出的，其理论依据为超几何分布。

6.5.4.1 基本原理

在 2×2 列联表周边合计频数 C_1, C_2, R_1, R_2 及 n 都固定不变，且行变数分类和列变数分类独立的假设下，计算表内4个实际频数变动时的各种组合的概率 P_i，再按检验假设用单侧或双侧的累计概率 P，依据所取的显著性水平α 做出推断。

(1) 各组合概率 P_i 的计算

在 2×2 列联表周边合计不变的条件下,表内 4 个实际频数 $O_{11}, O_{12}, O_{21}, O_{22}$ 变动时的各种组合数共有"周边合计中最小数 +1"个。例如,行变数分类合计为 1、3,列变数分类合计为 2、2 的列联表内 4 个实际频数变动的组合数有 $1 + 1 = 2$ 个,依次为:

$$\begin{matrix} 0 & 1 & & 0 & 1 \\ 2 & 1 & & 2 & 1 \end{matrix}$$

显然每一组合出现的概率为 $\frac{1}{2}$。当行总数为 3,5 和列的总数为 2,6 时,表内 4 个实际频数变动的组合数 $2 + 1 = 3$ 个,依次为:

$$\begin{matrix} 0 & 3 & & 1 & 2 & & 0 & 1 \\ 2 & 3 & & 1 & 4 & & 2 & 5 \end{matrix}$$
$$\quad (1) \qquad\qquad (2) \qquad\qquad (3)$$

根据组合公式,由 8 分解为 3 和 5 的组合,共有 C_8^3 种;由 8 分解为 2 和 6 的组合,共有 C_8^2 种。因此,在行间分解为 3 和 5 以及列间分解为 6 和 2 的组合共有 $C_8^3 \times C_8^2 = \frac{8!}{3!5!} \times \frac{8!}{2!6!}$ 种。在列联表(1)中,将 8 分解为 0,3,2,3 的组合方式共有 $\frac{8!}{0!3!2!3!}$ 种。因此,出现(1)列联表的概率

$$P_{(1)} = \frac{\frac{8!}{0!3!2!3!}}{\frac{8!}{3!5!} \times \frac{8!}{2!6!}} = \frac{3!5!2!6!}{8!0!3!2!3!} = 0.3571$$

同样可以计算出另外 2 个列联表出现的概率,分别为:

$$P_{(2)} = \frac{\frac{8!}{1!2!1!4!}}{\frac{8!}{3!5!} \times \frac{8!}{2!6!}} = \frac{3!5!2!6!}{8!1!2!1!4!} = 0.5357$$

$$P_{(3)} = \frac{\frac{8!}{1!2!5!0!}}{\frac{8!}{3!5!} \times \frac{8!}{2!6!}} = \frac{3!5!2!6!}{8!1!2!5!0!} = 0.1071$$

由此可得,在 C_1, C_2, R_1, R_2 和 n 都保持不变的情况下,各种组合的概率计算通式为

$$P = \frac{C_1! \times C_2! \times R_1! \times R_2!}{O_{11}! \times O_{12}! \times O_{21}! \times O_{22}!} \tag{6-19}$$

(2) 尾区概率 P 的计算

若 4 个实际频数 $O_{11}, O_{12}, O_{21}, O_{22}$ 的任何一个数值为 0,可直接用该概率值作为判断的标准。若 4 个实际频数 $O_{11}, O_{12}, O_{21}, O_{22}$ 中没有 0 数值,应当将这种组合的概率以及从最接近于 0 的那个频数的各组合的概率都计入,构成的概率分布中的单侧概率。因此,当做单侧检验时,$P \leq \alpha$ 为差别有统计意义;若作双侧检验,按单侧检验规定条件计算出单侧累

计概率后乘以 2 即得双侧累计概率。

6.5.4.2 检验步骤

下面根据列联表中 4 个实际频数是否有零值分两种情况分别叙述其检验步骤。

（1）若有实际频数为零的情况

【例 6.12】 用两种饲料 A 和 B 饲养小白鼠，一周后测其增重情况如表 6-12 所示。问用不同的饲料饲养，小白鼠的增重差异是否显著？

表 6-12 两种饲料增重结果比较

项目	未增重(只)	增重(只)	合计
A 饲料	4	2	6
B 饲料	0	5	5
合计	4	7	11

解：表 6-12 中观察频数 $n < 40$，故采用 Fisher 精确检验法。

检验步骤：

（1）提出无效假设和备择假设。H_0：两种饲料对小白鼠的增重效果一样；H_A：两种饲料的增重效果有差异。

（2）直接计算尾区概率 P。

$$P = \frac{C_1! \times C_2! \times R_1! \times R_2!}{O_{11}! \times O_{12}! \times O_{21}! \times O_{22}!} = \frac{4!7!6!5!}{4!2!0!5!} = \frac{6 \times 5 \times 4 \times 3}{11 \times 10 \times 9 \times 8} = 0.045$$

（3）作出统计推断。本例中可能两种饲料的增重效果一样，也可能 A 饲料优于 B 饲料，也可能 B 饲料优于 A 饲料，因此用双侧检验，$P = 2 \times 0.045 = 0.09 > \alpha = 0.05$，故差别无统计意义，认为两种饲料的增重效果一样。

（2）若没有实际频数为零的情况

【例 6.13】 表 6-13 是用两种饲料饲养小白鼠一周后的增重情况，问两种饲料对小白鼠的增重效果是否相同？

表 6-13 两种饲料增重结果比较

项 目	未增重(只)	增重(只)	合 计
A 饲料	5	2	7
B 饲料	2	4	6
合 计	7	6	13

解：检验步骤：

（1）提出无效假设和备择假设。H_0：两种饲料对小白鼠的增重效果相同；H_A：两种饲料的增重效果有差异。

（2）计算各组合概率 P_i。因为列联表每一实际观察数均未出现 0，需要将 6-12 列联表中最小观察数 2 逐个降低为 1 和 0，计算每一种情况的概率 P_i。

项 目	未增重(只)	增重(只)	合 计
A 饲料	5	2	7
B 饲料	2	4	6
合 计	7	6	13

$$P_1 = \frac{7!6!7!6!}{13!5!2!2!4!} = \frac{105}{572} = 0.1836$$

项 目	未增重(只)	增重(只)	合 计
A 饲料	6	1	7
B 饲料	1	5	6
合 计	7	6	13

$$P_2 = \frac{7!6!7!6!}{13!6!1!1!5!} = \frac{7}{286} = 0.0245$$

项 目	未增重(只)	增重(只)	合 计
A 饲料	7	0	7
B 饲料	0	6	6
合 计	7	6	13

$$P_3 = \frac{7!6!7!6!}{13!7!0!0!6!} = \frac{1}{1716} = 0.0006$$

将这些组合的概率 P_i 累计为尾区概率 P。

$$P = \sum P_i = 0.1836 + 0.0245 + 0.0006 = 0.2087$$

(3) 作出统计推断。实得 $2 \times P = 0.4174 > 0.05$,故认为两种饲料的增重效果一样。

小 结

非参数检验是一种与总体分布无关的检验方法,它不依赖于总体分布的形式,应用时可以不考虑被研究的对象为何种分布以及分布的参数是否已知。

符号检验是用观察值与中位数,或者用配对观察值之间差异的正负符号多少来检验总体分布的位置。

秩和检验是将观察值按由小到大的次序排列,并赋予每一观察值以秩。计算每个样本的秩和,对样本秩和大小进行检验。秩和检验的检验效率较符号检验为高,它除了比较各对数据差值的符号外,还比较各对数据差值大小的秩次高低。

用于符号检验、秩和检验的数据资料可以是定量的,也可以是非定量的。对于以频数或计数表示的数据资料常采用适合性检验和独立性检验的检验方法。

适合性检验是检验观察的实际频数与依照某种理论或模型计算出来的理论频数之间是否一致。一种方法是直接依据已知理论的概率来检验实际频数是否等于某种预期的理论频数;另一种是检验实际频数分布与假定的理论分布是否相符合,如正态分布类型检验(参考其他统计学文献),以此为依据来推断实际频数分布的理论模式。

独立性检验是检验两个或两个以上变数之间彼此关联程度。作独立性检验需要将频数资料按行变数和列变数两个属性进行分类,做成两向列联表。一个 r 行 c 列的列联表称为 $r \times c$ 列联表。在假设 H_0:行变数和列变数是彼此独立的条件下,计算出列联表中每一分类项与实际频数相应的理论频数,计算 χ^2 值,作为接受或否定 H_0 的依据。

当 2×2 列联表资料中总观察频数 $n < 40$,或任意组合的理论频数 $E_{ij} < 1$,需要利用 Fisher 精确检验法检验两个变数是彼此独立的,还是有关联的。

练习题

1. 已知成年人身高为对称分布。随机测量 10 名成年男性身高,分别为:168,172,174,175,177,179,187,189,192,195(单位:cm)。假定成年男性身高中位数为 176cm,调查到的数据是否支持这一假定?(接受 H_0,$p = 0.7539$)

2. 将新培育出小麦品种与当地原推广品种分别同时种在 8 块地上试验,测得其产量(单位:kg/hm^2)见下表。问新品种小麦是否显著地优于原当地推广品种?试用符号检验法进行检验。(接受 H_0,$p = 0.0625$)

田块	1	2	3	4	5	6	7	8
新品种	3135	3000	2655	2535	2385	2805	2535	2970
原推广品种	2265	2520	2205	2460	2490	2640	2535	2820

3. 用符号检验方法检验两种烟草花叶病毒致病力差异。试验采用配对设计,随机选取 8 株某品种烟草作供试株。在每株的第二叶片上半叶上接种甲病毒,另半片叶上接乙病毒。待发病后,记录每半片叶上产生的病斑数目如下所示。并将其检验结果与 t 检验作比较。($S = \min\{1,7\} = 1$,接受 H_0,与 t 检验分析结果不一致)

植株号	1	2	3	4	5	6	7	8
病毒甲	9	17	31	18	7	8	20	10
病毒乙	10	11	18	14	6	7	17	5

4. 某地玉米产量(单位:kg/hm^2)序列 1978—1988 年和 1991—2001 年两段如下表中第一、二行中所列。问秩和检验法检验 1991—2001 年比 1978—1988 年生产水平是否有所提高?($z = -3.78$)

| 1978—1988 | 3045 | 3000 | 2250 | 3900 | 4200 | 1800 | 2100 | 4500 | 4200 | 3750 |
| 1991—2001 | 4530 | 4860 | 5400 | 5100 | 6450 | 5550 | 6750 | 4770 | 4860 | 6090 |

5. 测验两地点土壤耕层的 pH 值如下表。试用秩和检验方法检验两个地点的 pH 值是否一样。($z = -3.096$)

| 地点 A | 7.85 | 7.73 | 7.58 | 7.40 | 7.35 | 7.30 | 7.27 | 7.27 | 7.23 |
| 地点 B | 8.53 | 8.52 | 8.01 | 7.99 | 7.93 | 7.89 | 7.85 | 7.82 | 7.80 |

6. 用于快速生长的洋葱种子要求其发芽率达 90%(发芽:不发芽 = 9:1)。现引进一批洋葱种子,随机选取 1801 粒进行发芽试验,有 1423 粒发芽,这批种子能否用于洋葱的快速生长?($\chi^2 = 240.4$)

7. 人类遗传学研究表明控制 ABO 血型遗传的基因在人体第九染色体上,与性别无关。下列数据显示某地区畲族男、女性别的 ABO 血型分布。比较畲族少数民族男、女性别的 ABO 血型分布有无差别?

($\chi^2 = 0.45$)

性别	血型表现			
	O型	A型	B型	AB型
男	210	114	99	19
女	92	56	42	9

8. 证明或者验证组数大于2资料的适合性检验的计算公式：

$$\chi^2 = \sum_i^k \left(\frac{O_i^2}{P_i \times n}\right) - n$$

9. 证明或者验证两组资料是否符合 $r:1$ 理论比例的适合性检验的计算公式：

$$\chi_c^2 = \frac{\left[|O_1 - rO_2| - \left(\frac{r+1}{2}\right)\right]^2}{r(O_1 + O_2)}$$

10. 证明或者验证 2×2 列联表独立性检验的计算公式：

$$\chi_c^2 = \frac{\left(|O_{11}O_{22} - O_{12}O_{21}| - \frac{n}{2}\right)^2 n}{C_1 C_2 R_1 R_2}$$

11. 证明或者验证 $r \times c$ 列联表独立性检验的计算公式：

$$\chi^2 = n\left(\sum \frac{O_{ij}^2}{R_i C_j} - 1\right)$$

第 7 章

方差分析与平均数比较基础

7.1 概 述

在第5章中所介绍的 t 检验法,适用于一个或两个总体(处理)平均数的假设检验问题,但在生产和科学研究中经常会遇到多个总体(处理)平均数的比较问题,即需进行多个平均数间的差异显著性检验。这时,如果仍采用 t 检验,两两组成一组进行比较是不合理的,这是因为:①检验过程烦琐。若有 k 个处理,则要作 $C_k^2 = k(k-1)/2$ 次两两平均数的差异显著性检验。如一个试验有 $k=5$ 个处理,采用 t 检验法要进行 10 次检验。②无统一精度的试验误差估计。对同一试验的多个处理平均数进行比较时,应有统一的试验误差估计值。若用 t 检验两两比较,由于每次比较需计算一个 $S_{\bar{x}_1-\bar{x}_2}$,故使得各次比较误差的估计值不统一,同时没有充分利用全部资料信息而使误差估计的精度和检验的灵敏度降低。例如,试验有 4 个处理,每个处理重复 5 次,共有 20 个观测值。进行 t 检验时,每次只能利用 2 个处理共 10 个观测值估计试验误差,误差自由度为 $5+5-2=8$;若利用整个试验的 20 个试验数据估计试验误差,显然估计的精确性就高,且误差自由度为 $4(5-1)=16$。所以,在用 t 检验法进行检验时,由于估计误差的精度低,误差自由度小,使检验的灵敏度降低,易于掩盖平均数间差异的显著性。③犯第一类错误的概率增大。如果用 t 检验进行所有两个均值的同时比较,当均值个数大于 2 时,尽管每次比较犯第一类错误的概率是 α,但全体犯第一类错误的概率却超过 α。例如,对 5 个均值进行两两比较,要比较 $C_5^2=10$ 次。否定每个假设($\mu_i = \mu_j$, $1 \leq i < j \leq 5$)犯第一类错误的概率都是 α,但否定所有 10 个假设,犯第一类错误的概率将是 $1-(1-\alpha)^{10}$。显然,在使用 t 检验进行所有两个均值的同时比较时,犯第一类错误的概率随均值个数的增加而增加。因此,多个平均数的差异显著性检验不宜用 t 检验,须采用方差分析法。

1923年，英国统计学家 R. A. Fisher 提出了方差分析。这种方法是从方差的角度分析试验数据，鉴定各因素作用大小的一种有效统计分析方法。其主要特点是能够从总的试验效应中把影响试验指标的各种因素的作用一一分解开来，能把因试验条件的改变形成的效应差异和随机误差的影响区别开来，不仅适用于单因素多水平试验结果的统计分析，更重要的是它能很好地实现多因素试验的析因分析。方差分析实质上是关于观察值变异原因的数量分析，又称变数分析，它在科学研究中应用十分广泛。

本章主要讨论方差分析的基本原理、线性模型、期望均方与效应模型、处理平均数间的多重比较、处理平均数间的单一自由度比较和数据转换。

7.2 方差分析的基本原理

7.2.1 方差分析的基本原理

为便于理解方差分析的基本原理，先看一个例子。

【例7.1】 一小麦品种对比试验，6个品种，4次重复，单因素完全随机设计，得产量结果见表7-1。

表7-1 小麦品种比较试验产量结果　　　　　　　　　单位：kg/小区

处理品种	观察值(重复)				处理和 $y_{i.}$	处理平均 $\bar{y}_{i.}$
	1	2	3	4		
A_1	58	54	50	49	211	52.75
A_2	42	38	41	36	157	39.25
A_3	32	36	29	35	132	33.00
A_4	46	45	43	46	180	45.00
A_5	35	31	34	34	134	33.50
A_6	44	42	36	38	160	40.00

从表7-1所得结果可以看出：24个小区的产量有高有低存在差异，这种差异称为变异；各处理平均产量 $\bar{y}_{i.}$ 之间也存在差异，可以直观地看做是小麦不同品种间生产能力的差异；同一品种不同重复之间的产量也不相同，显然这种差异主要不是小麦品种引起的，而是某些不易控制的随机因素的影响，是由随机误差造成的；由于试验误差的存在，不同品种产量之间的差异是纯属随机误差的影响，还是反映了不同品种的影响？这就需要我们对品种效应作进一步考察，分析造成这种差异的原因是什么，以判断试验结果的可靠性和品种产量间差异的显著性。

由此看出，无论对试验条件控制多么严格，在其试验结果中总是掺杂着随机误差等非处理因素的影响，这说明试验结果的总变异是由两类原因引起的：①由于人为施加试验条件的影响引起试验指标的变异，称为处理间(组间)变异；②由随机因素的影响引起的变异，称为处理内(组内)变异。前者的效应称处理效应，后者则称非处理效应。亦即：试验结果总变异 = 处理间变异 + 处理内变异。方差分析就是从试验结果的这种变异性出发，用方差(s^2)作为衡量各种变异量的尺度,如用总方差s_T^2表示总变异,处理间方差s_t^2表示处理间变异,处理内方差s_e^2表示处理内变异(此时可以把s_e^2看作为误差),则哪项方差大,那项因子对试验指标的影响就大,把处理方差和误差方差在一定意义下进行比较,当处理间方差显著地大于误差方差时,表明处理因素对试验指标有显著影响,这就是方差分析解决问题的基本思路。

由此可知,对一项试验结果进行方差分析,首先要根据实际情况划分变异原因,然后按照变异原因分解构成试验结果总变异的总方差,再以误差方差为基础与其他原因形成的方差进行比较,以确定试验各因素作用的大小。

7.2.2 方差分析的一般步骤

7.2.2.1 平方和与自由度的分解

由方差的定义知,方差是平方和除以相应自由度的商,一般简称为均方,如S_T^2可以记作MS_T。要将一个试验资料的总变异分解为各种变异来源的相应变异,首先将总平方和及总自由度分解为各种变异的相应部分。因此,平方和及自由度的分解是方差分析的第一步。下面先讨论最简单的类型。

设某单因素试验有k个处理,每个处理有n次重复,完全随机设计,共有nk个观察值。这类试验资料的数据模式见表7-2,也称为一种方式分组的资料。

表7-2 k个处理每个处理有n个观察值的数据模式

处理	观察值(重复)						合计 $y_i.$	平均 $\bar{y}_i.$
	1	2	…	j	…	n		
A_1	y_{11}	y_{12}	…	y_{1j}	…	y_{1n}	$y_1.$	$\bar{y}_1.$
A_2	y_{21}	y_{22}	…	y_{2j}	…	y_{2n}	$y_2.$	$\bar{y}_2.$
⋮	⋮	⋮	…	⋮	…	⋮	⋮	⋮
A_i	y_{i1}	y_{i2}	…	y_{ij}	…	y_{in}	$y_i.$	$\bar{y}_i.$
⋮	⋮	⋮	…	⋮	…	⋮	⋮	⋮
A_k	y_{k1}	y_{k2}	…	y_{kj}	…	y_{kn}	$y_k.$	$\bar{y}_k.$

表中y_{ij}表示第i个处理的第j个观察值($i=1,2,\cdots,k$;$j=1,2,\cdots,n$);$y_i. = \sum_{j=1}^{n} y_{ij}$表示第$i$个处理$n$个观察值的和;$\bar{y}_i. = y_i./n$表示第$i$个处理的平均数;记$y_{..} = \sum_{i=1}^{k}\sum_{j=1}^{n} y_{ij}$表示全部观察值的总和;$\bar{y}_{..} = y_{..}/(kn)$表示全部观察值的总平均数。

(1)总平方和的分解

在表7-2中,反映全部观察值总变异的总平方和是各观察值y_{ij}与总平均数$\bar{y}_{..}$的离差平方和,记为SS_T,即

$$SS_T = \sum_{i=1}^{k}\sum_{j=1}^{n}(y_{ij} - \bar{y}_{..})^2$$

因为 $\sum_{i=1}^{k}\sum_{j=1}^{n}(y_{ij} - \bar{y}_{..})^2 = \sum_{i=1}^{k}\sum_{j=1}^{n}[(\bar{y}_i. - \bar{y}_{..}) + (y_{ij} - \bar{y}_i.)]^2$

$$= \sum_{i=1}^{k} \sum_{j=1}^{n} [(\bar{y}_{i.} - \bar{y}_{..})^2 + 2(\bar{y}_{i.} - \bar{y}_{..})(y_{ij} - \bar{y}_{i.}) + (y_{ij} - \bar{y}_{i.})^2]$$

$$= n \sum_{i=1}^{k} (\bar{y}_{i.} - \bar{y}_{..})^2 + 2 \sum_{i=1}^{k} [(\bar{y}_{i.} - \bar{y}_{..}) \sum_{j=1}^{n} (y_{ij} - \bar{y}_{i.})] + \sum_{i=1}^{k} \sum_{j=1}^{n} (y_{ij} - \bar{y}_{i.})^2$$

其中 $\sum_{j=1}^{n} (y_{ij} - \bar{y}_{i.}) = 0$

所以

$$\sum_{i=1}^{k} \sum_{j=1}^{n} (y_{ij} - \bar{y}_{..})^2 = n \sum_{i=1}^{k} (\bar{y}_{i.} - \bar{y}_{..})^2 + \sum_{i=1}^{k} \sum_{j=1}^{n} (y_{ij} - \bar{y}_{i.})^2$$

其中, $n \sum_{i=1}^{k} (\bar{y}_{i.} - \bar{y}_{..})^2$ 为各处理平均数 $\bar{y}_{i.}$ 与总平均数 $\bar{y}_{..}$ 的离差平方和与重复数 n 的乘积, 反映了重复 n 次的处理间变异, 称为处理间平方和, 记为 SS_t, 即

$$SS_t = n \sum_{i=1}^{k} (\bar{y}_{i.} - \bar{y}_{..})^2$$

$\sum_{i=1}^{k} \sum_{j=1}^{n} (y_{ij} - \bar{y}_{i.})^2$ 为各处理内离差平方和之和, 反映了各处理内的变异即误差, 称为处理内平方和或误差平方和, 记为 SS_e, 即

$$SS_e = \sum_{i=1}^{k} \sum_{j=1}^{n} (y_{ij} - \bar{y}_{i.})^2$$

于是有

$$SS_T = SS_t + SS_e$$

这就是单因素随机设计试验结果的总平方和、处理间平方和、处理内平方和的关系式。易证这三种平方和的计算公式如下:

$$SS_T = \sum_{i=1}^{k} \sum_{j=1}^{n} y_{ij}^2 - C, \quad SS_t = \frac{1}{n} \sum_{i=1}^{k} y_{i.}^2 - C, \quad SS_e = SS_T - SS_t \tag{7-1}$$

其中, $C = y_{..}^2 / (kn)$ 称为矫正数。

(2) 总自由度的分解

在计算总平方和时, 资料中的各个观测值要受

$$\sum_{i=1}^{k} \sum_{j=1}^{n} (y_{ij} - \bar{y}_{..}) = 0$$

这一条件的约束, 故总自由度等于资料中观测值的总个数减一, 即 $nk - 1$。总自由度记为 DF_T, 则 $DF_T = nk - 1$。

在计算处理间平方和时, 各处理平均数 $\bar{y}_{i.}$ 要受 $\sum_{i=1}^{k} (\bar{y}_{i.} - \bar{y}_{..}) = 0$ 这一条件的约束, 故处理间自由度为处理数减一, 即 $k - 1$。处理间自由度记为 DF_t, 则 $DF_t = k - 1$。

在计算处理内平方和时, 要受 k 个条件的约束, 即

$$\sum_{j=1}^{n} (y_{ij} - \bar{y}_{i.}) = 0 \quad (i = 1, 2, \cdots, k)$$

故处理内自由度为资料中观测值的总个数减 k, 即 $nk - k$。处理内自由度记为 DF_e, 则 $DF_e = nk - k = k(n - 1)$。

因为 $nk - 1 = (k-1) + (nk-k) = (k-1) + k(n-1)$

所以 $DF_T = DF_t + DF_e$

综合以上各式得：

$$DF_T = kn - 1, \quad DF_t = k - 1, \quad DF_e = DF_T - DF_t \tag{7-2}$$

各部分平方和除以相应的自由度便得到总均方、处理间均方、处理内均方和误差均方分别记为 MS_T（或 S_T^2）、MS_t（或 S_T^2）和 MS_e（或 S_e^2）。即

$$MS_T = S_T^2 = SS_T/DF_T, \quad MS_t = S_t^2 = SS_t/DF_t, \quad MS_e = S_e^2 = SS_e/DF_e \tag{7-3}$$

需要注意的是，一般总均方不等于处理间均方加处理内均方。

对于例7.1，处理数 $k = 6$，重复数 $n = 4$。各项平方和及自由度计算如下：

$$y_{..} = \sum_{i=1}^{6}\sum_{j=1}^{4} y_{ij} = \sum_{i=1}^{6} y_{i.} = 211 + 157 + 132 + 180 + 134 + 160 = 974$$

矫正数：$C = y_{..}^2/(nk) = 974^2/(4 \times 6) = 39528.17$

总平方和：$SS_T = \sum_{i=1}^{6}\sum_{j=1}^{4} y_{ij}^2 - C = 58^2 + 54^2 + \cdots + 38^2 - C$

$\qquad\qquad = 40796 - 39528.17 = 1267.83$

处理间平方和：$SS_t = \dfrac{1}{n}\sum_{i=1}^{k} y_{i.}^2 - C = \dfrac{1}{4}(211^2 + 157^2 + \cdots + 160^2) - C$

$\qquad\qquad\qquad = 40637.50 - 39528.17 = 1109.33$

处理内平方和：$SS_e = SS_T - SS_t = 1267.83 - 1109.33 = 158.50$

总自由度：$DF_T = nk - 1 = 4 \times 6 - 1 = 23$

处理间自由度：$DF_t = k - 1 = 6 - 1 = 5$

处理内自由度：$DF_e = DF_T - DF_t = 23 - 5 = 18$

用 SS_t、SS_e 分别除以 DF_t 和 DF_e 便得到处理间均方 MS_t 及处理内均方 MS_e。

$$MS_t = SS_t/DF_t = 1109.33/5 = 221.87$$

$$MS_e = SS_e/DF_e = 158.50/18 = 8.81$$

总均方可以不计算，因为方差分析中不涉及该数值。

7.2.2.2 F 检验

方差分析中的 F 检验，是检验某项变异因素的效应或方差是否为零。在计算 F 值时总是以被检验因素的均方作分子，以误差均方作分母。应当注意，分母项的正确选择是由方差分析的模型和各项变异原因的期望均方决定的，这将在后面讨论。

在单因素试验结果的方差分析中，记 μ_i 为第 i 处理（总体）的期望值（平均值），σ_τ^2，σ^2 分别为处理间和处理内方差，则无效假设 $H_0: \mu_1 = \mu_2 = \cdots = \mu_k$，备择假设 H_A：各 μ_i 不全相等，或 $H_0: \sigma_\tau^2 = \sigma^2$，$H_A: \sigma_\tau^2 \neq \sigma^2$。在 H_0 成立的条件下，检验统计数 $F = MS_t/MS_e$ 服从第一自由度为 $DF_1 = DF_t$，第二自由度为 $DF_2 = DF_e$ 的 F 分布，即 $F = MS_t/MS_e \sim F(DF_t, DF_e)$。也就是要判断处理间平均值是否相等或处理间均方与处理内（误差）均方是否相等。

由假设检验的理论可知，若取显著性水平为 α，$F \geq F_\alpha(DF_t, DF_e)$，即 $P \leq \alpha$，则否定 H_0，接受 H_A，这表明不同处理平均值间差异显著；若 $F < F_\alpha(DF_t, DF_e)$，即 $P > \alpha$，则接受 H_0，这表明各处理平均值间差异不显著。一般显著性水平 α 取0.05或0.01。

对于例 7.1，$H_0: \mu_1 = \mu_2 = \cdots = \mu_6$；$H_A$：各 μ_i 不全相等。取 $\alpha = 0.01$，计算检验统计数 $F = MS_t/MS_e = 221.87/8.81 = 25.18$；根据 $DF_1 = DF_t = 5$，$DF_2 = DF_e = 18$ 查 F 值表，得 $F_{0.01}(5, 18) = 4.25$，$F = 25.18 > F_{0.01}(5, 18) = 4.25$，即 $P < 0.01$，因此否定 H_0，接受 H_A，这表明 6 个不同品种的平均产量间差异显著，亦即品种间变异显著地大于品种内变异，不同品种对产量具有不同的效应。

在方差分析中，通常将变异来源、平方和、自由度、均方和 F 值归纳成一张方差分析表(表 7-3)。

表 7-3 方差分析表

变异来源	自由度 DF	平方和 SS	均方 MS	F 值
品种处理间	5	1109.33	221.87	25.18**
品种处理内(误差)	18	158.50	8.81	
总变异	23	1267.83		

表 7-3 中的 F 值应与相应的被检验因素齐行。经 F 检验差异极显著，故在 F 值 25.18 右上方标记"**"(若 $\alpha = 0.05$ 水平显著，标记"*")。

在实际进行方差分析时，只需计算出各项平方和与自由度，各项均方的计算及 F 值检验可在方差分析表上进行。

需要注意的是，当处理的重复数不相等时，平方和与自由度应如何分解。设有 k 个处理，第 i 个处理有 n_i 次重复，试验结果 y_{ij} 表示第 i 个处理的第 j 个观察值($i = 1, 2, \cdots, k$；$j = 1, 2, \cdots, n_i$)。记 $y_{i.} = \sum_{j=1}^{n_i} y_{ij}$ 表示第 i 个处理 n_i 个观察值的和，$y_{..} = \sum_{i=1}^{k}\sum_{j=1}^{n_i} y_{ij}$ 表示全部观察值的总和，$N = n_1 + n_2 + \cdots + n_k$ 为全部试验数据个数，$C = y_{..}^2/N$ 为矫正数，则平方和与自由度的计算公式为

$$SS_T = \sum_{i=1}^{k}\sum_{j=1}^{n} y_{ij}^2 - C, \quad SS_t = \sum_{i=1}^{k} \frac{y_{i.}^2}{n_i} - C, \quad SS_e = SS_T - SS_t$$

$$DF_T = N - 1, \quad DF_t = k - 1, \quad DF_e = DF_T - DF_t$$

均方与 F 值的计算公式不变。

以上讨论了一种方式分组(如单因素完全随机设计)资料方差分析的基本原理和分析步骤，对两种方式分组(如单因素随机区组设计)及多因素试验的方差分析将在后续章节中介绍。

7.3 线性模型、期望均方与效应模型

7.3.1 线性可加模型、期望均方

方差分析是建立在一定数学模型基础上的，正确地划分变异原因是方差分析的基础，而变异原因的划分是以数据的基本结构为基础，由于不同的试验设计有不同类型的数据结构，具有不同的数学模型，因此，变异原因的划分也就不同。限于篇幅，我们仅讨论单因

素完全随机设计试验的方差分析数学模型，对于其他类型的方差分析的数学模型在后面章节中讨论。

对表 7-2 中的试验结果 y_{ij} 可以分解为

$$y_{ij} = \mu_i + \varepsilon_{ij} \tag{7-4}$$

式中，μ_i 表示第 i 个处理（总体）的平均数；ε_{ij} 表示第 i 个处理第 j 次重复试验的随机误差，并假定 $\varepsilon_{ij}(i = 1, 2, \cdots, k; j = 1, 2, \cdots, n)$ 相互独立，且具有同一正态分布 $N(0, \sigma^2)$ 的随机变量，即 ε_{ij} 独立同分布 $N(0, \sigma^2)$。

为了分析各处理作用的大小，参数 μ_i 可再分解为：

$$\mu_i = \mu + \tau_i$$

其中，$\mu = \frac{1}{k}\sum_{i=1}^{k}\mu_i$ 为总体平均数，且将 $\tau_i = \mu_i - \mu$ $(i = 1, 2, \cdots, k)$ 称为第 i 个处理效应，显然 $\sum_{i=1}^{k}\tau_i = \sum_{i=1}^{k}(\mu_i - \mu) = 0$。由此得到单因素完全随机设计试验的数学模型：

$$y_{ij} = \mu + \tau_i + \varepsilon_{ij} \quad (i = 1, 2, \cdots, k; j = 1, 2, \cdots, n) \tag{7-5}$$

我们对此称之为线性可加模型。

对模型中的参数进行估计。令 $\bar{\varepsilon}_{i.} = \frac{1}{n}\sum_{j=1}^{n}\varepsilon_{ij}$；$\bar{\varepsilon}_{..} = \frac{1}{nk}\sum_{i=1}^{k}\sum_{j=1}^{n}\varepsilon_{ij}$；

则

$$\bar{y}_{i.} = \frac{1}{n}\sum_{j=1}^{n}y_{ij} = \frac{1}{n}\sum_{j=1}^{n}(\mu + \tau_i + \varepsilon_{ij}) = \mu + \tau_i + \bar{\varepsilon}_{i.}$$

$$\bar{y}_{..} = \frac{1}{nk}\sum_{i=1}^{k}\sum_{j=1}^{n}(\mu + \tau_i + \varepsilon_{ij}) = \mu + \bar{\varepsilon}_{..}$$

显然，$E(\bar{y}_{..}) = \mu$，即 $\bar{y}_{..}$ 是 μ 的无偏估计量；类似地有 $t_i = \bar{y}_{i.} - \bar{y}_{..}$ 是 τ_i 的无偏估计量。因此，线性可加模型(7-5)的样本形式为

$$y_{ij} = \bar{y}_{..} + t_i + e_{ij} \quad (i = 1, 2, \cdots, k; j = 1, 2, \cdots, n) \tag{7-6}$$

如果各处理对试验指标有影响，则 $\{\tau_i\}$ 不全为 0，否则全为 0，因此，要检验因素对试验指标影响是否显著，就是检验假设 $H_0: \tau_1 = \tau_2 = \cdots = \tau_k = 0$（等价于 $H_0: \mu_1 = \mu_2 = \cdots = \mu_k$），为此需要选择检验统计量。已知对单因素完全随机设计的方差分析有 $SS_T = SS_t + SS_e$，其中

$$SS_e = \sum_{i=1}^{k}\sum_{j=1}^{n}(y_{ij} - \bar{y}_{i.})^2 = \sum_{i=1}^{k}\sum_{j=1}^{n}(\varepsilon_{ij} - \bar{\varepsilon}_{i.})^2 \tag{7-7}$$

$$SS_t = n\sum_{i=1}^{k}(\bar{y}_{i.} - \bar{y}_{..})^2 = n\sum_{i=1}^{k}(\tau_i + \bar{\varepsilon}_{i.} - \bar{\varepsilon}_{..})^2 \tag{7-8}$$

可以证明

$$E(SS_e) = k(n-1)\sigma^2, \quad E(SS_t) = n\sum_{i=1}^{k}\tau_i^2 + (k-1)\sigma^2 \tag{7-9}$$

又因为 $DF_t = k - 1$，$DF_e = k(n-1)$，所以误差均方及处理均方的数学期望，即期望均方为

$$E(MS_e) = \sigma^2, \quad E(MS_t) = \frac{n\sum_{i=1}^{k}\tau_i^2 + (k-1)\sigma^2}{k-1} = n\sigma_\tau^2 + \sigma^2 \tag{7-10}$$

其中，$\sigma_\tau^2 = \frac{1}{k-1}\sum_{i=1}^{k}\tau_i^2$ 称为效应方差（当模型为固定模型时，可记为 κ_τ^2，对单因素完全随机设计，固定或随机模型的方差分析相同）。所以，MS_e 是 σ^2 的无偏估计量，MS_t 是 $n\sigma_\tau^2 + \sigma^2$ 的无偏估计量。

当处理效应的方差 $\sigma_\tau^2 = 0$，亦即各处理总体平均数 $\mu_i(i=1,2,\cdots,k)$ 相等时，处理间均方 MS_t 与处理内均方一样，也是误差方差 σ^2 的估计值，方差分析就是通过 MS_t 与 MS_e 的比较来推断 σ_τ^2 是否为零即 $\mu_i(i=1,2,\cdots,k)$ 是否相等的。对上述线性模型，在 H_0 成立的条件下，根据 Cochran 定理及第 4 章式（4-16）和式（4-18）得

$$SS_e/\sigma^2 \sim \chi^2(kn-k)，\quad SS_t/\sigma^2 \sim \chi^2(k-1)$$

$$F = \frac{SS_t/\sigma^2/(k-1)}{SS_e/\sigma^2/(kn-k)} = \frac{MS_t}{MS_e} \sim F(k-1, kn-1) = F(DF_t, DF_e) \quad (7\text{-}11)$$

当给定显著性水平 α 时，根据第一自由度 $DF_t = k-1$，第二自由度 $DF_e = kn-k$，可由 F 临界值表查到相应的临界值 $F_\alpha(k-1, nk-k)$。当 $F \geq F_\alpha(k-1, nk-k)$ 时，在显著性水平 α 下，否定 H_0，即不同处理平均值间差异显著；否则，则接受 H_0，即不同处理平均值间差异不显著。其方差分析和期望均方的参数估计列于表 7-4。

表 7-4 单因素随机设计的方差分析和期望均方表

变异来源	平方和 SS	自由度 DF	均方 MS	期望均方 EMS
处理间	SS_t	DF_t	MS_t	$n\sigma_\tau^2 + \sigma^2$
处理内（误差）	SS_e	DF_e	MS_e	σ^2
总变异	SS_T	DF_T		

7.3.2 效应模型

试验过程中由于试验因素与效应的关系，以及试验因素和效应的性质不同，方差分析模型又分为固定模型、随机模型和混合模型 3 类。

所谓固定模型是指所有因素的效应都是固定的，即当因素固定在某一水平时对指标的影响是固定的。如品种试验、肥料用量等试验中每一个品种或施肥量的效应（对产量的影响）是固定的，对于这类试验进行方差分析应当使用固定模型，大多数的农业试验都属于这一类。

而对于与遗传学有关的研究内容，如研究杂交后代系统间的遗传变异问题，由于杂交后代的变异在试验时难以控制，即使因素的水平固定以后，其效应不会是固定的。再如试验中的区组因素也是难以控制的因素，其效应也不是固定的，我们把这类效应叫随机效应，进行方差分析时则对应于随机模型。

如果试验中既包含固定效应，又包含随机效应则构成混合模型，固定效应与随机效应有时是难以区分的，一般可借助于下面的原则来判断：

①当因素水平是完全可控制的，如温度、压力、播种量、播种期、施肥量等是固定效应，当因素的水平不是完全可以控制的，如试验小区内的地力不匀性、试验材料的遗传变异、田间的小气候、温度、湿度、光照等为随机效应。

②当供试个体或单元（如一块小区田、一头牲畜）是随机选择时对应于随机模型，供试

个体人为指定，对应于固定模型。

两类模型的平方和及均方的计算是完全相同的，只是因期望均方不同，F检验的方法有所差异。

若为固定模型，因MS_e是σ^2的无偏估计量，MS_t是$n\sigma_\tau^2 + \sigma^2$的无偏估计量，若$\tau_i = 0$，则$F$检验$F = MS_t/MS_e$的期望值为1。所以固定模型是检验$H_0: \tau_i = 0$($i = 1, 2, \cdots, k$)，即检验$H_0: \mu_1 = \mu_2 = \cdots = \mu_k$。因此，一般比较处理效应的试验可采用固定模型。

而对于随机模型，以二因素A、B交叉分组方差分析来说，各项均方的期望值为：

$$E(MS_A) = bn\sigma_\tau^2 + n\sigma_{\tau\beta}^2 + \sigma^2, E(MS_B) = an\sigma_\beta^2 + n\sigma_{\tau\beta}^2 + \sigma^2$$

$$E(MS_{A\times B}) = n\sigma_{\tau\beta}^2 + \sigma^2, E(S_e^2) = \sigma^2$$

其中，MS_A、MS_B、$MS_{A\times B}$分别为因素A、因素B和因素A与B交互效应的均方；MS_e为误差均方；σ_τ^2、σ_β^2、$\sigma_{\tau\beta}^2$分别为因素A、因素B和因素A与B交互效应的总体方差；σ^2为误差方差；a，b分别为因素A、因素B的水平数，n为处理重复数。

这时，显然对因素A、因素B和因素A与B交互效应的检验统计数分别为

$$F_A = \frac{MS_A}{MS_{A\times B}}, F_B = \frac{MS_B}{MS_{A\times B}}, F_{A\times B} = \frac{MS_{A\times B}}{MS_e} \tag{7-12}$$

而对混合模型(A是随机效应，B是固定效应)有

$$E(MS_A) = bn\sigma_\tau^2 + \sigma^2, E(MS_B) = an\kappa_\beta^2 + n\sigma_{\tau\beta}^2 + \sigma^2$$

$$E(MS_{A\times B}) = n\sigma_{\tau\beta}^2 + \sigma^2, E(MS_e) = \sigma^2$$

此时，对因素A、因素B和因素A与B交互效应的检验统计数分别为

$$F_A = \frac{MS_A}{MS_e}, F_B = \frac{MS_B}{MS_{A\times B}}, F_{A\times B} = \frac{MS_{A\times B}}{MS_e} \tag{7-13}$$

在数量遗传学中把σ_A^2记作σ_g^2，作为系统间的遗传型变异，称为遗传型方差，σ_g则称遗传型标准差；而σ^2记作σ_e^2，作为环境条件的影响，称为环境方差；两者之和称为表现型方差，记作σ_p^2。

$$\sigma_p^2 = \sigma_g^2 + \sigma_e^2 \tag{7-14}$$

把遗传型方差σ_g^2和表现型方差σ_p^2的比值称为遗传力，记作h^2。

$$h^2 = \frac{\sigma_g^2}{\sigma_g^2 + \sigma_e^2} = \frac{\sigma_g^2}{\sigma_p^2} \tag{7-15}$$

h^2用以作为由表现型估计遗传型的可靠程度的测度。

同时，定义遗传型相对变异度——遗传变异系数(gcv)为

$$gcv\% = \frac{\sigma_g}{\mu} \times 100 \tag{7-16}$$

$gcv\%$的大小说明该性状遗传型变异的相对大小，$gcv\%$愈大，选得优良遗传型的潜力愈大；反之，若$gcv\% = 0$，则选择将无效果，这个指标可作为育种工作的参考。更进一步的内容，属于数量遗传学的范围，因此不再做进一步的讨论。

7.4 处理平均数间的多重比较

当 F 值显著,否定了无效假设 H_0,表明试验的总变异主要来源于处理间的变异,试验中各处理平均数间存在显著差异,但并不意味着任意两个处理平均数间的差异都显著,也不能具体说明哪些处理平均数间有显著差异,哪些差异不显著,但至少有两个平均数之间有显著差异。因此,还应进一步对各处理平均数 μ_i 两两之间的差异进行显著性检验,以判断处理平均数间的差异显著性。把多个平均数两两间的相互比较称为多重比较。

多重比较的方法很多,常用的方法有 Fisher 最小显著差数法、Turkey 固定极差法、Dunnet 最小显著差数法和 Duncan 新复极差法,现分别介绍如下。

7.4.1 Fisher 最小显著差数法

Fisher 最小显著差数法(LSD 法)的基本做法是:在 F 检验显著的前提下,先计算显著水平为 α 的最小显著差数 LSD_α,然后将任意两个处理平均数的差数的绝对值 $|\bar{y}_{i.} - \bar{y}_{j.}|$ 与其比较。若 $|\bar{y}_{i.} - \bar{y}_{j.}| \geq LSD_\alpha$ 时,则 $\bar{y}_{i.}$ 与 $\bar{y}_{j.}$ 在 α 水平上差异显著;反之,则在 α 水平上差异不显著。最小显著差数由式(7-17)计算。

$$LSD_\alpha = t_\alpha(DF_e) S_{\bar{y}_{i.} - \bar{y}_{j.}} \tag{7-17}$$

式中,$t_\alpha(DF_e)$ 为在 F 检验中误差自由度 DF_e 下,显著水平为 α 的临界 t 值;$S_{\bar{y}_{i.} - \bar{y}_{j.}}$ 为均数差数标准误,由式(7-18)算得。

$$S_{\bar{y}_{i.} - \bar{y}_{j.}} = \sqrt{2MS_e/n} \tag{7-18}$$

式中,MS_e 为 F 检验中的误差均方;n 为各处理的重复数。

当显著水平 $\alpha = 0.05$ 时,从附表 t 临界值表中查出 $t_\alpha(DF_e)$ 的值,代入式(7-17)得:

$$LSD_{0.05} = t_{0.05}(DF_e) S_{\bar{y}_{i.} - \bar{y}_{j.}} \tag{7-19}$$

利用 LSD 法进行多重比较时,可按如下步骤进行:
①列出平均数的多重比较表,比较表中各处理按其平均数从大到小自上而下排列。
②计算最小显著差数 LSD_α。
③将平均数多重比较表中两两平均数的差数与 LSD_α 比较,作出统计推断。

表 7-5　6 个品种平均产量的多重比较表(LSD 法)

处理	平均数 $\bar{y}_{i.}$	$\bar{y}_{i.} - 33.00$	$\bar{y}_{i.} - 33.50$	$\bar{y}_{i.} - 39.25$	$\bar{y}_{i.} - 40.00$	$\bar{y}_{i.} - 45.00$
A_1	52.75	19.75*	19.25*	13.5*	12.75*	7.75*
A_4	45.00	12.00*	11.50*	5.75*	5.00*	
A_6	40.00	7.00*	6.50*	0.75		
A_2	39.25	6.25*	5.75*			
A_5	33.50	0.50				
A_3	33.00					

对于例 7.1,各处理(品种)平均数的多重比较见表 7-5。
因为 $S_{\bar{y}_{i.} - \bar{y}_{j.}} = \sqrt{2MS_e/n} = \sqrt{2 \times 8.81/4} = 2.0988$,查 t 值表得:$t_{0.05}(DF_e) = t_{0.05}(18) =$

2.101,所以显著水平 $\alpha = 0.05$ 的最小显著差数为

$$LSD_{0.05} = t_{0.05}(DF_e)S_{\bar{y}_{i.}-\bar{y}_{j.}} = 2.101 \times 2.0988 = 4.41$$

将表7-5中的15个差数与 $LSD_{0.05} = 4.41$ 比较：小于4.41者不显著，大于等于4.41者显著，在差数的右上方标记"*"。检验结果除品种 A_6 与 A_2 的平均产量的差0.75、品种 A_5 与 A_3 的平均产量的差0.50不显著外，其余两两品种的平均产量都有显著差异。由表7-5知，品种 A_1 的平均产量最高，品种 A_3 的平均产量最低；品种 A_1 的平均产量显著地高于其他品种的平均产量；品种 A_4 的平均产量显著地高于品种 A_6、A_2、A_5 和 A_3；品种 A_6 的平均产量显著地高于品种 A_5 和 A_3，但与 A_2 无显著差异；品种 A_2 的平均产量显著地高于品种 A_5 和 A_3；而 A_5 和 A_3 的平均产量无显著差异。

7.4.2　Tukey固定极差法

Tukey(1949年)给出了各平均数之间进行多重比较的T法，又称Tukey固定极差法。其基本做法与LSD法类似，在F检验显著的前提下，先计算显著水平为 α 的最小显著差数 TFR_α，然后将任意两个处理平均数的差数的绝对值 $|\bar{y}_{i.} - \bar{y}_{j.}|$ 与其比较。若 $|\bar{y}_{i.} - \bar{y}_{j.}| \geq T_\alpha$ 时，则 $\bar{y}_{i.}$ 与 $\bar{y}_{j.}$ 在 α 水平上差异显著；反之，则在 α 水平上差异不显著。最小显著差数由式(7-20)计算。

$$TFR_\alpha = q_\alpha(k, DF_e)S_{\bar{y}} \tag{7-20}$$

式中，$q_\alpha(k, DF_e)$ 为显著水平为 α，具有 k、DF_e 个自由度的极差统计数的临界 q 值，k 为处理数(比较的平均数个数)；DF_e 为F检验中误差自由度；$S_{\bar{y}}$ 为平均数的标准误，由式(7-21)算得。

$$S_{\bar{y}} = \sqrt{\frac{MS_e}{n}} \tag{7-21}$$

式中，MS_e 为F检验中的误差均方；n 为各处理的重复数。

利用Tukey法进行多重比较时，其步骤与LSD法类似，我们对例7.1用Tukey法进行多重比较。

在例7.1中，因为 $k=6$, $n=4$, $DF_e=18$, $MS_e=8.81$，取显著水平 $\alpha=0.05$，查 t-化极差多重比较 q 值表得 $q_{0.05}(6,18) = 4.49$, $S_{\bar{y}} = \sqrt{MS_e/n} = \sqrt{8.81/4} = 1.484$，所以最小显著差数为

$$TFR_\alpha = q_\alpha(k, DF_e)S_{\bar{y}} = 4.49 \times 1.484 = 6.66$$

比较结果列于表7-6。由表7-6可以看出，品种 A_1 的平均产量与其他5个品种有显著差异；品种 A_4 的平均产量与品种 A_5 和 A_3 有显著差异；品种 A_6 的平均产量与 A_3 有显著差异；其他品种之间均无显著差异。

表 7-6 六个品种平均产量的多重比较表(Tukey 法)

处理	平均数 $\bar{y}_{i\cdot}$	$\bar{y}_{i\cdot}-33.00$	$\bar{y}_{i\cdot}-33.50$	$\bar{y}_{i\cdot}-39.25$	$\bar{y}_{i\cdot}-40.00$	$\bar{y}_{i\cdot}-45.00$
A_1	52.75	19.75*	19.25*	13.5*	12.75*	7.75*
A_4	45.00	12.00*	11.50*	5.75	5.00	
A_6	40.00	7.00*	6.50	0.75		
A_2	39.25	6.25	5.75			
A_5	33.50	0.50				
A_3	33.00					

7.4.3 Dunnett 最小显著差数法

在很多试验中，因素各水平间的地位不是完全平等的，往往以其中一个水平作为比较其余水平效应好坏的标准。如例 7.1 中的 A_6 是国外引进的品种，其他 5 个品种是我国自行培育的，试验者关心的是 5 个品种与第 6 个品种产量的比较。第 6 个品种就成了试验中用来比较好坏的标准。在农业品种试验、食品试验、药物试验和工业的工艺流程试验中，一般都设有标准水平。这样一类试验成为设有标准水平(对照)的比较试验。

Dunnett(1964) 给出了各平均数与对照进行多重比较的方法，称之为 Dunnett 最小显著差数法。其基本做法与上述两法类似，在 F 检验显著的前提下，先计算显著水平为 α 的最小显著差数 $DLSD_\alpha$，然后将每个水平(处理)平均数 $\bar{y}_{i\cdot}$ 与对照处理平均数 $\bar{y}_{j\cdot}$ 之差的绝对值 $|\bar{y}_{i\cdot}-\bar{y}_{j\cdot}|$ 与其比较。若 $|\bar{y}_{i\cdot}-\bar{y}_{j\cdot}|\geq DLSD_\alpha$ 时，则 $\bar{y}_{i\cdot}$ 与 $\bar{y}_{j\cdot}$ 在 α 水平上差异显著；反之，则在 α 水平上差异不显著。最小显著差数由式(7-22)计算。

$$DLSD_\alpha = Dt_\alpha(k-1,DF_e)S_{\bar{y}_{i\cdot}-\bar{y}_{j\cdot}} \tag{7-22}$$

当给定显著水平为 $\alpha=0.05$ 或 0.01 时，查附表中的临界值表 $Dt_\alpha(k-1,DF_e)$ 即可，其中 $k-1$、DF_e 是该表的两个自由度。k 为处理(水平)总个数，DF_e 为 F 检验中误差自由度，$S_{\bar{y}_{i\cdot}-\bar{y}_{j\cdot}}$ 为均数差数标准误，由式(7-23)算得。

$$S_{\bar{y}_{i\cdot}-\bar{y}_{j\cdot}} = \sqrt{2MS_e/n} \tag{7-23}$$

式中，MS_e 为 F 检验中的误差均方；n 为各处理的重复数。

利用 Dunnett 法进行多重比较时，其步骤与上述两种方法类似，我们对例 7.1 用 Dunnett 法进行多重比较，设 A_6 为对照品种。

在例 7.1 中，因为 $k=6$，$n=4$，$DF_e=18$，$MS_e=8.81$，取显著水平 $\alpha=0.05$，查双侧 Dunnett 多重比较表得 $Dt_{0.05}(5,18)=2.76$，$S_{\bar{y}_{i\cdot}-\bar{y}_{j\cdot}}=\sqrt{2MS_e/n}=\sqrt{2\times8.81/4}=2.0989$，所以 Dunnett 最小显著差数为

$$DLSD_\alpha = Dt_\alpha(k-1,DF_e)S_{\bar{y}_{i\cdot}-\bar{y}_{j\cdot}} = 2.76\times2.0989=5.79$$

由表 7-7 可以看出，品种 A_1 的平均产量显著地高于对照品种 A_6；品种 A_5 和 A_3 的平均产量显著地低于对照品种 A_6；品种 A_4 和 A_2 的平均产量与对照品种 A_6 无显著差异。

表 7-7 品种 $A_1 \sim A_5$ 与对照品种 A_6 的平均产量多重比较表(Dunnett 法)

比较	平均数之差 $\bar{y}_{i.} - \bar{y}_{6.}$	平均数之差的绝对值 $|\bar{y}_{i.} - \bar{y}_{6.}|$
$A_1 - A_6$	12.75	12.75*
$A_4 - A_6$	5.00	5.00
$A_2 - A_6$	-0.75	0.75
$A_5 - A_6$	-6.50	6.50*
$A_3 - A_6$	-7.00	7.00*

7.4.4 Duncan 新复极差法

Duncan 新复极差检验(new multiple range test)是最小显著极差法的一种,用 LSR(least significant range)表示,是由邓肯(Duncan)于 1955 年提出的,又称为 Duncan 法,也称为 SSR 法(the shortest significant range method)。前述三种方法有一个共同特点,即每两个样本平均数间比较时均采用相同的显著性标准,而 Duncan 新复极差检验考虑了参与比较的样本平均数的个数,两样本平均数差异达到显著的标准依相比较的平均数间包含的平均数的个数而异,是一个可以变化的标准。其基本做法是在 F 检验显著的前提下,将各处理平均数按照从大到小的顺序排列,依据参与比较的两个处理平均数间包含的平均数个数不同计算显著水平为 □ 的最小显著极差 LSR,然后将参与比较的两个处理平均数的差数的绝对值 $|\bar{y}_{i.} - \bar{y}_{j.}|$ 与其比较。若 $|\bar{y}_{i.} - \bar{y}_{j.}| \geq LSR_\alpha$ 时,则两个处理间在 α 水平上差异显著;反之,则在 α 水平上差异不显著。最小显著极差由式(7-24)计算。

$$LSR = SE \cdot SSR \tag{7-24}$$

式中,SSR 为显著水平为 α,参与比较的两个平均数间包含的平均数个数为 $P(P = 2 \sim k)$ 及 DFe 个自由度时的极差统计数的临界值,k 为处理数(比较的平均数的个数),DFe 为 F 检验中误差自由度;SE 为样本平均数的标准误,由式(7-21)算得。下面我们对例 7.1 用 Duncan 新复极差法进行多重比较。

例 7.1 中,$k = 6$,$n = 4$,$DFe = 18$,$MSe = 8.81$,$SE = \sqrt{MSe/n} = \sqrt{8.81/4} = 1.484$;查附表 7a 和附表 7b 得 $P = 2, 3, 4, 5, 6$ 的 $SSR_{0.05}$ 和 $SSR_{0.01}$ 值,并进一步计算 $LSR_{0.05}$ 和 $LSR_{0.01}$ 值,结果列于表 7-8。

表 7-8 例 7.1 资料中 6 个品种平均产量多重比较的 LSR 值(SSR 法)

P	2	3	4	5	6
$SSR_{0.05}$	2.97	3.12	3.21	3.27	3.32
$SSR_{0.01}$	4.07	4.25	4.36	4.44	4.51
$LSR_{0.05}$	4.41	4.63	4.76	4.85	4.93
$LSR_{0.01}$	6.04	6.31	6.47	6.59	6.69

比较结果列于表 7-9。由表 7-9 可以看出,品种 A_1 的平均产量与其他 5 个品种间有极显著差异;品种 A_4 与品种 A_5 和 A_3 之间有极显著差异,与品种 A_2 和 A_6 之间有显著差异;品种 A_6 的平均产量与 A_3 之间有极显著差异,与品种 A_5 之间有显著差异,与品种 A_2 之间

无显著差异；品种 A_2 与品种 A_3 和 A_5 之间有显著差异；品种 A_3 和 A_5 之间无显著差异。

表 7-9　6 个品种平均产量的多重比较结果（SSR 法）

处理	平均数 $\bar{y}_{i.}$	$\bar{y}_{i.}-33.00$	$\bar{y}_{i.}-33.50$	$\bar{y}_{i.}-39.25$	$\bar{y}_{i.}-40.00$	$\bar{y}_{i.}-45.00$
A_1	52.75	19.75**	19.25**	13.50**	12.75**	7.75**
A_4	45.00	12.00**	11.50**	5.75*	5.00*	
A_6	40.00	7.00**	6.50**	0.75		
A_2	39.25	6.25*	5.75*			
A_5	33.50	0.50				
A_3	33.00					

对以上 4 种多重比较方法，需要说明以下几点：

(1) 4 种方法的比较

比较表 7-5 与表 7-6 可以看出，用 LSD 法检验显著的，用 Tukey 法就不一定显著。这是因为 $TFR_{0.05}=6.66>LSD_{0.05}=4.41$，所以，Tukey 法比 LSD 法"严"。如果我们仅看品种 A_6 与其他 5 个品种的比较可以看出，5 个比较结果中，用 LSD 法有 4 个显著，用 Tukey 法有 2 个显著，用 Dunnett 法有 3 个显著。这表明 4 种方法中 LSD 法最"松"，Tukey 法最"严"。事实上，$TFR_\alpha \geqslant DLSD_\alpha \geqslant LSD_\alpha$。对一个试验资料，究竟采用哪种多重比较方法，主要根据实际情况而定。

(2) 处理重复数不等时 n 的估计

当各处理重复数不等时，为简便起见，无论采取哪一种多重比较方法，可用式 (7-25) 计算出一个各处理平均的重复数 n_0，以代替计算 $S_{\bar{y}_{i.}-\bar{y}_{j.}}$ 或 SE 所需的 n。

$$n_0 = \frac{1}{k-1}\left[\sum_{i=1}^{k} n_i - \frac{\sum_{i=1}^{k} n_i^2}{\sum_{i=1}^{k} n_i}\right] \tag{7-25}$$

式中，k 为试验的处理数；$n_i(i=1,2,\cdots,k)$ 为第 i 个处理的重复数。

(3) 多重比较结果的表示方法

各平均数经多重比较后，应以简明的形式将结果表示出来，常用的表示方法有以下两种。

①三角形法。此法是将多重比较结果直接标记在平均数多重比较表上，其形式见表 7-5。由于在多重比较表中各个平均数差数构成一个三角形矩阵，所以称为三角形法。此法的优点是简便直观，缺点是占的篇幅较大。

②标记字母法。此法是先将各处理平均数由大到小自上而下排列；然后在最大平均数后标记字母 a，并将该平均数与以下各平均数依次相比，凡差异不显著标记同一字母 a，直到某一个与其差异显著的平均数标记字母 b；再以标有字母 b 的平均数为标准，与上方比它大的各个平均数比较，凡差异不显著一律再加标 b，直至显著为止；再以标记有字母 b 的最大平均数为标准，与下面各未标记字母的平均数相比，凡差异不显著，继续标记字母 b，直至某一个与其差异显著的平均数标记 c；…；如此重复下去，直至最小一个平均数被标

记比较完毕为止。这样，任意两个平均数间，若至少有一个字母相同，则这两个平均数间差异不显著；否则，若无任何相同字母即为差异显著。一般用小写拉丁字母表示显著水平 $\alpha = 0.05$，用大写拉丁字母表示显著水平 $\alpha = 0.01$。在利用字母标记法表示多重比较结果时，常在三角形法的基础上进行。此法的优点是占篇幅小，许多统计软件中的多重比较输出格式是该标记方式，也是科技文献中常用的方法。

对于例 7.1，现根据表 7-6 所表示的多重比较结果，用字母标记法进行标记，结果见表 7-10。

在表 7-10 中，先将各处理平均数由大到小自上而下排列。先在平均数 52.75 行上标记字母 a，由于 52.75 与 45.00 之差为 7.75，差异显著，所以在平均数 45.00 行上标记字母 b；然后以标记字母 b 的平均数 45.00 与其下方的平均数 40.00 比较，差数为 5.00，差异不显著，所以在平均数 40.00 行上标记字母 b；再将平均数 45.00 与平均数 39.25 比较，差数为 5.75，差异不显著，所以在平均数 39.25 行上标记字母 b；再将平均数 45.00 与平均数 33.50 比较，差数为 11.50，差异显著，所以在平均数 33.50 行上标记字母 c；将平均数 33.50 与平均数 39.25 比较，差数为 5.75，差异不显著，所以在平均数 39.25 行上标记字母 c；再将平均数 33.50 与平均数 40.00 比较，差数为 6.50，差异不显著，所以在平均数 40.00 行上标记字母 c；再将平均数 33.50 与平均数 45.00 比较，差数为 11.50，差异显著；然后再将平均数 40.00 与平均数 33.00 比较，差数为 7.00，差异显著，所以在平均数 33.00 行上标记字母 d；将平均数 33.00 与平均数 33.50 比较，差数为 0.50，差异不显著，所以在平均数 33.50 行上标记字母 d；再将平均数 33.00 与平均数 39.25 比较，差数为 6.25，差异不显著，所以在平均数 39.25 行上标记字母 d；再将平均数 33.00 与平均数 40.00 比较，差数为 7.00，差异显著。至此，所有平均数已被标记比较完毕。

应当注意，多重比较结果无论采用什么方法表示，都应注明采用的多重比较法。

表 7-10 多重比较结果的字母标记（Tukey 法）

处理	平均数 $\bar{y}_i$	$\alpha = 0.05$
A_1	52.75	a
A_4	45.00	b
A_6	40.00	bc
A_2	39.25	bcd
A_5	33.50	cd
A_3	33.00	d

7.5 处理平均数间的单一自由度比较

为说明单一自由度比较的意义和计算方法，先讨论下面的例子。

【例 7.2】 假设某一小麦施肥试验，设置 5 个处理，A_1 为对照不施肥，A_2 和 A_3 分别为开沟深施尿素和碳酸氢铵，A_4 和 A_5 分别撒施尿素和碳酸氢铵。每处理重复 4 次，完全随机设计，共 20 个试验小区，每小区施肥处理的施肥量（折合纯氮）相等，其产量（kg/小区)结果列于表7-11。

表7-11 小麦施肥试验的产量结果

处理	观察值(y_{ij})				合计 y_i	平均 $\bar{y}_i$
A_1	27	25	28	25	105	26.25
A_2	39	38	40	36	153	38.25
A_3	36	33	30	35	134	33.50
A_4	29	34	34	31	128	32.00
A_5	31	33	26	28	118	29.50

这是一个单因素试验,其中 $k=5$, $n=4$,按照前面介绍的方法进行方差分析(计算过程略),可以得到方差分析表(表7-12)。

表7-12 小麦施肥试验方差分析表

变异来源	平方和 SS	自由度 DF	均方 MS	F 值
处理间	322.3	4	80.58	14.47*
处理内	83.5	15	5.57	
总变异	405.8	19		

对于例7.2资料,试验者可能对下述问题感兴趣:

(1)不施肥与施肥(即 A_1 与 $A_2 + A_3 + A_4 + A_5$)。

(2)开沟深施与撒施(即 $A_2 + A_3$ 与 $A_4 + A_5$)。

(3)深施尿素 A_2 与深施碳酸氢铵 A_3(即 A_2 与 A_3)。

(4)撒施尿素 A_4 与撒施碳酸氢铵 A_5(即 A_4 与 A_5)。

相比结果如何?

显然,用前述多重比较方法是无法回答或不能很好地回答这些问题。如果事先按照一定的原则设计好($k-1$)个正交比较,将处理间平方和根据设计要求剖分成具有特定意义的各具一个自由度的比较项,然后用 F 检验(此时 $DF_1 = 1$, $DF_2 = DF_e$)或 t 检验(此时自由度 $DF = DF_e$)便可回答上述问题。这就是单一自由度的正交比较,也叫单一自由度的独立比较。单一自由度的比较有成组比较和趋势比较两种情况,在此仅讨论成组比较。对例7.2 的上述4个问题,就成组比较方法予以讨论。

首先将表7-11各处理的总产量列于表7-13,然后写出各预定比较的正交系数 C_{ij}($i = 1, 2, \cdots, k-1$; $j = 1, 2, \cdots, k$)。

表7-13 单一自由度比较的正交系数和平方和的计算

比较	各处理总产量					D_i	$\sum_{j=1}^{k} C_{ij}^2$	SS_i
	A_1 105	A_2 153	A_3 134	A_4 128	A_5 118			
A_1 与 $A_2 + A_3 + A_4 + A_5$	+4	−1	−1	−1	−1	−113	20	159.61
$A_2 + A_3$ 与 $A_4 + A_5$	0	+1	+1	−1	−1	41	4	105.06
A_2 与 A_3	0	+1	−1	0	0	19	2	45.13
A_4 与 A_5	0	0	0	+1	−1	10	2	12.50

表7-13中各比较项的正交系数是按下述规则计算的:

(1)如果比较的两个组包含的处理数目相等,则把系数+1分配给一个组的各处理,

把系数 -1 分配给另一组的各处理,至于哪一组取正号无关紧要。如 $A_2 + A_3$ 与 $A_4 + A_5$ 两组比较,A_2、A_3 两处理各记系数 $+1$,A_4、A_5 两处理各记系数 -1。

(2)如果比较的两个组包含的处理数目不相等,则分配到第一组的每个系数等于第二组的处理数;而分配到第二组的每个系数等于第一组的处理数,但符号相反。如 A_1 与 $A_2 + A_3 + A_4 + A_5$ 的比较,第一组只有 1 个处理,第二组有 4 个处理,故分配给 A_1 处理的系数为 $+4$,而分配给处理 A_2、A_3、A_4、A_5 的系数为 -1。又如,假设在 5 个处理中,前 2 个处理与后 3 个处理比较,其系数应是 $+3$、$+3$、-2、-2、-2。

(3)把系数约简成最小整数。例如,2 个处理为一组与 4 个处理为一组比较,依照规则(2)有系数 $+4$、$+4$、-2、-2、-2、-2,这些系数应约简成 $+2$、$+2$、-1、-1、-1、-1。

(4)有时,一个比较可能是另两个比较互作的结果。此时,这一比较的系数可用该两个比较的相应系数相乘求得。如包含 4 个处理的品种密度试验中,两个品种(B_1,B_2)和两种密度(F_1,F_2),其比较举例见表 7-14。

表 7-14 中第 1 行和第 2 行的系数是按照规则(1)得到的,第 3 行互作的系数则是第 1、2 行系数相乘的结果。

表 7-14 两个比较互作系数的确定

比　　较	B_1F_1	B_1F_2	B_2F_1	B_2F_2
品种间(B)	-1	-1	$+1$	$+1$
密度间(F)	-1	$+1$	-1	$+1$
B×F 间	$+1$	-1	-1	$+1$

各个比较的正交系数确定后,便可获得每一比较的总和数 D_i,其通式为:

$$D_i = \sum_{j=1}^{k} C_{ij} y_j \tag{7-26}$$

式中,C_{ij} 为正交系数,y_j 为第 j 处理的总和。这样表 7-13 中各比较的 D_i 为:

$D_1 = 4 \times 105 - 1 \times 153 - 1 \times 134 - 1 \times 128 - 1 \times 118 = -113$

$D_2 = 1 \times 153 + 1 \times 134 - 1 \times 128 - 1 \times 118 = 41$

$D_3 = 1 \times 153 - 1 \times 134 = 19$

$D_4 = 1 \times 128 - 1 \times 118 = 10$

从而可求得各比较的平方和 SS_i:

$$SS_i = D_i^2 / \left(n \sum_{j=1}^{k} C_{ij}^2 \right) \tag{7-27}$$

式中,n 为各处理的重复数,本例 $n = 4$。对第一个比较:

$$SS_1 = \frac{(-113)^2}{4[4^2 + (-1)^2 + (-1)^2 + (-1)^2 + (-1)^2]} = \frac{(-113)^2}{4 \times 20} = 159.61$$

同理,可计算出 $SS_2 = 105.06$,$SS_3 = 45.13$,$SS_4 = 12.50$。计算结果列入表 7-15 中。

这里注意到,$SS_1 + SS_2 + SS_3 + SS_4 = 322.3$,正是表 7-12 中处理间平方和 SS_t。这说明,利用上面的方法我们已将表 7-12 处理间具 4 个自由度的平方和再度分解为各具一个自由度的 4 个正交比较的平方和。因此,得到单一自由度比较的方差分析表(见表 7-15)。

表 7-15 单一自由度比较的方差分析

变异来源	平方和 SS	自由度 DF	均方 MS	F 值
处理间	322.30	4	80.58	14.47*
不施肥与施肥	159.61	1	159.61	28.66*
开沟深施与撒施	105.06	1	105.06	18.86*
深施尿素 A_2 与深施碳酸氢氨 A_3	45.13	1	45.13	8.10*
撒施尿素 A_4 与撒施碳酸氢氨 A_5	12.50	1	12.50	2.24
误 差	83.5	15	5.57	
总变异	405.8	19		

将表 7-15 中各个比较的均方与误差均方 MSe 相比,得到 F 值:
$F_1 = 159.61/5.57 = 28.66$,$F_2 = 105.06/5.57 = 18.86$
$F_3 = 45.13/5.57 = 8.10$,$F_4 = 12.50/5.57 = 2.24$

查 F 临界值表,$DF_1 = 1$,$DF_2 = 15$ 时,$F_{0.05}(1,15) = 4.54$。所以,对这一试验的上述 4 个比较,有 3 个差异显著,有 1 个差异不显著。

正确进行单一自由度比较的关键是正确确定比较的内容和正确构造比较的正交系数。在具体实施时应注意以下 3 个条件:

①设有 k 个处理,比较的数目最多能安排 $k-1$ 个。若进行单一自由度比较,则比较数目必须为 $k-1$,以使每一比较项有且仅有一个自由度。

②每一比较的系数之和必须为零,即 $\sum_{j=1}^{k} C_{ij} = 0$,以使每一比较都是均衡的。

③任两个比较项的相应系数乘积之和必须为零,即 $\sum_{j=1}^{k} C_{ij}C_{mj} = 0, (i \neq m)$,以保证 SS_t 的独立分解。

对于条件②,只要遵照上述确定比较项系数的 4 条规则即可。对于条件③,主要是在确定比较内容时,若某一处理(或处理组)已经和其余处理(或处理组)作过一次比较,则该处理(或处理组)就不能再参加另外的比较。否则就会破坏③这一条件。只要同时满足了②、③两个条件,就能保证所实施的比较是正交的,因而也是独立的。若这样的比较有 $k-1$ 个,就是正确地进行了一次单一自由度的比较。

单一自由度比较的优点在于:

①它能给人们解答有关处理效应的一些特殊问题。处理有多少个自由度,就能解答多少个独立的问题,不过这些问题应在试验设计时就要计划好。

②计算简单。

③对处理间平方和提供了一个有用的核对方法。即单一自由度的平方和累加起来应等于被分解的处理间平方和。否则,不是计算有误,就是分解并非独立。

7.6 数据转换

7.6.1 方差分析的基本假定

进行方差分析所依据的假定如下：

(1) 效应的线性可加性

对单因素随机设计来说，其线性可加模型为

$$y_{ij} = \bar{y}_{..} + t_i + e_{ij}$$

即任何一个试验单元的试验数据均由总平均数＋处理效应＋误差项构成。单因素随机区组设计的线性可加模型为

$$y_{ij} = \bar{y}_{..} + t_i + b_j + e_{ij}$$

这就是说，任何一个试验单元的试验数据均由总平均数＋处理效应＋区组效应＋误差项构成。正是由于效应的可加性，才有了样本平方和的可加性，亦即有了试验观测值总平方和的分解。如果试验资料不具备这一性质，那么试验数据的总变异按照变异原因的分解将失去根据。例如，当衡量试验效应的量为对照处理的倍数或百分率时，则各处理的效应是一乘积模型。表7-16的数据给出一个假设的可加性与可乘性的例子。

表7-16 可加模型与可乘模型的比较

处理	可加性		可乘性		log化可乘性为可加性	
	1	2	1	2	1	2
处理1	10	20	10	20	1.00	1.30
处理2	30	40	30	60	1.48	1.78

可加模型表示从处理1到处理2增加的量为一固定量20，不论区组如何，同样从区组1到区组2增加的量亦为固定量10；可乘模型表示从处理1到处理2增加的量为一固定比率3倍，不论区组如何，从区组1到区组2增加的量亦为固定比率2倍，将可乘模型取以10为底的对数，便转换成可加模型。

(2) 试验误差的随机独立正态性

试验误差 e_{ij} 是随机的、彼此独立的，具有均值为零的正态分布。在 F 检验中，假定 k 个处理的观察值是来自 k 个正态总体的简单随机样本，因此在试验设计中，采用随机的方法安排试验处理，而不用顺序的方法，目的是获得无偏的试验误差估计，以便进行方差分析。如果随机误差不服从正态分布，需要将观察值进行反正弦变换转换或平方根转换。如观察值是间断性且服从二项分布或泊松分布，均需要作数据变换才能进行方差分析。

(3) 误差方差的同质性

由于方差分析是在若干样本之间进行比较，我们总是假定各处理的误差方差是相等的，都服从 $N(0, \sigma^2)$ 的正态分布，这就是误差的同质性。

上述三点简单地说就是：效应线性可加，误差独立同分布 $N(0, \sigma^2)$。这是进行方差分析的基本前提或基本假定。如果在分差分析前发现有某些异常的观测值，在不影响分析

正确性的条件下应加以删除。但是，有些资料就其性质来说就不符合方差分析的基本假定。其中最常见的一种情况是处理平均数和均方有一定关系（如二项分布资料，平均数为 np，均方为 $np(1-p)$；泊松分布资料的平均数与方差相等）。对这类资料不能直接进行方差分析，因此可考虑采用非参数统计方法分析或进行适当数据转换后再作方差分析。这里我们介绍几种常用的数据转换方法。

7.6.2 数据转换的方法

（1）平方根转换

此法适用于平均数与其均方之间有某种比例关系的资料，尤其适用于总体呈泊松分布的资料。转换方法是求原始数据 y 的平方根 $\sqrt{y}$。若原始观察值中有为 0 的数或多数观测值比较小，则把原始数据变换成 $\sqrt{y+1}$，这对于稳定均方，使方差符合同质性的作用更明显。该变换也有利于满足效应加性和正态性的要求。

（2）对数转换

如果原始数据表现的效应为可乘性或非相加性，同时标准差或全距与其平均数大体成比例，则将原始数据进行对数变换（$\lg y$ 或 $\ln y$）后，可以使效应由可乘性变成可加性，而且使方差变成比较一致。如果原数据包括有 0，可以采用 $\lg(y+1)$ 变换的方法。

（3）反正弦转换

反正弦转换也称角度转换。此法适用于服从二项分布的资料，如发病率、感染率、病死率、受胎率等。转换的方法是求出每个原始数据（用百分数或小数表示）的反正弦 $\sin^{-1}\sqrt{p}$。二项分布的特点是其方差与平均数相关。这种关系表现在，当平均数接近极端值（即接近于 0 和 100%）时，方差趋向于较小；而平均数处于中间数值附近（50%左右）时，方差趋向于较大。把数据进行反正弦变换后，接近于 0 和 100% 的数值变异程度变大，因此使方差增大，这样有利于满足方差同质性的要求。一般，若数据中的百分数介于 30%～70% 时，则数据的分布接近于正态分布，数据变换与否对分析的影响不大。

需要注意的是，在对转换后的数据进行方差分析时，若 F 检验显著，则进行平均数的多重比较应用转换后的数据进行计算，但在解释分析最终结果时，应还原为原始数据的单位。

7.6.3 转换后数据的分析

【例 7.3】 在一个发生小麦锈病的区域中调查 4 个不同品种小麦的锈病发生率，并对其进行比较。各品种小麦随机抽取 5 点，其锈病率见表 7-17。

表 7-17　四个不同品种小麦的锈病发生率

品种	锈病率 $p(\%)$					极差（R）
	1	2	3	4	5	
A	24.0	39.1	21.2	13.6	18.5	25.5
B	11.4	25.9	16.0	8.4	13.1	17.5
C	5.7	11.7	7.7	2.3	3.5	9.4
D	3.6	5.0	1.5	2.2	0.2	4.8

解：表 7-17 中的 p 值绝大部分小于 30%，且从极差可以看出这四个品种的变异幅度极不整齐——方差不齐，不能直接进行方差分析，应进行反正弦变换，用变换后的数据进行方差分析。可以直接采用相关统计软件(如 Excel)进行计算，得表 7-17 各个 p 的反正弦角度值于表 7-18。由极差(R)可以看出，经角度变换后，4 个品种之间的变异幅度已有了很大改善，基本具备了方差齐性，也说明角度变换适用于二项分布的间断性资料。

表 7-18 是等重复数的单因素随机设计的数据，对其进行方差分析($\alpha=0.05$)得表 7-19 和多重比较(Tukey 法)表 7-20。

$$TFR_\alpha = q_\alpha(k, DF_e) S_{\bar{y}} = q_{0.05}(4, 19) \sqrt{25.72/5} = 9.18。$$

表 7-18　四个不同品种小麦的锈病发生率的反正弦转换

品　种	锈病率 p(%)					极差(R)
	1	2	3	4	5	
A	29.3	38.7	27.4	21.6	25.5	17.1
B	19.7	30.6	23.6	16.8	21.2	13.8
C	13.8	20.0	16.1	8.7	10.8	11.3
D	10.9	12.9	7.0	8.5	2.6	10.3

表 7-19　锈病率的反正弦转换数据方差分析表

变异来源	平方和 SS	自由度 DF	均方 MS	F 值
处理间	1193.14	3	397.71	15.46*
处理内	411.50	16	25.72	
总变异	1604.64	19		

表 7-20　不同品种锈病率比较结果(Tukey 法)

处　理	平均数	$\alpha=0.05$	平均数的反转换为(%)
A	28.51	a	22.8
B	22.39	ab	14.5
C	13.89	bc	5.8
D	8.40	c	2.1

将各反正弦平均数转换为百分数(表 7-20 的第 4 列)可以看出，品种 D 的锈病率显著的低于品种 A 和 B 的锈病率，分别低 20.7% 和 12.4%，但与品种 C 差异不显著。

例 7.3 仅对反正弦转换的数据进行了方差分析，对用其他方法转换后数据的分析与反正弦转换数据的分析类似，这里不再重复。

在实际中，一般情况下连续性试验数据满足方差分析的基本假定，无需转换。当间断性数据或百分率数据不满足基本假定时，可以适当选择上述 3 种数据转换方法之一对数据进行转换，以满足或近似满足方差分析的基本假定。假若数据转换仍不能满足基本假定，可考虑用非参数统计或稳健统计。

小　结

本章重点讨论了以下几个问题。

（1）针对一种方式分组(单因素完全随机设计)资料，详细讨论了方差分析的基本原理和步骤。我们从 k 个处理 n 次重复的完全随机设计试验结果出发，分析 k 个处理平均数间是否存在显著差异。其分析步骤是：首先，分解平方和及自由度。其次，是计算均方、F 值及显著性检验。当 $F \geqslant F_\alpha(k-1, nk-k)$ 时，在显著水平 α 下，不同处理间平均值差异显著；否则不同处理间平均值差异不显著。

（2）讨论了方差分析的线性可加数学模型及期望均方。当处理效应为常数(固定值)时称为固定模型；当其为随机变数时称为随机模型。

（3）处理平均数间的多重比较。当方差分析 F 检验显著，即处理平均数间存在显著差异时，要对处理平均数两两之间进行相互比较，即多重比较。主要讨论了 Fisher 最小显著差数法、Turkey 固定极差法和 Dunnett 最小显著差数法。将任意两个处理平均数差数的绝对值与差数临界值做比较。若大于差数临界值，则这两个处理在 α 水平上差异显著，否则差异不显著。3 种方法的最小显著差数之间的关系是 $T_\alpha \geqslant D_\alpha \geqslant LSD_\alpha$。

（4）处理平均数间的单一自由度比较。处理有多少个自由度，就可以解答多少个独立的问题，这些问题做试验前要先计划好。如果做比较的项目数和处理自由度一样多，那么比较项目的平方和相加等于处理平方和。

（5）数据转换。方差分析的基本假定是：效应线性可加，误差随机独立正态分布且等方差。当试验数据不满足基本假定时，方差分析无效，但若对数据进行适当的转换，可矫正不符合假定的数据。当平均数与标准差成直线相关而主效应表现倍增(可乘)性时，可用对数转换；对计数资料，其平均数与方差相关，用平方根转换；对百分数资料，应进行反正弦转换。

练习题

1. 方差分析的涵义是什么？平方和与自由度如何分解？如何进行 F 检验？
2. 多重比较方法有哪些？它们各有什么特点？
3. 单一自由度比较有哪些注意事项？
4. 方差分析的基本假定是什么？为什么要作数据转换？常用的数据转换方法有哪几种，各在什么条件下应用？
5. 下表为 6 个小麦品种比较试验的产量结果(kg)，完全随机设计，重复 4 次，试进行方差分析(取 $\alpha = 0.05$)。（$F = 20.87$；$LSD_{0.05} = 4.36$；$T_{0.05} = 6.59$）

品 种	观察值(重复)			
	1	2	3	4
A_1	62	66	69	61
A_2	58	67	60	63
A_3	72	66	68	70
A_4	56	58	54	60
A_5	69	72	70	74
A_6	75	78	73	76

6. 香蕉膨化试验。试验因素为温度,试验指标为膨化度。5 个处理 $A_1 \sim A_5$(分别为 100,105,110,115,120℃),3 次重复,完全随机设计,试验结果如下表,试进行方差分析(取 $\alpha = 0.05$)。($F = 135.65$; $LSD_{0.05} = 0.30$; $T_{0.05} = 0.44$)

温 度	观察值(重复)		
	1	2	3
A_1	1.38	1.36	1.03
A_2	2.81	3.15	3.23
A_3	3.61	3.57	3.32
A_4	3.96	3.83	3.71
A_5	3.92	4.09	4.04

7. 用 ER-692 型微波炉对陈大麦种子进行微波处理。处理时间分 10s,20s,…,50s。并设对照(CK),每次处理用陈大麦种子 50g,重复 3 次,得数据如下,试问微波处理对提高陈大麦种子的发芽率是否显著影响?若有显著影响再作多重比较。

提示:对数据进行反正弦转换后再分析;用 Dunnett's 最小显著差数法进行多重比较;取 $\alpha = 0.05$。($MS_e = 7.15$, $F = 32.95$, $D_{0.05} = 6.33$)

处理时间	发芽率(%)		
	1	2	3
A_1(CK)	35.3	35.3	34.4
A_2(10 秒)	39.0	38.7	41.3
A_3(20 秒)	42.7	53.7	47.0
A_4(30 秒)	30.5	36.0	39.7
A_5(40 秒)	23.3	36.7	32.7
A_6(50 秒)	9.0	12.0	7.3

8. 对 A、B、C、D 4 种食品进行质量检查,每种食品随机抽取 5 个样本,统计其不合格率获得如下结果。试对原始数据进行方差分析,再将原始数据反正弦转换后做方差分析。比较数据转换前后方差分析结果的差别(取 $\alpha = 0.05$)。(反正弦转换 $F = 3.37^*$; $LSD_{0.05} = 22.416$,原始数据 $F = 2.47$; $LSD_{0.05} = 33.20$)

食品种类	不合格率(%)				
	1	2	3	4	5
A	0.8	3.8	0.1	6.0	1.7
B	4.0	1.9	0.7	3.5	3.2
C	9.8	56.2	66.0	10.3	9.3
D	6.0	75.8	7.0	82.4	2.8

9. 为提高玉米产量，对玉米种子进行处理试验，设置 5 个处理，CK 为对照不处理，A_1 和 A_2 分别为两种不同的种子包衣方法，B_1 和 B_2 分别为两种不同的浸种方法。每处理重复 4 次，随机设计，共 20 个试验小区，其产量(kg/小区)结果列于下表。试检验采用单一自由度比较方法检验：(1)不处理与处理（即 CK 与 $A_1 + A_2 + B_1 + B_2$）；(2)种子包衣与浸种（即 $A_1 + A_2$ 与 $B_1 + B_2$）；(3)两种不同的包衣方法（即 A_1 与 A_2）；(4)两种不同的浸种方法（即 B_1 与 B_2）之间有无显著差异。($F = 8.36$；$F_1 = 12.35$，$F_2 = 10.95$，$F_3 = 4.19$，$F_4 = 5.94$)

处理方法	小区产量(kg)			
CK	30	31	28	26
A_1	45	38	40	43
A_2	40	33	37	35
B_1	29	42	38	35
B_2	31	28	26	34

第 8 章

完全随机设计与分析

8.1 概述

完全随机设计是比较常用的一种试验设计,其方法是首先根据试验处理数将全部供试材料随机地分成若干组,然后再按组给予不同的处理。每一处理的重复数可以相同也可以不同。为保证试验的完全随机性,不仅要求分组随机化,而且分组后的试验过程、各组除处理外的其他一切条件亦要求具随机性。

完全随机设计具有以下特点:

①该设计遵循重复和随机两个原则,能真实反映试验的处理效应。

②设计简便,处理数和重复数不受限制。

③统计分析简单,无论试验资料各处理重复数是否相同,均可采用检验或方差分析法进行统计分析。

④若试验材料、试验条件差异较大时,不宜采用此种设计。这是由于该种设计方法未应用"局部控制原则",试验误差较大,试验的精确性较低。

8.2 试验设计

完全随机设计的关键是先将试验材料随机分组。随机分组的方法很多,最常用的方法有随机数字表法、抽签法和微机随机化数据处理法(微机法)等,而以随机数字表法为好。因为随机数字表上所有的数字都是按随机抽样原理编制的,表中任何一个数字出现在任何一个位置都是完全随机的。随机数字表的使用请参阅相关的使用说明。此外,利用微机进行数字的随机化处理更为简便。

8.2.1 单因素试验的完全随机设计

(1) 试验设计方法与步骤

单因素试验即试验处理仅为一个方向,如研究肥料对作物产量的影响、生长素对植物苗高的影响等,试验中的肥料因素和生长素因素均为单一的试验处理。现以生长素对大豆苗高影响试验为例,简要介绍其设计方法及步骤。

①试验单元编号。设使用甲乙两种生长素各一个剂量处理大豆,每个处理种6盆,共12盆。首先将全部试验单元(12盆)随机依次编为1、2、…、12号。

②随机分组。利用微机(或随机数字表)将12个数字随机分为两组,甲组生长素的盆号为:2,5,6,8,10,12;乙组生长素的盆号为:1,3,4,7,9,11,见表8-1。

表8-1 单因素完全随机设计

处 理	盆 号					
甲生长素	2	5	6	8	10	12
乙生长素	1	3	4	7	9	11

若需分为多组(≥3组),方法同2组。在实际工作中,有时会出现各组观察值数目不等的情况,如调查某作物不同类型的若干田块,计数每块田某种害虫的虫口密度,因地块类型的不均衡性会出现各组地块数数目不等的情况。此时,对所得数据所用的统计分析方法略有不同,后面将结合例题加以说明。

(2) 单因素完全随机试验设计的应用

①单因素的盆栽试验及温室内、实验室内的试验等,应用该设计。

②若试验中获得的数据各处理重复数相等,采用重复数相等的单因素资料方差分析法分析。

③若试验中获得的数据各处理重复数不相等,则采用重复数不等的单因素资料方差分析法分析。

8.2.2 二因素试验的完全随机设计

二因素试验即试验处理分为两个方向,调查数据为两个因素的组合效应值。如研究肥料因素和土壤因素对某水稻品种产量的影响,即为二因素试验。二因素试验按水平组合的方式不同,分为交叉分组和系统分组两类。系统分组设计又称巢式设计,将在第11章作专门介绍。本章主要介绍交叉分组试验设计。设有A、B两个试验因素,A有a个水平,B有b个水平,所谓交叉分组,是指A因素的每个水平与B因素的每个水平都要碰到,两者交叉搭配形成ab个水平组合。其试验设计方法与单因素试验基本相同,只是需要把水平组合作为单因素试验中的处理即可。

8.3　单因素试验结果的分析

8.3.1　各处理观察值数目相等的资料的方差分析

设试验处理数为 k，重复数为 n，试验观察值总数为 nk。示例如下：

【例 8.1】 水稻施肥盆栽试验，设 A、B、C、D、E 5 个处理。A 和 B 为工艺流程不同的氨水，C 为碳酸氢钠，D 为尿素，E 为对照(不施肥)。每处理 4 盆，共 20 盆，随机放置于同一温室中，其稻谷产量(g/盆)列于表 8-2，试检验各处理平均数的差异显著性。

表 8-2　水稻施肥盆栽试验的产量结果

处理	观察值(g/盆)				T_t	$\bar{y}_t$
A	24	30	28	26	108	27.0
B	27	24	21	26	98	24.5
C	31	28	25	30	114	28.5
D	32	33	33	28	126	31.5
E	21	22	16	21	80	20.0
Σ					526	26.3

解：分析步骤：

(1) 自由度和平方和的分解。

总变异自由度：$DF_T = nk - 1 = 5 \times 4 - 1 = 19$

处理间自由度：$DF_t = k - 1 = 5 - 1 = 4$

误差(处理内)自由度：$DF_e = k(n-1) = 5(4-1) = 15$

矫正数：$C = \dfrac{T^2}{nk} = \dfrac{526^2}{5 \times 4} = 13833.8$

总平方和：
$$SS_T = \sum (y - \bar{y})^2 = \sum y^2 - C$$
$$= 24^2 + 30^2 + \cdots + 21^2 - C$$
$$= 402.2$$

处理间平方和：
$$SS_t = n\sum (\bar{y}_2 - \bar{y})^2 = \dfrac{\sum T_t^2}{n} - C$$
$$= \dfrac{108^2 + 98^2 + 114^2 + 126^2 + 80^2}{4} - 13833.8$$
$$= 301.2$$

误差(处理内)平方和：
$$SS_e = SS_T - SS_t = 402.2 - 301.2 = 101.0$$

(2) 列方差分析表进行 F 检验。将上述结果录入方差分析表(表 8-3)。

表 8-3　水稻施肥盆栽试验产量方差分析

变异来源	DF	SS	MS	F	$F_{0.05}$	$F_{0.01}$
处理间	4	301.2	75.30	11.19**	3.06	4.89
处理内(误差)	15	101.0	6.73			
总变异	19	402.2				

假设 H_0：$\mu_A = \mu_B = \cdots = \mu_E$；$H_A$：$\mu_A, \mu_B, \cdots, \mu_E$ 不全相等。为了检验 H_0，计算处理间均方对误差均方的比值，得：

$$F = \frac{MS_t}{MS_e} = \frac{75.30}{6.73} = 11.19$$

查 F 表，当 $DF_1 = 4$，$DF_2 = 15$ 时，$F_{0.01} = 4.89$，现得 $F = 11.9 > F_{0.01} = 4.89$，故否定 H_0，推断该试验的处理平均数间差异极显著。

(3) 多重比较。采用 Tukey 固定极差法，首先计算各个平均数的标准误：

$$S_{\bar{y}} = \sqrt{\frac{MS_e}{n}} = \sqrt{\frac{6.73}{4}} = 1.297$$

根据 $DF = 15$，$k = 5$，$\alpha = 0.05$ 时的 q_α 临界值表，得 $q_{0.05}(5, 15) = 4.37$，故有

$$TFR_{0.05} = 4.37 \times 1.297 = 5.67$$

(4) 多重比较结果表达。根据比较结果，施用氮肥(A、B、C 和 D)与不施用氮肥有显著差异；且施用尿素、碳酸氢铵、氨水 1 与不施氮肥有极显著差异；尿素与碳酸氢铵、碳酸氢铵与氨水 1、氨水 1 与氨水 2 处理间均无显著差异。结果表达采用标记字母法 (表 8-4)。

表 8-4　施肥效果的显著性(新复极差检验)

处　理	平均产量(g/盆)	5% 显著性
尿素	31.5	a
碳酸氢铵	28.5	ab
氨水 1	27.0	ab
氨水 2	24.5	bc
对照	20.0	c

8.3.2　各处理观察值数目不等的资料的方差分析

此种情况下方差分析的步骤与各处理重复数相等的情况相同，只是有关计算公式略有不同。设处理数为 k，各处理重复数为 $n_1, n_2, \cdots, n_k$，试验观察值总数为 $\sum n_t$。

【例 8.2】　某病虫测报站，调查 4 种不同类型的水稻田 28 块，每块田所得稻纵卷叶螟的百丛虫口密度列于表 8-5，问不同类型稻田的虫口密度是否有显著差异？

表 8-5　不同类型稻田纵卷叶螟的虫口密度

稻田类型	编号								T_t	$\bar{y}_t$	n_t
	1	2	3	4	5	6	7	8			
I	12	13	14	15	15	16	17		102	14.57	7
II	14	10	11	13	14	11			73	12.17	6
III	9	2	10	11	12	13	12	11	80	10.00	8
IV	12	11	10	9	8	10	12		72	10.29	7

解：分析步骤：

(1) 自由度和平方和的分解。

总变异自由度：

$$T = 327 \quad \bar{y} = 11.68 \quad \sum n_t = 28$$

$$DF_T = \sum n_t - 1 = 28 - 1 = 27$$

处理间自由度：$DF_t = k - 1 = 4 - 1 = 3$

误差项自由度：$DF_e = \sum n_t - k = 28 - 4 = 24$

矫正数：$C = \dfrac{T^2}{\sum n_t} = \dfrac{327^2}{28} = 3818.89$

总变异平方和：$SS_T = \sum(y - \bar{y})^2 = \sum y^2 - C$

$$= 12^2 + 13^2 + \cdots + 12^2 - C$$

$$= 4045.00 - 3818.89 = 226.11$$

处理间（稻田类型间）平方和：$SS_t = \sum n_t(\bar{y}_t - \bar{y})^2 = \sum \dfrac{T_t^2}{n_t} - C$

$$= \dfrac{102^2}{7} + \dfrac{73^2}{6} + \dfrac{80^2}{8} + \dfrac{72^2}{7} - C$$

$$= 3915.02 - 3818.89 = 96.13$$

误差平方和：$SS_e = SS_T - SS_t = 226.11 - 96.13 = 129.98$

(2) 列方差分析表进行 F 检验。假设 $H_0: \mu_1 = \mu_2 = \mu_3 = \mu_4$；$H_A: \mu_1, \mu_2, \mu_3, \mu_4$ 不全相等。方差分析结果见表 8-6。

表 8-6　不同类型稻田纵卷叶螟虫口密度的方差分析

变异来源	DF	SS	MS	F	$F_{0.01}$
稻田类型间	3	96.13	32.04	5.91**	4.72
误　差	24	129.98	5.42		
总变异	27	226.11			

得　$F = \dfrac{MS_t}{MS_e} = \dfrac{32.04}{5.42} = 5.91$

由于 $F = 5.91 > F_{0.01} = 4.72$，因而否定 $H_0: \mu_1 = \mu_2 = \mu_3 = \mu_4$，即 4 块麦田的虫口密度间有极显著差异。

(3) 多重比较。F 检验显著，需作平均数间多重比较。由于处理的重复次数不相等，所以在计算平均数的各种标准误时，需要先计算各处理的公共重复次数 n_0。

$$n_0 = \frac{(\sum n_t)^2 - \sum n_t^2}{(\sum n_t)(k-1)} \tag{8-1}$$

平均数差数的标准误为：

$$S_{\bar{y}_1 - \bar{y}_2} = \sqrt{\frac{2MS_e}{n_0}} \tag{8-2}$$

平均数的标准误为：

$$S_{\bar{y}} = \sqrt{\frac{MS_e}{n_0}} \tag{8-3}$$

本例采用 Tukey 固定极差法检验，首先算得：

$$n_0 = \frac{28^2 - (7^2 + 6^2 + 8^2 + 7^2)}{28 \times (4-1)} \approx 7$$

$$S_{\bar{y}} = \sqrt{\frac{5.42}{7}} = 0.880$$

根据 $DF = 24$，$k = 4$，$\alpha = 0.05$ 查附表 6a，得 $q_\alpha(4, 24) = 3.90$，故 $TFR_{0.05} = 3.90 \times 0.880 = 3.43$

表 8-7 不同虫口密度的处理平均数间差异的 Tukey 固定极差法检验

稻田类型	平均数	$\alpha = 0.05$
I	14.57	a
II	12.17	ab
IV	10.29	b
III	10.00	b

多重比较结果见表 8-7：I 和 II 之间差异不显著，II 和 III 和 IV 之间差异也不显著，但 I 明显高于 III 和 IV。

8.4 二因素试验结果的分析

设有 A、B 两个试验因素，A 因素有 a 个水平，B 因素有 b 个水平，共有 ab 个处理组合，每一个组合有 n 个观察值（n 次重复），则试验共有个 abn 个观察值。观察值的线性模型为：

$$y_{ijk} = \mu + \alpha_i + \beta_j + (\alpha\beta)_{ij} + \varepsilon_{ijk} \tag{8-4}$$

式中，x_{ijk} 表示 A 因素第 i 水平，B 因素第 j 水平和第 k 次重复的观察值（其中 $i = 1, 2, \cdots, a$；$j = 1, 2, \cdots, b$；$k = 1, 2, \cdots, n$）；μ 为总平均值；α_i 是 A 因素第 i 水平的效应，β_j 是 B 因素第 j 水平的效应，$(\alpha\beta)_{ij}$ 是 α_i 和 β_j 的交互作用，且有 $\sum \alpha_i = \sum \beta_j = \sum (\alpha\beta)_{ij} = 0$；$\varepsilon_{ijk}$ 是随机误差，彼此独立且服从 $N(0, \sigma^2)$。

方差分析的步骤如下：

8.4.1 自由度和平方和的分解

(1) 自由度的计算

总自由度： $$DF_T = abn - 1 \tag{8-5}$$

AB 组合即处理的自由度： $$DF_t = k - 1 = ab - 1 \tag{8-6}$$

处理的自由度的再分解如下：

A 因素自由度： $$DF_A = a - 1$$

B 因素自由度： $$DF_B = b - 1$$

AB 互作自由度： $$DF_{AB} = (a-1)(b-1)$$

误差自由度： $$DF_e = DF_T - DF_t = (abn - 1) - (ab - 1) = ab(n - 1)$$

(2) 平方和的计算

矫正数： $$C = \frac{T^2}{abn}$$

总平方和： $$SS_T = \sum(y - \bar{y})^2 = \sum y^2 - C \tag{8-7}$$

AB 组合即处理平方和： $$SS_t = n\sum(\bar{y}_{AB} - \bar{y})^2 = \frac{\sum T_{AB}^2}{n} - C \tag{8-8}$$

处理平方和的再分解如下：

A 因素平方和： $$SS_A = bn\sum(\bar{y}_A - \bar{y})^2 = \frac{\sum T_A^2}{bn} - C$$

B 因素平方和： $$SS_B = an\sum(\bar{y}_B - \bar{y})^2 = \frac{\sum T_B^2}{an} - C$$

AB 互作平方和： $$SS_{AB} = SS_t - SS_A - SS_B$$

误差平方和： $$SS_e = SS_T - SS_t = SS_T - SS_A - SS_B - SS_{AB}$$

8.4.2 各项方差计算

A 因素方差： $$MS_A = \frac{SS_A}{DF_A} \tag{8-9}$$

B 因素方差： $$MS_B = \frac{SS_B}{DF_B} \tag{8-10}$$

AB 互作方差： $$MS_{AB} = \frac{SS_{AB}}{DF_{AB}} \tag{8-11}$$

误差方差： $$MS_e = \frac{SS_e}{DF_e} \tag{8-12}$$

8.4.3 F 检验

(1) 固定模型

在固定模型中，α_i、β_j 及 $(\alpha\beta)_{ij}$ 均为固定效应。在 F 检验时，A 因素、B 因素和 A×B 互作项均以 MS_e 作为分母。

(2) 随机模型

在随机模型中，α_i、β_j、$(\alpha\beta)_{ij}$ 和 ε_{ijk} 是相互独立的随机变量，都服从正态分布。作 F 检验时，先检验 A×B 是否显著：

$$F_{AB} = \frac{MS_{AB}}{MS_e} \tag{8-13}$$

检验 A、B 时，有：

$$F_A = \frac{MS_A}{MS_{AB}} \tag{8-14}$$

$$F_B = \frac{MS_B}{MS_{AB}} \tag{8-15}$$

(3) 混合模型（A 固定，B 随机）

在混合模型中，A 和 B 的效应为非可加性，α_i 为固定效应，β_j 及 $(\alpha\beta)_{ij}$ 为随机效应。对 A 作检验时同随机模型，对 B 和 A×B 作检验时同固定模型，即

$$F_A = \frac{MS_A}{MS_{AB}} \tag{8-16}$$

$$F_B = \frac{MS_B}{MS_e} \tag{8-17}$$

$$F_{AB} = \frac{MS_{AB}}{MS_e} \tag{8-18}$$

为便于比较，现将 3 种模型的方差分析表统一列于表 8-8 和表 8-9。

表 8-8　二因素组内具重复观察值资料的方差分析

变异来源	DF	SS	MS
A 因素	$a-1$	SS_A	MS_A
B 因素	$b-1$	SS_B	MS_B
A×B	$(a-1)(b-1)$	SS_{AB}	MS_{AB}
误　差	$ab(n-1)$	SS_e	MS_e
总变异	$abn-1$	SS_T	

表 8-9　二因素试验资料的方差分析的期望均方

变异来源	固定模型 EMS	随机模型 EMS	混合模型（A 固定，B 随机）EMS
A 因素	$\sigma^2 + bn\kappa_\alpha^2$	$\sigma^2 + n\sigma_{\alpha\beta}^2 + bn\sigma_\alpha^2$	$\sigma^2 + n\sigma_{\alpha\beta}^2 + bn\kappa_\alpha^2$
B 因素	$\sigma^2 + an\kappa_\beta^2$	$\sigma^2 + n\sigma_{\alpha\beta}^2 + an\sigma_\beta^2$	$\sigma^2 + an\sigma_\beta^2$
A×B	$\sigma^2 + n\kappa_{\alpha\beta}^2$	$\sigma^2 + n\sigma_{\alpha\beta}^2$	$\sigma^2 + n\sigma_{\alpha\beta}^2$
误　差	σ^2		

【例 8.3】 研究某种昆虫滞育期长短与环境的关系，在给定的温度和光照条件下在实验室进行培养，每一处理组合记录 4 只昆虫的滞育天数，结果见表 8-10，试对该资料进行方差分析。

解：本例中，由于温度和光照条件是试验中设定的，为固定因素，按固定模型分析。为简化计算，可将表 8-10 中各数据减去 80，并整理于便于方差计算的表 8-11 中。

首先，计算各项的自由度和平方和：

表 8-10 不同温度和光照条件下某种昆虫滞育天数

光照(A)	温度(B)		
	25℃	30℃	35℃
5h/d	143	101	89
	138	100	93
	120	80	101
	107	83	76
10h/d	96	79	80
	103	61	76
	78	83	61
	91	59	67
15h/d	79	60	67
	83	71	58
	96	78	71
	98	64	83

$DF_T = abn - 1 = 3 \times 3 \times 4 - 1 = 35$

$DF_A = a - 1 = 3 - 1 = 2$

$DF_B = b - 1 = 3 - 1 = 2$

$DF_{AB} = (a-1)(b-1) = (3-1) \times (3-1) = 4$

$DF_e = ab(n-1) = 3 \times 3 \times (4-1) = 27$

矫正数

$$C = \frac{T^2}{abn} = \frac{193^2}{3 \times 3 \times 4} = 1034.69$$

$$SS_T = \sum(y - \bar{y})^2 = y^2 - C$$
$$= (63^2 + 58^2 + \cdots + 3^2) - 1034.69 = 14524.56$$

$$SS_t = n\sum(\bar{y}_{AB} - \bar{y})^2 = \frac{\sum T_{AB}^2}{n} - C$$
$$= \frac{188^2 + 44^2 + \cdots + (-41)^2}{4} - 1034.69 = 11223.06$$

$$SS_A = bn\sum(\bar{y}_A - \bar{y})^2 = \frac{\sum T_A^2}{bn} - C$$
$$= \frac{271^2 + (-26)^2 + (-52)^2}{3 \times 4} - 1034.69 = 5367.03$$

$$SS_B = an\sum(\bar{y}_B - \bar{y})^2 = \frac{\sum T_B^2}{an} - C$$
$$= \frac{272^2 + (-41)^2 + (-38)^2}{3 \times 4} - 1034.69 = 5391.06$$

$$SS_{AB} = SS_t - SS_A - SS_B$$
$$= 11223.06 - 5367.03 - 5391.06 = 464.94$$

$$SS_e = SS_T - SS_A - SS_B - SS_{AB}$$
$$= 14526.31 - 5367.06 - 5391.06 - 464.94 = 3303.25$$

表 8-11 不同温度及光照条件下某昆虫滞育天数方差分析计算表(各数据减去 80)

光照(A)	处理号	温度(B) 25℃	30℃	35℃	$T_{i.}$
5h/d	1	63	21	9	
	2	58	20	13	
	3	40	0	21	
	4	27	3	−4	
	T_{ij}	188	44	39	271
10h/d	1	16	−1	0	
	2	23	−19	−4	
	3	−2	3	−19	
	4	11	−21	−13	
	T_{ij}	48	−38	−36	−26
15h/d	1	−1	−20	−13	
	2	3	−9	−22	
	3	16	−2	−9	
	4	18	−16	3	
	T_{ij}	36	−47	−41	−52
	$T_{.j}$	272	−41	−38	$T=193$

将以上计算结果列入方差分析表(表8-12),从表中看出,不同光照和温度间的差异极显著,说明昆虫滞育期长短主要决定于光照和温度,而与两者之间的互作关系不大。

表 8-12 不同温度及光照条件下某昆虫滞育天数方差分析表

变异来源	SS	DF	MS	F	$F_{0.05}$
光　照	5367.06	2	2683.53	21.93	3.35
温　度	5391.06	2	2695.53	22.03	3.35
光照×温度	464.94	4	116.24	0.95	2.73
误　差	3303.25	27	122.34		
总　计	14526.31	35			

因光照间和温度间差异显著,需进一步作多重比较。进行多重比较时,

光照(A)间平均数标准误:$s_{\bar{y}} = \sqrt{\dfrac{MS_e}{bn}} = \sqrt{\dfrac{122.34}{3 \times 4}} \approx 3.19$

温度(B)间平均数标准误:$s_{\bar{y}} = \sqrt{\dfrac{MS_e}{an}} = \sqrt{\dfrac{122.34}{3 \times 4}} \approx 3.19$

小　结

完全随机设计是较简单的一种试验设计,试验的整个过程遵循完全随机的原则。完全随机不仅指供试材料的分组,也包括分组后的试验过程以及各组除处理外的其他一切条件仍须保持随机化不变。

完全随机设计其误差项的自由度最大。一般而言，误差项的自由度越大，试验的灵敏度也越高。所以，涉及供试材料较少的试验，采用完全随机设计较其他设计更合适。

就田间试验而言，应用完全随机设计有一定局限性。因为田间局部环境的差异往往较大，例如土壤肥力差异等，导致试验误差增大，试验的精确性降低。所以在田间试验中经常使用的试验设计方法是随机完全区组设计(参见第9章)。

练习题

1. 完全随机设计的实质是什么？有什么特点？

2. 选择4种测定方法测定同一干草样品的磷含量，结果如下表所示。试分析不同方法之间差异是否显著，并进行处理平均数比较。$[F = 2.40 < F_{0.05}(3, 16) = 3.24]$

测定方法	观察值				
1	34	36	34	35	34
2	37	36	35	37	37
3	34	37	35	37	36
4	36	34	37	34	35

3. 用某种小麦种子进行切胚乳试验，试验分为三种处理：①整粒小麦。②切去一半胚乳。③切去全部胚乳。同期播种于条件一致的花盆内，出苗后每盆选留两株，成熟后进行单株考种，每株粒重(g)结果见下表。试进行方差分析与平均数比较。$(F = 0.318 < 1)$

处理	株 号								
1	21	29	24	22	25	30	27	26	
2	20	25	25	23	29	31	24	26	20	21
3	24	22	28	25	21	26			

4. 现有3个水稻品种(A)，5个不同的氮肥施用量(B)，每个处理组合有2个观察值，其产量结果列于下表。试进行方差分析与平均数比较。[品种 $F = 1.95 < F_{0.05}(2, 15) = 3.68$；氮肥 $F = 29.29 > F_{0.05}(4, 15) = 4.89$；品种×氮肥 $F = 1.55 < F_{0.05}(8, 15) = 2.64$]

品种(A)	氮肥用量(B)				
	$B_1(0)$	$B_2(5)$	$B_3(10)$	$B_4(15)$	$B_5(20)$
A_1	513	637	609	802	781
	347	657	592	702	787
A_2	379	660	789	753	726
	505	682	758	713	738
A_3	557	698	774	783	779
	499	609	645	734	833

第 9 章 随机区组设计与分析

9.1 概 述

前面讲的完全随机设计有一个局限，就是它要求试验材料必须具备严格的同质性，否则材料间的差异会使误差大大增加，有时甚至会掩盖了我们所要检验的处理间的差异。但是，对于处理数较多、规模较大的试验，要做到使材料性质严格一致是非常困难的，有时甚至是不可能的，这就限制了完全随机设计方法的应用。比如，将 20 只动物放在一起进行随机化，对动物的同质性的要求是很严格的。否则由于动物异质性所造成的误差将与试验误差混杂，从而加大试验误差，而在试验时一次同时抽到 20 只同质的试验动物是很困难的；又如，在田间试验中，如果处理数比较多，试验地的土壤肥力很难控制到一致，这样就会使土壤肥力的差异与试验误差混杂。为了解决这一问题，尽可能地降低试验误差，提高试验的精确度，可以把试验材料按组内性质一致的原则分为几个组，每个这样的组就称为一个区组，随机化只在区组内进行。"完全"的意义是每个区组内均包含全部参试处理。这就是本章要学习的随机完全区组设计。若受试验条件所限，一个区组只能接受一部分参试处理的，则称其为不完全区组，如平衡不完全区组试验设计就属于这一种，此类试验设计超出了本书范围，读者可参阅有关书籍，如李松岗(2002)等。

所谓随机完全区组设计就是指根据局部控制的原理，将试验的所有供试单元加以分组即划分区组，然后在区组内随机安排全部处理的一种试验设计方法。在这种设计中，供试的每一处理在每一区组占有一个且仅占一个试验单元(小区)，同时每区组内的处理的出现次序完全随机。

9.2 试验设计

9.2.1 试验设计方法与步骤

(1) 划分区组

划分区组与小区时，务必使区组间具最大的异质性，而区组内具最大的同质性。划分区组的标准除材料本身的特性外，也可依照环境条件或不同仪器、操作者、试剂批号等其他因素来划分。通常是在试验单元即小区间众多的变异来源之中，找出其中最大且最易预测的一个作为划分区组的依据。在田间试验中要实现划分区组的要求，除考虑划分区组的依据外，还需考虑区组的形状与方向。如在一个肥料试验或品种比较试验中，产量是最重要的试验指标，那么土壤肥力的变异性就应该作为划分区组的依据；在一个杀虫剂试验中，虫口密度是最基本的试验指标，那么昆虫迁移方向就是划分区组的首选依据；若是研究作物对水分胁迫的响应，土地坡度便是影响最大的变异来源，应作为划分区组的依据。

其次便是确定适当的区组大小与形状，总要求是使区组间变异最大，以获得区组内变异最小的结果。如在田间试验中，若变异梯度是单方向的，即从土地的一边到另一边，肥力逐渐变高或其他条件逐渐变强，则使用狭长形的区组，并使区组长边与梯度方向垂直（表9-1）。若无明显梯度方向，则区组形状以正方形为好，保证了同一区组内小区排列最紧凑。

表 9-1 单向变异梯度的土地上区组形状与排列

肥力梯度↓									
	2	1	8	3	7	6	5	4	Ⅰ
	7	5	4	6	3	8	2	1	Ⅱ
	3	6	5	7	4	1	2	8	Ⅲ
	6	8	1	2	4	5	3	7	Ⅳ

一旦采用了区组设计，就必须在整个试验过程（包括试验设计和试验实施过程）中贯彻局部控制的原则。也就是说，无论何时，一旦存在试验者无法控制的变异来源，就应该想方设法使变异只在区组间出现，防止在同一区组内出现。例如，如果某些操作管理如中耕除草或者观察记载无法在同一天完成全部试验的任务，那么必须确保一天内完成同一区组的全部小区。

(2) 随机化

随机完全区组设计的随机化是分区组单独进行的。需要注意的是这种随机化的过程要对每一个区组进行一次，不能只进行一次就用于所有区组，否则难以消除编号时产生的系统误差。下面以8个处理4次重复的田间试验为例，说明其方法。

第一步，按照划分区组的要求，把试验地等分为4个区组（区组数=重复数），见表9-1。因为肥力呈单（元）方向变化，故区组为长方形而且区组长边垂直于肥力梯度方向。

第二步，把第一个区组再划分为8个小区，并且按照以前介绍的随机化方法，把8个处理随机分配到这 8 个小区，见表 9-2。具体做法是，把小区自左向右顺序编号：

表 9-2　第一区组处理随机分配表

区组 I	1	2	3	4	5	6	7	8	←小区
	2	1	8	3	7	6	5	4	←处理

然后使用计算机产生随机数字，读取 8 个不同的 3 位随机数。不妨设从其中第 16 行第 12 列开始，垂直向下读数，3 位 3 位地读。

再把随机数从大到小排序，结果见表 9-3。最后把次序号作为小区号，排序号作为处理号，完成向 8 个小区分配 8 个处理的任务。

表 9-3　随机数从大到小的排序表

次　序	1	2	3	4	5	6	7	8
随机数	733	996	120	680	124	250	361	500
排　序	2	1	8	3	7	6	5	4

第三步，对于剩余的每一个区组，逐一重复第二步的过程，得到整个试验的随机化结果（表 9-1）。

9.2.2　试验设计特点

随机区组设计是一种应用广泛、效率甚高的试验设计方法，它不仅可应用于农业上的田间试验，也可应用于畜牧业的动物试验，还可用于加工业上的各种试验。原因在于它具有如下优点：

(1) 贯彻了试验设计的三大基本原则，试验精确度较高

特别是局部控制原则，即按重复来分组，分组控制试验非处理条件，使得对非处理条件的控制更为有效，保证了同一重复内的各处理之间有更强的可比性。

(2) 设计方法机动灵活、富于伸缩性

随机完全区组设计不仅适用于单因素试验，而且也适用于多因素及综合性试验，并能分析出因素间的交互作用。

(3) 设计方法和试验结果的统计分析方法都简单易行

这种设计方法对试验条件的要求并不苛求，仅要求区组内具同质性，因而在选择试验地或其他试验条件时具很大的灵活性。如在田间试验中，必要时，不同区组可分散设置在不同的试验地上。

(4) 试验的韧性较好

在试验进行过程中，若某个(些)区组受到破坏，在去掉这个(些)区组后，剩下的资料仍可以进行分析。若试验中某 1 个或 2 个试验单元遭受损失，还可以通过缺值估计来弥补，以保证试验资料的完整。

当然，随机完全区组设计也有其不足之处。从试验精度来说，因只实行单方面的局部控制，所以精度不如实行双重局部控制的拉丁方设计的高；从参试处理数目的广度来说，这种设计不允许处理数太多，一般不超过 20 个，大株作物不超过 10 个。因为当处理数太多时，区组必然增大，一个区组内试验单元也会增多，对其进行非处理条件控制的难度相

应增大,局部控制的效率就会降低甚至根本难以实行局部控制。但权衡利弊,可以看出,随机完全区组设计是一种优良的试验设计方法。

9.2.3 随机完全区组试验设计的适用条件

对于处理数目多、土壤差异大、试验材料不均匀或受试验资源的限制,无法保证全部试验单元的非处理条件在整个试验过程中均匀一致时便可采用随机完全区组设计。通过划分区组,确保同一区组内全部试验单元的非处理条件一致,使同一区组内试验单元间的变异最小,这样可以使每一区组内的试验误差尽可能缩小。而且,每一区组又包含一套完整的处理,所以处理间相互比较就不受区组间差异的干扰,易于发现较小的处理间差异。也就是说,在试验结果的统计分析中,可以把区组间差异的影响从误差中分离出来,从而大大提高了统计检验的灵敏度。

9.3 单因素试验结果的分析

9.3.1 单因素随机完全区组试验结果的方差分析方法

随机完全区组设计之试验结果的变异有3个基本来源,分别为区组变异、处理变异和试验误差。可见它比完全随机设计多一项变异来源 - 区组变异,因此,除可以对处理间差异进行显著性检验外,还能够对区组间差异进行显著性检验。这种设计的总平方和与总自由度的分解公式为:

$$SS_T = SS_r + SS_t + SS_e \tag{9-1}$$

总平方和 = 区组平方和 + 处理平方和 + 试验误差平方和。

$$DF_T = DF_r + DF_t + DF_e \tag{9-2}$$

总自由度 = 区组自由度 + 处理自由度 + 误差自由度。

式中,下标 T 为总变异项;下标 r 为区组项;下标 t 为处理项;下标 e 为误差项。

单因素随机完全区组设计的平方和与自由度的计算公式为:

$$\left.\begin{aligned} SS_T &= \sum (y - \bar{y})^2 = \sum y^2 - C \\ SS_r &= k \sum (\bar{y}_r - \bar{y})^2 = \frac{\sum T_r^2}{k} - C \\ SS_t &= n \sum (\bar{y}_t - \bar{y})^2 = \frac{\sum T_t^2}{n} - C \\ SS_e &= SS_T - SS_r - SS_t \\ C &= \frac{T^2}{kn} \end{aligned}\right\} \tag{9-3}$$

式中,y 为试验指标的一个观察值;k 为处理数;n 为重复次数(区组数)。T_t 与 $\bar{y}_t$ 分别为处理总和数及其平均数,T_r 与 $\bar{y}_r$ 分别为区组总和数及其平均数,T 与 $\bar{y}$ 分别为资料总和数及其平均数。

$$\begin{cases} DF_T = kn-1 \\ DF_r = n-1 \\ DF_t = k-1 \\ DF_e = DF_T - DF_r - DF_t = (k-1)(n-1) \end{cases} \quad (9\text{-}4)$$

表 9-4　单因素随机完全区组各变异项期望均方

变异来源	固定模型 (区组、处理均固定)	随机模型 (区组、处理均随机)	混合模型	
			(区组随机处理固定)	(区组固定处理随机)
区组间	$\sigma^2 + k\kappa_\beta^2$	$\sigma^2 + k\sigma_\beta^2$	$\sigma^2 + k\sigma_\beta^2$	$\sigma^2 + k\kappa_\beta^2$
处理间	$\sigma^2 + n\kappa_\alpha^2$	$\sigma^2 + n\sigma_\tau^2$	$\sigma^2 + n\kappa_\alpha^2$	$\sigma^2 + n\sigma_\tau^2$
试验误差	σ^2	σ^2	σ^2	σ^2

不论区组效应是随机的，还是固定的，其 F 值的分母均为误差项；不论处理是否为固定效应，也采用误差项作分母，即

$$\left. \begin{array}{l} F_r = \dfrac{MS_r}{MS_e} \quad F_\alpha(DF_r, DF_e) \\ \\ F_t = \dfrac{MS_t}{MS_e} \quad F_\alpha(DF_t, DF_e) \end{array} \right\} \quad (9\text{-}5)$$

处理平均数的标准误以及两处理平均数差数的标准误分别是：

$$\left. \begin{array}{l} S_{\bar{y}} = \sqrt{\dfrac{MS_e}{n}} \\ \\ S_{\bar{y}_1 - \bar{y}_2} = \sqrt{\dfrac{2MS_e}{n}} \end{array} \right\} \quad (9\text{-}6)$$

显然这两个公式与完全随机设计相同。

9.3.2　单因素随机完全区组试验结果方差分析示例

【例9.1】　研究4种修剪方式 A(对照)、B、C、D($k=4$)对果树单株产量(kg/株)的影响，4次重复($n=4$)，随机完全区组设计，其产量结果见表9-5。试作方差分析。

表 9-5　单因素随机完全区组设计的果树产量　　　　　　　单位：kg/株

修剪方式	区组				总和(T_t)	平均($\bar{y}_t$)
	I	II	III	IV		
A(对照)	25	23	27	26	101	25.3
B	32	27	26	31	116	29.0
C	21	19	20	22	82	20.5
D	20	21	18	21	80	20.0
总和(T_r)	98	90	91	100	379(T)	23.69($\bar{y}$)

(1)整理试验资料。计算各处理总和数(T_t)及其平均数($\bar{y}_t$)，各区组总和数(T_r)，资料总和数(T)及其总平均数($\bar{y}$)。

例如,第一区组的总和数为:
$$T_r = 25 + 32 + 21 + 20 = 98$$
第二区组的总和数为:
$$T_r = 23 + 27 + 19 + 21 = 90$$
以此类推,获得剩余两个区组的总和数,一并汇于表9-5。核对计算结果的公式为:
$$T = \sum T_r = \sum T_t = k \cdot n \cdot \bar{y} = n \sum \bar{y_t} \tag{9-7}$$

(2) 分解平方和与自由度。

① 分解平方和。由式(9-3)及相关公式得出:
$$C = \frac{379^2}{4 \times 4} = 8977.56$$
$$SS_T = 25^2 + 23^2 + \cdots + 21^2 - C = 263.44$$
$$SS_r = \frac{98^2 + 90^2 + 91^2 + 100^2}{4} - C = 18.69$$
$$SS_t = \frac{101^2 + 116^2 + 82^2 + 80^2}{4} - C = 217.69$$
$$SS_e = SS_T - SS_r - SS_t = 263.44 - 18.69 - 217.69 = 27.06$$

② 分解自由度。由式(9-4)及相关公式得出:
$$DF_T = 4 \times 4 - 1 = 15$$
$$DF_r = 4 - 1 = 3$$
$$DF_t = 4 - 1 = 3$$
$$DF_e = (4-1)(4-1) = 9$$

注意,误差自由度也可以采用减法获得,即
$$DF_e = DF_T - DF_r - DF_t = 15 - 3 - 3 = 9$$

(3) 列方差分析表并作 F 检验。将上述结果填入表9-6,请注意表内实际数字为计算机计算结果,其保留的小数位数较多(以后相同,不再重复)。

先计算各变异的均方,用平方和除以相应的自由度即可。
$$MS_r = \frac{18.69}{3} = 6.23$$
$$MS_t = \frac{217.69}{3} = 72.56$$
$$MS_e = \frac{27.06}{9} = 3.01$$

再计算区组项及处理项的 F 值。由式(9-7)等,得
$$F_r = \frac{6.23}{3.01} = 2.07$$
$$F_t = \frac{72.56}{3.01} = 24.13$$

最后将计算的 F 值与查表 F 值(附表4a)进行比较,作出统计推断。取 $\alpha = 0.05$,查表得 $F_{0.05}(3, 9) = 3.86$。

因为 $F_r < F_{0.05}$,所以推断区组间差异在5%水平上不显著,概率保证大于95%。又因

为 $F_t > F_{0.05}$，所以推断处理间即修剪方式间差异在5%水平上显著，概率保证大于95%。

表9-6 单因素随机完全区组设计的果树产量的方差分析

变异来源	DF	SS	MS	F	$F_{0.05}$	$P_r > F$
区　组	3	18.69	6.23	2.07	3.86	0.1744
处　理	3	217.69	72.56	24.13	3.86	0.0001
误　差	9	27.06	3.01			
总变异	15	263.44				

（4）处理平均数比较。若试验者计划考察每个处理与对照（方式 A）的差异，根据前面介绍的方法，应采用 Dunnett 最小显著差数法（DLSD 法）。

已知 $n=4$，$k=4$，$DF_e=9$，$MS_e=3.01$

$$S_{\bar{y}_1 - \bar{y}_2} = \sqrt{\frac{2MS_e}{n}} = \sqrt{\frac{2 \times 3.01}{4}} = 1.227 (\text{kg}/\text{株})$$

取 $\alpha=0.05$，本例中 $k-1=4-1=3$，$DF_e=9$，查附表得7a双尾检验 $Dt_{0.05}(3,9)=2.81$，由于 $DLSD_\alpha = Dt_\alpha(k-1, DF_e) S_{\bar{y}_i - \bar{y}_j}$，有

$$DLSD_{0.05} = 2.81 \times 1.227 = 3.45 (\text{kg}/\text{株})$$

全部3种修剪方式都与对照 A 有真实差异，但只有方式 B 的产量高于对照，结果见表9-7。

修剪方式 B 与对照 A 的95%置信度的置信区间为：

$L_1 \sim L_2$ 区间为 $(29-25.25) \pm 3.45$，即 $0.30 \sim 7.20 (\text{kg}/\text{株})$

综合 F 检验结果，以及上述 DLSD 检验结果与区间估计结果，得到本试验的基本信息为：4种修剪方式的单株产量不同；3种修剪方式的产量都与对照有差异，其中 B 高于对照 A，C 与 D 都低于对照；方式 B 比对照平均增产 $0.30 \sim 7.20$ kg/株。

表9-7 三种修剪方式与对照之差异的 DLSD 检验结果

修剪方式	平均产量（$\bar{y}_t$）	与对照差异	95%置信度的置信区间	
			L_1	L_2
A（对照）	25.25	—		
B	29.00	3.75*	0.30	7.20
C	20.50	-4.75*	-8.20	-1.30
D	20.00	-5.25*	-8.70	-1.80

小　结

随机完全区组设计是一种应用广泛、效率甚高的试验设计方法，在这种设计中贯彻了试验设计的三大原则（重复、随机和局部控制），因此试验精确度较高。同时，随机完全区组设计不仅适用于单因素试验，而且也适用于多因素试验与综合性试验。另外，这种设计

方法对试验材料或试验条件的要求并不苛求，因为它采用了局部控制的原则，仅要求同一个区组内具同质性，而且区组间的差异越大，这种设计的效率越明显。当处理数目较多或者由于试验资源的限制，无法保证全部试验单元的非处理条件在整个试验过程中均匀一致时就可以考虑采用随机完全区组设计。随机完全区组设计只是其中一种，另外还有不完全区组设计。

在试验结果的统计分析中，其总变异来源可以分为 3 部分，即区组间变异、处理间变异和误差，它比完全随机设计的分析多了一项区组间的变异。也就是说这种设计方法可以将区组间的变异从总变异中分离出来，为降低试验误差提供了一条可能途径，进而提高统计检验的灵敏度。

练习题

1. 有一小麦品比试验，共有 A，B，C，D，E，F，G，H 8 个品种（$k=8$），其中 A 是标准品种，采用随机完全区组设计，重复 3 次（$n=3$），小区计产面积 $25m^2$，其中产量（kg）结果见下表，试作统计分析。（$F = 2.967^*$，$MS_e = 1.64$）

品 种	Ⅰ	Ⅱ	Ⅲ
A	10.9	9.1	12.2
B	10.8	12.3	14.0
C	11.1	12.5	10.5
D	9.1	10.7	10.1
E	11.8	13.9	16.8
F	10.1	10.6	11.8
G	10.0	11.5	14.1
H	9.3	10.4	14.4

2. 下表为小麦栽培试验的产量结果（kg），随机完全区组设计，小区计产面积为 $6.67m^2$，试作分析。在表示最后结果时需化为每 $667m^2$ 产量（kg）。假定该试验为一完全随机设计，试分析后将其误差与随机完全区组时的误差作一比较，看看划分区组的效果如何？（如为完全随机设计时，$F = 20.87^{**}$；$MS_e = 0.086$，如为随机完全区组设计时，$F = 21.09^{**}$，$MS_e = 0.085$）

处 理	Ⅰ	Ⅱ	Ⅲ	Ⅳ
A	6.2	6.6	6.9	6.1
B	5.8	6.7	6.0	6.3
C	7.2	6.6	6.8	7.0
D	5.6	5.8	5.4	6.0
E	6.9	7.2	7.0	7.4
F	7.5	7.8	7.3	7.6

3. 有 6 个品种 A，B，C，D，E，F，拟设计一品种比较试验，已知试验地的西部肥沃，东部贫瘠。用哪种设计方法比较合理？为什么？如何设计？

4. 什么情况下试验需分区组？请举出几种生物学试验需划分区组的例子，并对各例子加以说明。

5. 比较 3 种不同冲洗液对细胞生长的抑制作用，由于试验条件的限制，一天只能做 3 次处理，不同试验日期可能是引起误差的一个原因,因此安排随机完全区组试验,结果如下表。分析结果并做出结论。($F=40.72^{**}$,$MS_e=8.64$)

冲洗液	天 数			
	1	2	3	4
1	13	22	18	39
2	16	24	17	44
3	5	4	1	22

6. 玉米乳酸菌饮料工艺研究中,进行加糖量试验,采用3种加糖量:A_1(6%)、A_2(8%)、A_3(10%),设5次重复,随机完全区组设计。各处理的感官评分结果见下表。试作分析。($F=31.67^{**}$,$MS_e=20.62$)

加糖量	区 组				
	I	II	III	IV	V
A_1	75	78	70	68	64
A_2	78	76	69	70	73
A_3	90	88	94	95	92

7. 研究3种不同药物治疗创伤的效果,在动物体表的一定部位,切出同样面积的创口,记载从敷药到愈合所需天数。使用4窝动物,考虑窝别之间可能存在差异,设计一随机完全区组试验,结果如下,分析数据并做出结论。($F=10.71^*$,$MS_e=1.36$)

药 物	窝 别			
	1	2	3	4
1	7	7	10	8
2	6	5	6	5
3	10	9	8	10

8. 为了解5种小包装贮藏方法(A、B、C、D、E)对红星苹果果肉硬度的影响,安排了一个随机完全区组试验,(以贮藏室为区组)。试验结果如下表,试分析各种贮藏方法的果肉硬度的差异显著性。($F=49.86^{**}$,$MS_e=0.23$)

贮藏方法	区 组			
	I	II	III	IV
A	11.7	11.1	10.4	12.9
B	7.9	6.4	7.6	8.8
C	9.0	9.9	9.2	10.7
D	9.7	9.0	9.3	11.2
E	12.2	10.9	11.8	13.0

第10章 拉丁方设计与分析

10.1 概 述

随机完全区组设计的方法适用于存在一个干扰因子的单因子试验,但是在农业生产和科研实践中,经常会遇到下面这样的问题需要我们去解决。

【例10.1】 不同捕蛾灯的捕螟蛾效果比较试验。不同的灯位和不同的日期均会影响捕蛾灯的捕蛾效果,如何设计这个试验?

【例10.2】 设计一个试验:烟叶毒素病不同毒素浓度诱病试验,不同植株和同一植株上不同部位的叶片(老、嫩)对毒素病的抵抗力有所不同。

【例10.3】 某一新型肥料用量的大田肥效试验,A、B、C、D、E 为不同肥料用量,但大田纵横方向土壤肥力差异较大,采取什么设计方法能够最大程度地提高试验的精确度?

这些例子代表的问题是很典型的,它们的共同点就是如何将试验单元的两个干扰因子最大程度的减小,这种设计就是拉丁方设计,即将试验单元按这两个干扰因子从两个方向划分区组,在每个区组组合中安排一个试验单元,每个试验单元随机地接受一种处理,也就是"双向随机区组设计"。这种设计一般是借助拉丁方来进行的,"拉丁方"的名字最初是由 R. A. Fisher 给出的,一直沿用至今。

若采用拉丁方设计,可以有效地解决上面几个问题。

例10.1 就可以采用这样的拉丁方设计(图10-1)。

日期 灯位	第一天	第二天	第三天	第四天	第五天
1	D	B	C	A	E
2	E	D	A	C	B
3	A	C	B	E	D
4	B	A	E	D	C
5	C	E	D	B	A

1、2、3、4、5 为灯座　　　　A、B、C、D、E 为不同色光灯

图 10-1　捕蛾灯的捕螟蛾效果比较试验(5×5 拉丁方设计)

例 10.2 可以采用这样的拉丁方设计(图 10-2)。

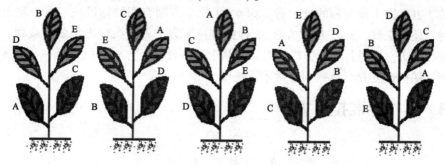

A、B、C、D、E 为五种不同浓度的毒素

图 10-2　烟叶毒素病不同毒素浓度诱病试验(5×5 拉丁方设计)

例 10.3 可以采用这样的拉丁方设计(图 10-3)。

$$\begin{matrix} C & D & A & E & B \\ E & C & D & B & A \\ B & A & E & C & D \\ A & B & C & D & E \\ D & E & B & A & C \end{matrix}$$

图 10-3　新型肥料用量大田肥效试验(5×5 拉丁方设计)

10.1.1　拉丁方

拉丁方是以 n 个拉丁字母为元素，作的一个 n 阶方阵，且这 n 个拉丁字母必须满足一个条件，即每个字母在这 n 阶方阵的每一行、每一列都出现且只出现一次，则称该阶方阵为 $n\times n$ 拉丁方。例如

$$\begin{matrix} A & B & C \\ B & C & A \\ C & A & B \end{matrix} \qquad \begin{matrix} A & B & C & D \\ B & A & D & C \\ C & D & B & A \end{matrix} \qquad \begin{matrix} A & B & C & D & E \\ B & A & E & C & D \\ C & E & D & A & B \end{matrix} \qquad \begin{matrix} A & B & C & D & E & F \\ B & A & E & C & F & D \\ C & E & A & F & D & B \end{matrix}$$

```
             D C A B       D C B E A     D C F A B E
                           E D A B C     E F D B A C
                                         F D B E C A

    3×3拉丁方    4×4拉丁方    5×5拉丁方       6×6拉丁方
```

10.1.2 标准拉丁方

对于某一阶数的拉丁方，会有多个拉丁方满足以上条件。我们将第一行和第一列的拉丁字母均按自然顺序排列的拉丁方称为标准拉丁方，或基本拉丁方。3×3拉丁方只有一种标准拉丁方，即上面所列的这一种，而4×4拉丁方则有四种标准拉丁方，除上面所列的这一种，还有三种，5×5拉丁方有56种标准拉丁方。若变换标准型的行或列，可得到更多种的拉丁方。在进行拉丁方设计时，可从上述多种拉丁方中随机选择一种，或选择一种标准型，随机改变其行或列顺序后才能使用。

10.1.3 常用标准拉丁方

```
              3×3
            A B C
            B C A
            C A B
```

3×3拉丁方有1个标准方，共12种排列方式。

```
                       4×4
      A B C D    A B C D    A B C D    A B C D
      B A D C    B C D A    B D A C    B A D C
      C D B A    C D A B    C A D B    C D A B
      D C A B    D A B C    D C B A    D C B A
        (1)        (2)        (3)        (4)
```

4×4拉丁方有4个标准方，共576种排列方式。

```
                        5×5
   A B C D E    A B C D E    A B C D E    A B C D E
   B A E C D    B A D E C    B A E C D    B A D E C
   C D A E B    C E B A D    C E D A B    C D E A B
   D E B A C    D C E B A    D C B E A    D E B C A
```

```
E C D B A       E D A C B       E D A B C       E C A B D
   (1)            (2)             (3)             (4)
```

5×5 拉丁方有 56 个标准方, 共 161280 种排列方式。处理数越多的拉丁方, 其排列方式更多。

```
        6×6                                  7×7
   A B C D E F       A B C D E F       A B C D E F G
   B A E C F D       B C A F D E       B D E F A G C
   C E A F D B       C A B E F D       C G F E B A D
   D C F A B E       D E F A B C       D E A B G C F
   E F D B A C       E F D C A B       E C B G F D A
   F D B E C A       F D E B C A       F A G C D E B
                                       G F D A C B E
      (1)                (2)
```

```
     8×8                    9×9                      10×10
  A B C D E F G H     A B C D E F G H I       A B C D E F G H I J
  B C D E F G H A     B C D E F G H I A       B C D E F G H I J A
  C D E F G H A B     C D E F G H I A B       C D E F G H I J A B
  D E F G H A B C     D E F G H I A B C       D E F G H I J A B C
  E F G H A B C D     E F G H I A B C D       E F G H I J A B C D
  F G H A B C D E     F G H I A B C D E       F G H I J A B C D E
  G H A B C D E F     G H I A B C D E F       G H I J A B C D E F
  H A B C D E F G     H I A B C D E F G       H I J A B C D E F G
                      I A B C D E F G H       I J A B C D E F G H
                                              J A B C D E F G H I
```

若需要其余拉丁方可查阅数理统计表及有关参考书。

10.2　试验设计

拉丁方设计实际上是将很多试验单元按照拉丁方的要求划分区组, 并随机安排全部试验处理的试验设计方法。

(1) 选择标准拉丁方

拉丁方设计的第一步是根据处理数选择标准拉丁方，如果处理数是5，就从所提供的5×5标准拉丁方中随机选择其一；如果处理数是6，便从6×6的标准拉丁方中随机选择其一。其余依此类推。

(2) 划分区组

拉丁方设计是具有双向区组控制功能的一种设计。选择好标准拉丁方后，将拉丁方的各行和各列分别代表从两个方向划分的不同区组，其中的字母代表试验因子的不同水平，即处理。由于拉丁方的行数 = 列数 = 字母数，所以要求每个区组的组数和处理数都必须相等。

(3) 行、列随机化

拉丁方的行、列随机化就是将标准拉丁方的行和列进行随机重排，即随机调换其行的次序，再随机调换其列的次序，就可达到行、列随机化的目的。另外，将标准拉丁方的行、列进行随机调换，可以得到许多不同的拉丁方，每个$n \times n$标准方，可以化出$n!(n-1)!$个不同的拉丁方。

(4) 处理的随机安排

标准拉丁方进行随机化后，再将处理随机地分配给拉丁方中的不同字母，就达到处理随机安排的目的。

【例10.4】 某小麦氮肥用量试验，处理为：N_1、N_2、N_3、N_4、N_5采用5×5拉丁方设计，请写出设计步骤。

解：(1) 在所提供的标准拉丁方中任选一个5×5标准拉丁方。

(2) 行、列随机化。从1，2，3，4，5这5个数中进行不复置随机抽签，设抽到的顺序为5，3，2，4，1，按照这个顺序对标准拉丁方的行进行重新排列。再次抽签，设抽到的顺序为4，2，5，1，3，按照这个顺序对拉丁方的列进行重排，结果如下：

1 A B C D E		5 E D A C B		C D B E A
2 B A D E C		3 C E B A D		A E D C B
3 C E B A D	按53241进行"行"随机化→	2 B A D E C	按42513进行"列"随机化→	E A C B D
4 D C E B A		4 D C E B A		B C A D E
5 E D A C B		1 A B C D E		D B E A C
(1)(2)(3)(4)(5)		(1)(2)(3)(4)(5)		(4)(2)(5)(1)(3)

(3) 处理的随机化。再次从1，2，3，4，5这5个数中进行抽签，设抽到的顺序为5，4，2，1，3，按这个顺序将5个氮肥用量分配给拉丁方中的字母。即：$A = 5 = N_5$，$B = 4 = N_4$，$C = 2 = N_2$，$D = 1 = N_1$，$E = 3 = N_3$。

(4) 将第三步结果按照先行后列的次序，依次分配给25个试验单元。最后结果如下：

C = 2 = N₂	D = 1 = N₁	B = 4 = N₄	E = 3 = N₃	A = 5 = N₅
A = 5 = N₅	E = 3 = N₃	D = 1 = N₁	C = 2 = N₂	B = 4 = N₄
E = 3 = N₃	A = 5 = N₅	C = 2 = N₂	B = 4 = N₄	D = 1 = N₁
B = 4 = N₄	C = 2 = N₂	A = 5 = N₅	D = 1 = N₁	E = 3 = N₃
D = 1 = N₁	B = 4 = N₄	E = 3 = N₃	A = 5 = N₅	C = 2 = N₂

图 10-4 小麦氮肥用量 5×5 拉丁方设计试验田间排列

10.3 单因素试验结果的分析

拉丁方设计的最基本和最重要的特点就是处理数与重复(区组)数相等。这种设计的试验结果的总变异包含 4 个基本来源：处理间、行区组间、列区组间和试验误差。拉丁方设计的方差分析，基本上与随机区组设计相同，只是从误差项多分解出一项区组间变异而已。拉丁方设计不仅能检验出处理间差异显著性，而且能检验出行区组间和列区组间差异显著性。

10.3.1 方差分析原理

拉丁方试验在纵横两个方向上都应用了局部控制，使得纵横两向皆成区组，在试验结果的统计分析上要比随机区组多一项区组间变异。设有 k 个处理作拉丁方试验，则必有行区组和列区组 k 个，其自由度和平方和的分解式如下：

$$SS_T = SS_t + SS_r + SS_c + SS_e \tag{10-1}$$

$$DF_T = DF_t + DF_r + DF_c + DF_e \tag{10-2}$$

$$C = \frac{T^2}{k \cdot n} = \frac{T^2}{k^2} \tag{10-3}$$

$$\left. \begin{aligned} &\text{总平方和：} SS_T = \sum (y - \bar{y})^2 = \sum y^2 - C \\ &\text{处理间平方和：} SS_t = n \sum (\bar{y}_t - \bar{y})^2 = \frac{\sum T_t^2}{k} - C \\ &\text{行区组间平方和：} SS_r = k \sum (\bar{y}_r - \bar{y})^2 = \frac{\sum T_r^2}{k} - C \\ &\text{列区组间平方和：} SS_c = k \sum (\bar{y}_c - \bar{y})^2 = \frac{\sum T_c^2}{k} - C \\ &\text{误差平方和：} SS_e = SS_T - SS_r - SS_c - SS_t \end{aligned} \right\} \tag{10-4}$$

式中，y 为试验指标的一个观察值；k 为处理数；n 为重复次数。T 与 $\bar{y}$ 分别表示总和数与总平均数，带有下标的 T 与 $\bar{y}$ 则表示相应变异项的总和数与平均数，如 T_c 与 $\bar{y}_c$ 分别表示列区组的总和数与平均数。

$$\left.\begin{aligned}DF_T &= k \cdot n - 1 = k^2 - 1\\ DF_r &= n - 1 = k - 1\\ DF_c &= n - 1 = k - 1\\ DF_t &= k - 1\end{aligned}\right\} \tag{10-5}$$

$$DF_e = DF_T - DF_r - DF_c - DF_t = (k-2)(n-1) = (k-2)(k-1) \tag{10-6}$$

10.3.2 方差分析与平均数的比较

F 检验时,行区组、列区组、处理的效应,均以误差项目作为分母,即

$$\left.\begin{aligned}F_r &= \frac{MS_r}{MS_e} \quad F_\alpha(DF_r, DF_e)\\ F_c &= \frac{MS_c}{MS_e} \quad F_\alpha(DF_c, DF_e)\\ F_t &= \frac{MS_t}{MS_e} \quad F_\alpha(DF_t, DF_e)\end{aligned}\right\} \tag{10-7}$$

处理平均数多重比较的有关标准误为

$$S_{\bar{y}} = \sqrt{\frac{MS_e}{n}} \tag{10-8}$$

$$S_{\bar{y}_1 - \bar{y}_2} = \sqrt{\frac{2MS_e}{n}} \tag{10-9}$$

很明显这两个公式与完全随机设计、随机完全区组设计条件相同。

【例 10.5】 有 A、B、C、D、E 共 5 个玉米品种比较的田间试验,采用 5×5 拉丁方设计,其田间排列和产量结果(kg/小区)见表 10-1,试作分析。

表 10-1　玉米品种比较 5×5 拉丁方试验的产量结果　　　　单位: kg

行区组	列区组					T_r
	I	II	III	IV	V	
I	C(120.6)	D(91.0)	B(253.8)	A(303.9)	E(192.4)	961.7
II	A(304.6)	B(259.4)	D(102.4)	E(199.1)	C(131.2)	996.7
III	E(204.4)	A(319.6)	C(148.3)	B(268.6)	D(116.2)	1057.1
IV	D(124.2)	E(226.8)	A(340.8)	C(164.8)	B(282.4)	1139.0
V	B(261.8)	C(141.7)	E(201.6)	D(108.0)	A(313.2)	1026.3
T_c	1015.6	1038.5	1046.9	1044.4	1035.4	$T=5180.8$

在表 10-1 中算得各行区组的总和 T_r 和各列区组的总和 T_c,并算得整个试验的总和 T。

(1) 整理资料。计算各处理总和数与平均数、各行区组、各列区组的总和数,资料总和数与平均数。

据表 10-1,可得到各处理总和与平均数,见表 10-2。

表 10-2　各处理总和与平均数

品　种	A	B	C	D	E
处理总和(T_t)	1582.1	1326.0	706.3	541.8	1024.3
平均数($\bar{y}_t$)	316.4	265.2	141.3	108.4	204.9

(2)计算平方和与自由度。

①平方和分解。

$$C = \frac{T^2}{k^2} = \frac{5180.8^2}{5^2} = 1073627.546$$

$$SS_T = (120.6^2 + 91.0^2 + \cdots + 313.2^2) - C = 150895.81$$

$$SS_r = \frac{1}{5}(961.7^2 + 996.7^2 + \cdots + 1026.3^2) - C = 3642.63$$

$$SS_c = \frac{1}{5}(1015.6^2 + 1038.5^2 + \cdots + 1035.4^2) - C = 120.40$$

$$SS_t = \frac{1}{5}(1582.4^2 + 1326.0^2 + \cdots + 1024.3^2) - C = 147039.99$$

$$SS_e = SS_T - SS_r - SS_c - SS_t = 92.79$$

②自由度分解。

$$DF_T = 5^2 - 1 = 24$$
$$DF_r = 5 - 1 = 4$$
$$DF_c = 5 - 1 = 4$$
$$DF_t = 5 - 1 = 4$$
$$DF_e = (5-2)(5-1) = 12,\text{或者}$$
$$DF_e = DF_T - DF_r - DF_c - DF_t = 24 - 4 - 4 - 4 = 12$$

③方差分析和 F 检验。据表 10-1 作方差分析，得表 10-3。

表 10-3　方差分析

变异来源	DF	SS	MS	F	$F_{0.05}$	$F_{0.01}$
行区组	4	3642.63	910.66	120.37**	3.26	5.41
列区组	4	122.40	30.60	4.05*		
处　理	4	147039.99	36760.00	4858.84**		
误　差	12	90.79	7.57			
总变异	24	150895.81				

F 检验表明行区组的变异在 $\alpha = 0.01$ 水平上显著，列区组间的变异在 $\alpha = 0.05$ 水平上显著，说明执行行和列两个方向的局部控制都是有效的，并且处理间的差异在 $\alpha = 0.01$ 水平上也显著。

④平均数间的比较(多重比较)。本试验欲比较任意处理之间的情况，故采用 Tukey 固定极差法。已知 $k = 5$，$n = 5$，$DF_e = 12$，$MS_e = 7.57$。

得处理平均数的标准误：

$$S_{\bar{y}} = \sqrt{\frac{7.57}{5}} = 1.23(\text{kg})$$

取 $\alpha=0.01$ 和 $\alpha=0.05$，查附表，得 $q_{0.05}(5, 12)=4.51$，$q_{0.01}(5, 12)=5.84$，由于 $TFR_\alpha = q_\alpha(k, DF_e)S_{\bar{y}}$，故有 $TFR_{0.05}=4.51\times1.23=5.55$，$TFR_{0.01}=5.84\times1.23=7.18$。据表 10-1 资料处理平均数的 TFR 检验，得表 10-4。

表 10-4　TFR 检验结果

品　种	平均产量(kg/小区)	5% 显著性	1% 显著性
A	316.4	a	A
B	265.2	b	B
E	204.9	c	C
C	141.3	d	D
D	108.4	e	E

由表 10-4 可见，A、B、C、D、E 5 个品种之间的差异达到 $\alpha=0.01$ 水平。

小　结

拉丁方设计不仅在生物类各专业实用，而且在食品加工、畜牧、水产等动物试验中也被广泛地应用。随机区组设计能控制来自一个方向的系统误差，如果要控制来自两个方面或两个方向(田间试验中)的系统误差，同时处理数又较少的情况下，拉丁方设计是较好的选择。拉丁方设计在不增加试验单元或小区的情况下，比随机区组设计多设置了一个区组控制，即采取了双重的局部控制，它能将行和列两个区组间的变异从试验误差中分离出来，因而试验误差比随机区组设计小，试验的精确性比随机区组设计高，提高试验检验的灵敏度。同时拉丁方设计的试验结果分析也比较简便。

但是由于拉丁方设计要求处理数＝重复数＝行区组数＝列区组数，所以在某些情况下试验受到了一定限制，尤其在处理数较多时，不易找到合适的地块来安排区组。与完全随机设计和随机区组设计相比，拉丁方设计的误差自由度有所减小，影响检验的灵敏度。

因为我们知道处理数少，则重复数也少，估计试验误差的自由度就小，检验的灵敏度就会下降，据试验验证，在处理数少于 5 时，误差自由度小于 12，检验的灵敏度很低；但如果处理数多，重复数也多，行和列的区组数也就多，从而加大了试验的工作量，因此划分两个区组时一定要合理。拉丁方设计中的处理数最好在 5~8。当处理数小于 5 时，为了使估计误差的自由度不少于 12，可采用"重复拉丁方设计"或"复拉丁方设计"，即用相同大小的拉丁方重复进行若干次试验，如 5 次 3×3 拉丁方试验，3 次 4×4 拉丁方试验。然后将试验数据合并分析，从而增加了误差项的自由度，提高了试验检验的灵敏度。另外需要注意的是，如果行区组、列区组与试验因素间存在交互作用，就不能采用拉丁方设计。

练习题

1. 有一叶面肥剂量田间比较试验，剂量分别为 A、B、C、D、E，采用 5×5 拉丁方设计，试设计此试验。

2. 研究 5 个玉米品种 A、B、C、D、E 比较试验，其中 A 为标准品种，采用 5×5 拉丁方设计，最后设计结果如下，试填补空白地方。

D	E		B	
C		A	D	E
A		D	E	B
E	D		A	C
		A	E	D

3. 有 A、B、C、D、E 5 个水稻品种比较试验，采用 5×5 拉丁方设计，其田间排列和产量结果(kg)见下表，试作分析。(品种间的 $F = 17.59$, $MS_e = 2.87$)

E20	B28	A28	C26	D22
C28	D24	B25	A25	E18
B26	A33	D23	E20	C23
D22	E19	C26	B24	A26
A27	C28	E23	D20	B25

4. 研究 5 种解磷微生物菌肥 A、B、C、D、E 解磷效果试验，种植作物为小麦，采用 5×5 拉丁方设计，其田间排列产量(kg)见下表，试作分析。(菌肥间的 $F = 4.32$, $MS_e = 15.69$)

A32	D26	E30	B32	C27
B43	C41	A38	D37	E28
D36	A35	C32	E40	B48
E27	B41	D30	C30	A34
C38	E38	B44	A38	D37

5. 研究 A、B、C、D、E 5 种饲料对奶牛产奶量(kg)的影响，用 5 头奶牛进行试验，试验根据泌乳阶段分为 5 期，每期 4 周，采用 5×5 拉丁方设计。试作分析。(饲料间的 $F = 20.61$, $MS_e = 612.67$)

牛号	时期				
	一	二	三	四	五
Ⅰ	E(300)	A(320)	B(390)	C(390)	D(380)
Ⅱ	D(420)	C(390)	E(280)	B(370)	A(270)
Ⅲ	B(350)	E(360)	D(400)	A(260)	C(400)
Ⅳ	A(280)	D(400)	C(390)	E(280)	B(370)
Ⅴ	C(400)	B(380)	A(350)	D(430)	E(320)

第11章 巢式设计与分析

11.1 概述

在农业试验上有一些资料，如对数块土地取样分析，每块地取了若干样点，每一样点的土样又作了数次分析的资料，或分析某种果树的果实含糖量，随机取了若干株，每株取不同部位枝条，每枝条取若干果实分别调查果实含糖量。这样每组又分若干亚组，而每个亚组内又有若干观察值的资料为系统分组资料。系统分组并不限于组内仅分亚组，亚组内又可分小组，小组内又可分为小亚组……如此一环套一环的分下去，这种试验方法称为巢式设计。

11.2 试验设计

如果把研究对象分成若干组，每组又分为若干亚组，而每个亚组内又有若干观察值的设计，称为巢式设计或分级随机抽样设计。组内分亚组，亚组内有若干观察值的设计为二级巢式设计，如果亚组内又分若干小组，小组内有若干观察值的设计称为三级巢式设计。依此类推，可有多级巢式设计。

在调查叶菜类蔬菜的农药残留量，从众多叶菜类蔬菜中随机抽取 5 种蔬菜，测定其农药残留量。每种蔬菜随机抽 3 批，每批随机选 3 株，然后对每一植株进行 1 次残留分析，就是三级巢式设计。若每株进行 3 次残留分析，就是四级巢式设计。

11.3 试验结果的分析

11.3.1 三级巢式设计资料的分析

假设试验资料的组级别用 C 表示，有 c 个组，亚组级别用 B 表示，每个组又分 b 个亚组，观察值级别用 A 表示，每个亚组又具 a 个观察值，共有 abc 个观察值。这种资料的数据模式见表 11-1。

表 11-1 中每一观察值的线性数学模型为：

$$y_{ijk} = \mu + \tau_i + \delta_{ij} + \varepsilon_{ijk} \tag{11-1}$$

式中，μ 为总体平均数；$\tau_i = (\mu_i - \mu)$ 为组间变异；$\delta_{ij} = (\mu_{ij} - \mu_i)$ 为同组中各亚组的变异；ε_{ijk} 为同一亚组中各观察值的随机变异。τ_i 一般是随机的；δ_{ij} 在一般情况下是随机的，遵循 $N(0, \sigma_\delta^2)$；而 ε_{ijk} 则为随机误差，遵循 $N(0, \sigma^2)$。式(11-1)说明，表 11-1 中的任一观察值的总变异可分解为组内、组内亚组间和随机误差三部分。

表 11-1 三级巢式设计资料 abc 个观察值的数据结构

组(C)(i)	亚组(B)(j)	观察值(A) (y_{ijk})	亚组(B) 总和(T_B)	平均($\bar{y}_C$)	组(C) 总和(T_C)	平均($\bar{y}_C$)
1	1	$y_{111}, y_{112}, \cdots y_{11a}$	T_{11}	$\bar{y}_{11}$	T_1	$\bar{y}_1$
	2	$y_{121}, y_{122}, \cdots y_{12a}$	T_{12}	$\bar{y}_{12}$		
	$\vdots$	$\vdots$	$\vdots$	$\vdots$		
	b	$y_{1b1}, y_{1b2}, \cdots y_{1ba}$	T_{1b}	$\bar{y}_{1b}$		
2	1	$y_{211}, y_{212}, \cdots y_{21a}$	T_{21}	$\bar{y}_{21}$	T_2	$\bar{y}_2$
	2	$y_{221}, y_{222}, \cdots y_{22a}$	T_{22}	$\bar{y}_{22}$		
	$\vdots$	$\vdots$	$\vdots$	$\vdots$		
	b	$y_{2b1}, y_{2b2}, \cdots y_{2ba}$	T_{2b}	$\bar{y}_{2b}$		
$\vdots$	$\vdots$	$\vdots$	$\vdots$	$\vdots$	$\vdots$	$\vdots$
c	1	$y_{c11}, y_{c12}, \cdots y_{c1a}$	T_{c1}	$\bar{y}_{c1}$	T_c	$\bar{y}_c$
	2	$Y_{c21}, y_{c22}, \cdots y_{c2a}$	T_{c2}	$\bar{y}_{c2}$		
	$\vdots$	$\vdots$	$\vdots$	$\vdots$		
	b	$Y_{cb1}, y_{cb2}, \cdots y_{cba}$	T_{cb}	$\bar{y}_{cb}$		

注：$\bar{y} = T/cba$, $T = \sum y$, ($i = 1, 2, \cdots, c; j = 1, 2, \cdots, b; k = 1, 2, \cdots, a$)。

当由样本估计时，相应于(11-1)的模型为：

$$y_{ijk} = \bar{y} + \hat{\tau}_i + \hat{\delta}_{ij} + e_{ijk} \tag{11-2}$$

式中，$\bar{y}$ 为 μ 的估计值；$\hat{\tau}_i = (\bar{y}_i - \bar{y})$ 为 τ_i 的估计值；$\hat{\delta}_{ij} = (\bar{y}_{ij} - \bar{y}_i)$ 为 δ_{ij} 的估计值；$e_{ijk} = y_{ijk} - \bar{y}_{ij}$ 为 ε_{ijk} 的估计值。因此，总变异平方和 SS_T、组间平方和 SS_C、组内亚组间平方

和 $SS_{B(C)}$ 以及随机误差平方和 $SS_{A(BC)}$ 及其相应的自由度如下：

$$\left.\begin{aligned}
\text{总变异平方和：} \quad & C = \frac{T^2}{abc} \quad SS_T = \sum y^2 - C \\
\text{组间变异平方和：} \quad & SS_C = \frac{\sum T_C^2}{ab} - C \\
\text{组内亚组间变异平方和：} \quad & SS_{B(C)} = \frac{\sum T_B^2}{a} - \frac{\sum T_C^2}{ab} \\
\text{亚组间观察值变异平方和：} \quad & SS_{A(BC)} = \sum y^2 - \frac{\sum T_B^2}{a}
\end{aligned}\right\} \quad (11\text{-}3)$$

$$\left.\begin{aligned}
\text{总变异自由度：} \quad & DF_T = abc - 1 \\
\text{组间变异自由度：} \quad & DF_C = c - 1 \\
\text{组内亚组间变异自由度：} \quad & DF_{B(C)} = c(b-1) \\
\text{亚组间观察值变异自由度：} \quad & DF_{A(BC)} = bc(a-1)
\end{aligned}\right\} \quad (11\text{-}4)$$

表 11-2　三级巢式设计资料的方差分析和期望均方

变异来源	DF	MS	期望均方(EMS)随机模型
组间 C	$c-1$	SS_C/DF_C	$\sigma_1^2 + a\sigma_2^2 + a \cdot b\sigma_3^2$
组内亚组间 B(C)	$c(b-1)$	$SS_{B(C)}/DF_{B(C)}$	$\sigma_1^2 + a\sigma_2^2$
亚组内 A(BC)	$bc(a-1)$	$SS_{A(BC)}/DF_{A(BC)}$	σ_1^2
总变异	$abc-1$		

从表中可知，除 A 单元的变异无法检验外，其余任意级单元的变异都可以以它的下一级单元的均方作为 F 值的分母，进行 F 检验。

不同单元的总体方差估计从低级到高级依次为：

$$\hat{\sigma}_1^2 = MS_{A(BC)} \quad (11\text{-}5)$$

$$\hat{\sigma}_2^2 = \begin{cases} \dfrac{MS_{B(C)} - MS_{A(BC)}}{a} \\ 0 \quad (MS_{B(C)} < MS_{A(BC)}) \end{cases} \quad (11\text{-}6)$$

$$\hat{\sigma}_3^2 = \begin{cases} \dfrac{MS_C - MS_{B(C)}}{a \cdot b} \\ 0 \quad (MS_C < MS_{B(C)}) \end{cases} \quad (11\text{-}7)$$

平均数的标准误为：

$$s_{\bar{y}} = \sqrt{\frac{\hat{\sigma}_1^2}{a \cdot b \cdot c} + \frac{\hat{\sigma}_2^2}{b \cdot c} + \frac{\hat{\sigma}_3^2}{c}} \quad (11\text{-}8)$$

【例 11.1】 从某一辣椒杂交组合 F_2 代随机抽取 A，B，C，D 4 个单株($c=4$)，从每个单株后代中随机抽取 5 个植株($b=5$)，把每个植株的干辣椒的辣椒素的含量(%)重复测定了 3 次($a=3$)，数据见表 11-3，试作分析，并讨论如何改进抽样方案。

表 11-3　四株 F_2 单株后代辣椒素含量(%)

F_2 单株 (C)	F_2 后代 单株(B)	辣椒素含量(%)(A)			T_B	$\bar{y}_B$	T_C	$\bar{y}_C$
A	1	0.14	0.13	0.12	0.39	0.130	2.10	0.140
	2	0.14	0.15	0.15	0.44	0.147		
	3	0.15	0.14	0.16	0.45	0.150		
	4	0.13	0.15	0.14	0.42	0.140		
	5	0.14	0.11	0.15	0.40	0.133		
B	1	0.30	0.29	0.31	0.90	0.300	4.65	0.310
	2	0.34	0.30	0.32	0.96	0.320		
	3	0.30	0.28	0.32	0.90	0.300		
	4	0.29	0.31	0.33	0.93	0.310		
	5	0.34	0.32	0.30	0.96	0.320		
C	1	0.17	0.16	0.19	0.52	0.173	2.55	0.170
	2	0.16	0.17	0.15	0.48	0.160		
	3	0.18	0.16	0.17	0.51	0.170		
	4	0.18	0.18	0.20	0.56	0.187		
	5	0.15	0.16	0.17	0.48	0.160		
D	1	0.28	0.29	0.30	0.87	0.290	4.35	0.290
	2	0.27	0.30	0.29	0.86	0.287		
	3	0.26	0.28	0.27	0.81	0.270		
	4	0.30	0.29	0.34	0.93	0.310		
	5	0.29	0.31	0.28	0.88	0.293		
							$T=13.65$	

(1) 自由度和平方和分解。

总变异自由度：$DF_T = abc - 1 = 4 \times 5 \times 3 - 1 = 59$

品种间自由度：$DF_C = c - 1 = 4 - 1 = 3$

品种单株间自由度：$DF_{B(C)} = c(b-1) = 4 \times (5-1) = 16$

单株观察值自由度：$DF_{A(BC)} = bc(a-1) = 4 \times 5 \times (3-1) = 40$

$$C = \frac{T^2}{abc} = \frac{13.65^2}{4 \times 5 \times 3} = 3.105$$

总变异平方和：$SS_T = \sum y^2 - C$

$$= (0.14^2 + 0.13^2 + \cdots + 0.31^2 + 0.28^2) - 3.105 = 0.340$$

品种间平方和：$SS_C = \frac{\sum T_C^2}{ab} - C$

$$= \frac{2.10^2 + 4.65^2 + 2.55^2 + 4.35^2}{5 \times 3} - 3.105 = 0.325$$

品种单株间平方和：

$$SS_{B(C)} = \frac{\sum T_B^2}{a} - \frac{\sum T_C^2}{ab}$$

$$= \frac{0.39^2 + 0.44^2 + \cdots + 0.93^2 + 0.88^2}{3} - \frac{2.10^2 + 4.65^2 + 2.55^2 + 4.35^2}{5 \times 3}$$

$$= 0.006$$

测定值间平方和：

$$SS_{A(BC)} = \sum y^2 - \frac{\sum T_B^2}{a}$$

$$= (0.14^2 + 0.13^2 + \cdots + 0.31^2 + 0.28^2) - \frac{0.39^2 + 0.44^2 + \cdots + 0.93^2 + 0.88^2}{3}$$

$$= 0.009$$

(2) 方差分析和 F 测验。

① 对于 F_2 的单株间，有 $F_C = \frac{0.10800}{0.00038} = 284.2 > 5.29$，见表 11-4，故推断，$F_2$ 代植株间辣椒素含量变异极显著地大于其后代植株间的变异程度。

② 对于 F_2 后代单株间，有 $F_{B(C)} = \frac{0.00038}{0.00023} = 1.651 < F_{0.05}$，见表 11-4，表明植株间辣椒素含量变异与植株内测定值间的变异程度不显著。

表 11-4 方差分析

变异原因	SS	DF	MS	F	$F_{0.05}$	$F_{0.01}$
F_2 单株间	0.325	3	0.10800	284.2**	3.24	5.29
F_2 后代单株间	0.006	16	0.00038	1.651	1.90	2.49
误 差	0.009	40	0.00023			
总变异	0.340	59				

(3) 估计各级单元的总体方差。根据表 11-4 以及式 (11-5) 至式 (11-7)，可以得出各级抽样单元总体方差的估计值。结果列于表 11-5。其中，测定间抽样误差的总体方差的估计值为：$\sigma_1^2 = 0.00023$；F_2 后代单株间：$\sigma_2^2 = 0.00005$；F_2 单株间为：$\sigma_3^2 = 0.00717$。这样总方差为：

$$\sigma^2 = \sigma_1^2 + \sigma_2^2 + \sigma_3^2 = 0.00023 + 0.00005 + 0.00717 = 0.00745$$

表 11-5 期望均方及其总体方差的估计值

变异来源	MS	期望均方 (EMS)	σ^2	比例 (%)
F_2 单株间 C	0.10800	$\sigma_1^2 + 4\sigma_2^2 + 5\sigma_3^2$	0.00717	96.24
F_2 后代单株间 B(C)	0.00038	$\sigma_1^2 + 4\sigma_2^2$	0.00005	0.67
测定值 A(BC)	0.00023	σ_1^2	0.00023	3.09
总变异			0.00745	100

由表 11-5 可以知道，辣椒素含量的总变异 (总方差) 中，其中 96.24% 的变异是由于 F_2 单株间的变异造成的，0.67% 是来自 F_2 后代单株间的变异，3.09% 来自测定间的变异。这些变异规律为在相同或相似条件下，制订新的辣椒素测定的抽样方案，提供了非常有价值的信息。

(4) 提高平均数估计精确度的途径。前述已求出叶绿素含量总体平均数的估计值，$\hat{\mu} = \bar{y} = 0.227\%$，其标准误为：

$$S_{\bar{y}} = \sqrt{\frac{0.00023}{4 \times 5 \times 3} + \frac{0.00005}{5 \times 4} + \frac{0.00717}{4}} = 0.03789$$

利用本试验获得的各种抽样的总体方差的估计值，可以在制定新的抽样方案时，对各级抽样单元个数，即 a、b、c 进行适当调整，以便有效降低平均数的标准误，提高对总体平均数估计的精确度。根据式(11-8)，代入总体方差的估计值，则有：

$$S_{\bar{y}} = \sqrt{\frac{0.00023}{a \cdot b \cdot c} + \frac{0.00005}{b \cdot c} + \frac{0.00717}{c}} \tag{11-9}$$

从式(11-9)可以知道，增加 a、b、c 中任意一个值，都可以降低 $S_{\bar{y}}$。但不同抽样单元增加同样幅度时有不同的效果。例如：

当 $a=3$，$b=5$，$c=4$ 时，$S_{\bar{y}} = 0.03789$

当 $a=3$，$b=2$，$c=10$ 时，$S_{\bar{y}} = 0.02690$

当 $a=3$，$b=10$，$c=2$ 时，$S_{\bar{y}} = 0.05993$

当 $a=10$，$b=3$，$c=2$ 时，$S_{\bar{y}} = 0.05991$

很明显，增加 c 的效果优于增加 a 或 b 的效果，所以制定新方案时，应适当增加 c 的取值，减少 a 和 b 的取值，从而可提高 $\bar{y}$ 对 μ 估计的精确度。

11.3.2 四级巢式设计资料的分析

假设试验资料的组级别用 D 表示，有 d 个组，亚组级别用 C 表示，每个组又分 c 个亚组，亚组内小组级别用 B 表示，每个亚组有 b 个小组，小组内观察值级别用 A 表示，每个亚组又具 a 个观察值，共有 $abcd$ 个观察值。其平方和与自由度的分解公式为：

$$\left. \begin{array}{l} \text{总变异的平方和：} \quad SS_T = \sum y^2 - C, \quad C = \dfrac{T^2}{abcd} \\[4pt] \text{组间变异的平方和：} \quad SS_D = \dfrac{\sum T_D^2}{abc} - C \\[4pt] \text{组内亚组间变异的平方和：} \quad SS_{C(D)} = \dfrac{\sum T_C^2}{ab} - \dfrac{\sum T_D^2}{abc} \\[4pt] \text{亚组内小组间变异的平方和：} \quad SS_{B(CD)} = \dfrac{\sum T_B^2}{a} - \dfrac{\sum T_C^2}{ab} \\[4pt] \text{小组内观察值变异的平方和：} \quad SS_{A(BCD)} = \sum y^2 - \dfrac{\sum T_B^2}{a} \end{array} \right\} \tag{11-10}$$

$$\left. \begin{array}{l} SS_T = SS_D + SS_{C(D)} + SS_{B(CD)} + SS_{A(BCD)} \\ DF_T = DF_D + DF_{C(D)} + DF_{B(CD)} + DF_{A(BCD)} \end{array} \right\} \tag{11-11}$$

$$\left. \begin{array}{l} \text{总变异的自由度：} \quad DF_T = abcd - 1 \\ \text{组间变异的自由度：} \quad DF_D = d - 1 \\ \text{组内亚组间变异的自由度：} \quad DF_{C(D)} = d(c-1) \\ \text{亚组内小组间变异的自由度：} \quad DF_{B(CD)} = cd(b-1) \\ \text{小组内观察值变异的自由度：} \quad DF_{A(BCD)} = bcd(a-1) \end{array} \right\} \tag{11-12}$$

式中，下标 D 表示 D 级单元间的变异项，下标 $C(D)$ 表示 D 级单元内 C 级单元间的变异项；下标 $B(CD)$ 表示 D、C 级单元内 B 级单元间的变异项；下标 $A(BCD)$ 表示 D、C、B 级单元内 A 级单元间的变异项。

平方和与自由度的计算公式如下：

四级巢式设计资料的方差分析及其期望均方列于表 11-6。同三极巢式设计一样，除 A 单元的变异无法检验外，其余任意级单元的变异都可以以它的下一级单元的均方作为 F 值的分母，进行 F 检验。

不同单元的总体方差估计从低级到高级依次为：

$$\hat{\sigma}_1^2 = MS_{A(BCD)} \tag{11-13}$$

$$\hat{\sigma}_2^2 = \begin{cases} \dfrac{MS_{B(CD)} - MS_{A(BCD)}}{a} \\ 0 \quad (MS_{B(CD)} < MS_{A(BCD)}) \end{cases} \tag{11-14}$$

表 11-6 四级巢式设计的方差分析与期望均方

变异来源	DF	MS	期望均方(EMS)
D	$d-1$	MS_D	$\sigma_1^2 + a\sigma_2^2 + a \cdot b\sigma_3^2 + a \cdot b \cdot c\sigma_4^2$
C(D)	$d(c-1)$	$MS_{C(D)}$	$\sigma_1^2 + a\sigma_2^2 + a \cdot b\sigma_3^2$
B(CD)	$c \cdot d(b-1)$	$MS_{B(CD)}$	$\sigma_1^2 + a\sigma_2^2$
A(BCD)	$b \cdot c \cdot d(a-1)$	$MS_{A(BCD)}$	σ_1^2
总变异	$b \cdot c \cdot d(a-1)$		

$$\hat{\sigma}_3^2 = \begin{cases} \dfrac{MS_{C(D)} - MS_{B(CD)}}{a \cdot b} \\ 0 \quad (MS_{C(D)} < MS_{B(CD)}) \end{cases} \tag{11-15}$$

$$\hat{\sigma}_4^2 = \begin{cases} \dfrac{MS_D - MS_{C(D)}}{a \cdot b \cdot c} \\ 0 \quad (MS_D < MS_{C(D)}) \end{cases} \tag{11-16}$$

平均数的标准误为：

$$s_{\bar{y}} = \sqrt{\dfrac{\hat{\sigma}_1^2}{a \cdot b \cdot c \cdot d} + \dfrac{\hat{\sigma}_2^2}{b \cdot c \cdot d} + \dfrac{\hat{\sigma}_3^2}{c \cdot d} + \dfrac{\hat{\sigma}_4^2}{d}} \tag{11-17}$$

【例 11.2】 测定某块田玉米叶绿素含量，玉米的田间位置(D, $d=4$)，每一田间位置的玉米植株(C, $c=2$)，叶绿素提取液(B, $b=2$)，重复测定(A, $a=2$)，最后获得每平方分米绿叶所含的叶绿素毫克数(mg/dm^2)，结果列于表 11-7，试作方差分析。

解：(1) 资料整理。计算各级单元的总和 T_B、T_C、T_D 列于表 11-7 和表 11-8，以及资料总和 T 与资料平均数 $\bar{y}$。其中，提取液总和等于同一份提取液两次测定的观察值之和。例如，第一份提取液的总和为：

$$T_B = 11.2 + 11.0 = 22.2$$

植株总和等于同一植株全部观察值之和。例如，第一株总和为：

$$T_C = 11.2 + 11.0 + 11.4 + 11.4 = 45.0$$

田间位置总和等于同一田间位置全部观察值总和。例如，第一个田间位置的总和为：

$$T_D = 11.2 + 11.0 + 11.4 + 11.4 + 8.8 + 9.0 + 9.2 + 9.6 = 81.6$$

(2) 平方和与自由度的分解。

$$C = \frac{T^2}{abcd} = \frac{352.6^2}{2 \times 2 \times 2 \times 4} = 3885.21$$

$$SS_T = \sum y^2 - C = 11.2^2 + 11.0^2 + \cdots + 12.1^2 - C = 36.13$$

$$SS_D = \frac{\sum T_D^2}{abc} - C = \frac{81.6^2 + 95.6^2 + 87.2^2 + 88.2^2}{2 \times 2 \times 2} - C = 12.41$$

$$SS_{C(D)} = \frac{\sum T_C^2}{ab} - \frac{\sum T_D^2}{abc}$$

$$= \frac{45.0^2 + 36.6^2 + \cdots + 47.7^2}{2 \times 2} - \frac{81.6^2 + 95.6^2 + 87.2^2 + 88.2^2}{2 \times 2 \times 2}$$

$$= 20.74$$

$$SS_{B(CD)} = \frac{\sum T_B^2}{a} - \frac{\sum T_C^2}{ab}$$

$$= \frac{22.2^2 + 22.8^2 + \cdots + 24.3^2}{2} - \frac{45.0^2 + 36.6^2 + \cdots + 47.7^2}{2 \times 2}$$

$$= 2.46$$

$$SS_{A(BCD)} = \sum y^2 - \frac{\sum T_B^2}{a}$$

$$= 11.2^2 + 11.0^2 + \cdots + 12.1^2 - \frac{22.2^2 + 22.8^2 + \cdots + 24.3^2}{2}$$

$$= 0.52$$

表 11-7　玉米叶片的叶绿素含量　　　　　单位：mg/dm²

田间位置 (D)	植株 (C)	提取液 (B)	测定 A_1	测定 A_2	总和 (T_B)
D_1	C_1	B_1	11.2	11.0	22.2
		B_2	11.4	11.4	22.8
	C_2	B_1	8.8	9.0	17.8
		B_2	9.2	9.6	18.8
D_2	C_1	B_1	10.7	10.9	21.6
		B_2	11.6	11.4	23.0
	C_2	B_1	12.8	13.4	26.2
		B_2	12.2	12.6	24.8
D_3	C_1	B_1	11.4	11.6	23.0
		B_2	10.6	10.8	21.4
	C_2	B_1	10.6	10.5	21.1
		B_2	10.8	10.9	21.7
D_2	C_1	B_1	9.8	10.0	19.8
		B_2	10.4	10.3	20.7
	C_2	B_1	11.6	11.8	23.4
		B_2	12.2	12.1	24.3

表 11-8　植株间观察值总和(T_C)与田间位置观察值(T_D)

田间位置	植株(C)		总和(T_D)
	C_1	C_2	
D_1	45.0	36.6	81.6
D_2	44.6	51.0	95.6
D_3	44.4	42.8	87.2
D_4	40.5	47.7	88.2
		$T = 352.6$	$\bar{y} = 11.02$

$$DF_T = a \cdot b \cdot c \cdot d - 1 = 2 \times 2 \times 2 \times 4 - 1 = 31$$
$$DF_D = d - 1 = 4 - 1 = 3$$
$$DF_{C(D)} = d(c-1) = 4 \times (2-1) = 4$$
$$DF_{B(CD)} = c \cdot d(b-1) = 2 \times 4 \times (2-1) = 8$$
$$DF_{A(BCD)} = b \cdot c \cdot d(a-1) = 2 \times 2 \times 4 \times (2-1) = 16$$

(3) F 检验。根据表 11-7 作方差分析，见表 11-9。

表 11-9　方差分析

变异来源	DF	SS	MS	F	$F_{0.05}$	$P(>F)$
田间位置 D	3	12.41	4.13	0.80	6.59	0.555892
田间位置内植株 C(D)	4	20.74	5.19	16.90	3.84	0.000574
株内提取液 B(CD)	8	2.45	0.31	9.44	2.59	0.000087
液内测定值 A(BCD)	16	0.52	0.033			
总变异	31	36.13				

F 检验表明：田间位置间差异不显著，而植株间叶绿素含量变异大于植株内提取液间的变异程度，且在不同提取方法之间的变异大于提取液测定之间的变异程度。

有关各级单元总体方差的估计及提高平均数估计精确度的途径可参考其他文献。

小　结

巢式设计是专门用于了解总体的变异情况，获得有代表性的总体参数，如以平均数为目的之试验调查。由于设计简单，并且可以对数目庞大的总体(调查对象)作抽样单元的分级划分，逐级抽样，既减少了抽样的工作量又使结果有较好的代表性，现在常应用于作物生产田间调查、作物或土壤理化性状测定、遗传研究，也可以应用于温室和实验室试验。而且常常与其他设计，如完全随机设计、随机区组设计等相配合，以获得更多的信息。但在这种设计中，至少有一级是随机，才可以获得无偏的试验误差估计，一般来说采用随机的级数愈多，代表性愈强，对试验结果的分析精确度愈高。此外由于不设置重复，若组间存在非试验因子，则无法鉴别出来。因此，在采取巢式设计时，更应该注意保持非试验因子的一致性，同时加大样本的容量，以增加试验结果的精确度。

练 习 题

1. 举例说明三级巢式设计的方法。
2. 从某水生蔬菜中随机抽取选择 A，B，C，D 共 4 批，每批随机选择 3 株，每株测定 5 次砷含量得到下表的结果。试作方差分析，并讨论如何改进抽样方案。（批次间 $F=25.580$；株间 $F=0.079$）

批 次	单 株	砷含量(mg/10kg)				
A	1	0.7	0.6	0.9	0.5	0.6
	2	0.9	0.9	0.7	1.1	0.7
	3	0.8	0.6	0.9	1.0	0.8
B	1	1.2	1.4	1.6	1.2	1.5
	2	1.1	0.9	1.3	1.2	1.0
	3	1.5	1.4	0.9	1.3	1.6
C	1	0.6	0.6	0.8	0.9	0.7
	2	0.5	0.8	0.9	1.0	0.6
	3	0.6	1.2	0.8	0.9	1.0
D	1	4.2	3.7	2.9	3.5	3.6
	2	2.9	3.5	3.8	3.1	3.5
	3	3.6	3.5	4.0	3.3	3.7

第12章 直线相关与回归

12.1 概述

12.1.1 相关与回归的概念

在自然界，事物之间存在着相互联系，相互依存，相互制约的关系。在前几章中，我们用方差分析的方法，重点讨论了单因素或多因素不同水平试验结果（指标）之间的差异显著性。若进一步研究因素不同水平与试验指标之间的关系，或多个试验指标之间的关系，以揭示其内在规律，则这类问题的研究需要采用相关与回归分析方法。

在现实世界中，变量之间的关系大致可分为两大类。一类是确定性关系，即已知一个或几个变量的取值，便能精确地计算出另一变量的取值，如长方形面积 $S=ab$，圆面积 S 随半径 r 的变化而变化，已知一个 r 的取值，就有一个确定的圆面积与之对应，这种关系在数学上称函数关系；另一类关系，如施肥量与单位面积产量之间有着密切的关系，但我们却不能根据施肥量精确地计算出产量来，它们之间是一种非确定性关系。类似这类关系在自然界是大量存在着的，如生物某性状变异与另一性状变异；作物体内某一生物活性强度与其生长发育的关系等等，我们称这类关系为相关关系。应当指出，确定性关系与相关关系之间往往难以截然区分，它们的主要区别在于相关关系中存在抽样（或试验）误差。在实践中确定性关系因为受到随机因素的影响，呈现相关关系，相关关系也会因人们对客观事物内在规律的深刻认识而转化为确定性关系。

在相关关系的度量中又有两种情形，一是变数之间存在着明显的因果关系，可以辨明哪个自变数，哪个因变数，如降水量与作物产量的关系，降水量可以影响作物产量，作物的产量却不会对降水量产生影响。对于这类关系称单向依存关系，研究这类关系的方法可用回归分析；另一种是变数之间为平行关系，如生物有机体某一性状的发育与另一性状发育的关系，有时难以区分哪个自变数，哪个因变数，对此称为相互依存关系，研究这类问题的方法用相关分析。实际上相关与回归分析在度量关系问题上往往平行进行，并且有密切的内在联系，因此目前多不拘泥于名称，而通称为回归分析。

12.1.2 相关与回归的分类

相关与回归的种类按考察变数的多少分为：
①简单相关与简单回归。只研究两个变数之间的相互关系。
②多元相关与多元回归。研究两个以上变数之间的关系。又称复相关与复回归。
③偏相关与偏回归。在多元回归中，控制或固定其他变数的影响，只研究其中两个变数之间的关系，又称净相关与净回归。

相关与回归的种类按变数关系的表现形式分为：
①线性相关与线性回归。变数之间呈线性关系形式。
②非线性相关与回归。变数之间呈非线性关系形式。

12.1.3 相关与回归的作用

相关与回归分析可以给变数之间的关系以量的表示，在关系度量上的作用大致可以归纳为如下3点：
①描述或刻画两个或两个以上变数之间相互关系的性质及其密切程度，寻求描述变数之间数量关系的数学表达式——回归方程。
②利用这一回归方程，根据一个或几个变数的取值，预测（或预控）另一变数的可能取值，并给出这种预测的精确度。
③在影响某一变数的诸多变数中，分析其主次顺序。

此外，可根据回归分析和预测、预控提出的问题进行试验设计，以寻求试验次数少又具有较好统计性质的回归设计方法。

本章仅讨论简单相关与回归问题。

12.2 直线相关

12.2.1 相关关系与相关系数

若两变数存在相互依存关系，且一变数随另一变数的变化呈线性关系，则称两变数之间的关系为直线相关。设两变数的样本观察值为$(x_i, y_i)(i=1, 2, \cdots, n)$，则它们之间的相关关系可以通过$x, y$在直角坐标系上的散点图表示，设有4个样本，其变量$x$、$y$对应关系的散点分布如图12-1 所示。

图12-1(a)表明，一变数y随另一变数x增加而呈增加的趋势，两者关系趋于一条直线，称两者之间存在正相关关系；图12-1(b)表明，两变数y、x变化也趋于一条直线，但

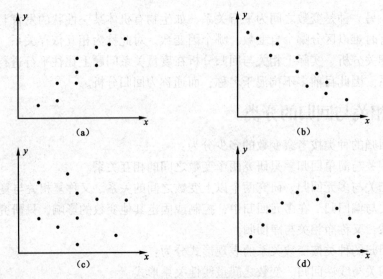

图 12-1 不同相关关系的散点图

其中一变数 y 随另一变数 x 的增加而减少，称两者之间存在负相关关系；图 12-1(c) 表明，两变数之间无明显规律可循，两者之间可能不存在相关关系；图 12-1(d) 表明，两变数之间存在着曲线关系。

一般说来，利用散点图就可直观地了解变数之间是否存在相关关系，但需要给出相关关系定量的表示，并在概率意义下确认这种关系。能够刻画变数间相关关系的特征数称为相关系数。

由概率论知，二维随机变数 X 和 Y 的总体相关系数 ρ 定义为：

$$\rho = \frac{cov(X, Y)}{\sqrt{D(X)}\sqrt{D(Y)}} \tag{12-1}$$

式中，$cov(X, Y)$ 为 X、Y 的协方差；$D(X)$，$D(Y)$ 为 X，Y 的方差。ρ 的大小反映了 X 与 Y 之间线性关系的强弱，其绝对值越大，X 与 Y 之间的线性关系越强，反之则越弱。

总体相关系数 ρ 的估计值为样本相关系数 r，其定义为：

$$r = \frac{\sum_{i=1}^{n}(x_i - \bar{x})(y_i - \bar{y})}{\sqrt{\sum_{i=1}^{n}(x_i - \bar{x})^2}\sqrt{\sum_{i=1}^{n}(y_i - \bar{y})^2}} \tag{12-2}$$

12.2.2　相关系数的性质及计算

由式 (12-2) 知，若记

$$SS_x = \sum_{i=1}^{n}(x_i - \bar{x})^2 = \sum_{i=1}^{n}x_i^2 - n\bar{x}^2 \tag{12-3}$$

$$SS_y = \sum_{i=1}^{n}(y_i - \bar{y})^2 = \sum_{i=1}^{n}y_i^2 - n\bar{y}^2 \tag{12-4}$$

$$SP_{xy} = \sum_{i=1}^{n}(x_i - \bar{x})(y_i - \bar{y}) = \sum_{i=1}^{n}x_iy_i - n\bar{x}\bar{y} \tag{12-5}$$

则样本相关系数为：

$$r = \frac{SP_{xy}}{\sqrt{SS_x}\sqrt{SS_y}} \qquad (12\text{-}6)$$

并称 r^2 为决定系数。

可以证明，$|r| \leq 1$，即 $-1 \leq r \leq 1$。

相关系数的正负反映了相关关系的性质，而相关系数绝对值的大小反映了变数之间关系的密切程度。$r < 0$ 为负相关；$r > 0$ 为正相关；$|r|$ 越接近 1，两变数之间的线性关系越密切；$|r|$ 接近 0，两变数之间无线性关系，但不排除存在着曲线关系，这在相关分析中应多加注意。另外，相关系数是一个无量纲的量，所以，相关系数之间可直接进行比较。

当坐标点都在一条直线上时（或都在一条曲线上），变数之间的关系就由相关关系变成了函数关系，这在生物科学研究中是很少见的。

为了相关系数的计算方便，可用表 12-1 的形式，计算式（12-3）至式（12-5）的基础数值 $\sum_{i=1}^{n} x_i, \sum_{i=1}^{n} y_i, \sum_{i=1}^{n} x_i^2, \sum_{i=1}^{n} y_i^2, \sum_{i=1}^{n} x_i y_i$，进而求得 SS_x, SS_y, SP，便可代入式（12-6），求得相关系数 r。

表 12-1 相关系数基础计算表

样品号	x	y	x^2	y^2	xy
1	x_1	y_1	x_1^2	y_1^2	$x_1 y_1$
2	x_2	y_2	x_2^2	y_2^2	$x_2 y_2$
⋮	⋮	⋮	⋮	⋮	⋮
i	x_i	y_i	x_i^2	y_i^2	$x_i y_i$
⋮	⋮	⋮	⋮	⋮	⋮
n	x_n	y_n	x_n^2	y_n^2	$x_n y_n$
$\sum$	$\sum_{i=1}^{n} x_i$	$\sum_{i=1}^{n} y_i$	$\sum_{i=1}^{n} x_i^2$	$\sum_{i=1}^{n} y_i^2$	$\sum_{i=1}^{n} x_i y_i$

【例 12.1】 今测得 10 个果园土壤有机质含量 $x(‰)$ 和全氮含量 $y(‰)$，结果列于表 12-2，试计算 x 与 y 的相关系数。

表 12-2 测试结果与基础数据计算表

土样号	x	y	x^2	y^2	xy
1	4.9	0.36	24.01	0.1296	1.764
2	5.9	0.50	34.81	0.2500	2.950
3	6.1	0.49	37.21	0.2401	2.989
4	6.6	0.59	43.56	0.3481	3.894
5	7.4	0.59	54.76	0.3481	4.366
6	8.3	0.64	68.89	0.4096	5.312
7	8.3	0.68	68.89	0.4624	5.644
8	9.4	0.68	88.36	0.4624	6.392
9	10.3	0.82	106.09	0.6724	8.446
10	10.9	0.84	118.81	0.7056	9.156
$\sum$	78.1	6.19	645.39	4.0283	50.913

解：本例 $n=10$，x 与 y 的相关关系散点图如图 12-2 所示，从图看出，x 与 y 存在正相关关系。由表 12-2 的最后一行知，$\sum_{i=1}^{n} x_i = 78.1$，$\sum_{i=1}^{n} y_i = 6.19$，$\sum_{i=1}^{n} x_i^2 = 645.39$，$\sum_{i=1}^{n} y_i^2 = 4.0283$，$\sum_{i=1}^{n} x_i y_i = 50.913$。根据式(12.3) 至式(12.6)，得

$$SS_x = 645.39 - (78.1)^2/10 = 35.429$$
$$SS_y = 4.0283 - (6.19)^2/10 = 0.1967$$
$$SP_{xy} = 50.913 - 78.1 \times 6.19/10 = 2.5691$$

$$r = \frac{SP_{xy}}{\sqrt{SS_x}\sqrt{SS_y}} = \frac{2.5691}{\sqrt{35.429}\sqrt{0.1967}} = 0.9732$$

所以，土壤有机质含量 x 和全氮含量 y 的相关系数 $r=0.9732$。

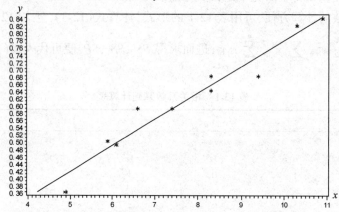

图 12-2 土壤有机质含量 x 和全氮含量 y 的相关关系散点图

12.2.3 相关系数的显著性检验

(1) 关于总体相关系数等于零的假设检验

样本相关系数 r 是一个统计量，是总体相关系数 ρ 的估计值，受抽样误差的影响，因此求得一个 r 后，只有通过其显著性检验，才能知道变数之间的内在联系是否为线性关系，即检验假设

$$H_0: \rho = 0; \quad H_A: \rho \neq 0$$

可采用 t 检验法对相关系数 r 的显著性进行检验。

在 H_0 成立的条件下

$$t = \frac{r}{S_r} = \frac{r\sqrt{n-2}}{\sqrt{1-r^2}} \sim t(n-2) \tag{12-7}$$

式中，$S_r = \sqrt{(1-r^2)/(n-2)}$，称为相关系数标准误。

当 $|t| > t_\alpha(n-2)$ 时，否定无效假设 H_0，相关系数不等于零，即在 α 水平上两变数之间的线性相关关系显著，或称为相关系数显著；否则，两变数之间的线性关系不显著。

对例 12-1 的相关系数 $r=0.9732$ 进行显著性检验(取 $\alpha = 0.01$)。由式(12-7)得

$$t = \frac{r\sqrt{n-2}}{\sqrt{1-r^2}} = \frac{0.9732\sqrt{10-2}}{\sqrt{1-0.9732^2}} = \frac{0.9732}{0.0813} = 11.97$$

查 t 临界值表，$t_{0.01}(8) = 3.355$，$|t| = 11.97 > t_{0.01}(8)$，所以否定无效假设 H_0：$\rho = 0$，接受 H_A：$\rho \neq 0$，$r = 0.9732$ 在 $\alpha = 0.01$ 水平上显著，即土壤有机质含量 x 和全氮含量 y 之间存在显著的线性关系。

由于相关系数的标准误差 $S_r = \sqrt{(1-r^2)/(n-2)}$ 中只含样本相关系数 r 和自由度 $DF_r = n-2$，故在 $DF_r = n-2$ 一定时，t_α 的值都是一定的，因此由式（12-7），解得在自由度和显著性水平 α 一定时 r 的临界值

$$r_\alpha = \sqrt{\frac{t_\alpha^2}{DF_r + t_\alpha^2}} \tag{12-8}$$

如在 $DF_r = n - 2 = 8$ 时，查 t 临界值表，$t_{0.05}(8) = 2.306$，$t_{0.01}(8) = 3.355$，根据式（12-8）算出 $\alpha = 0.05$ 和 $\alpha = 0.01$ 的 r 临界值

$$r_{0.05} = \sqrt{\frac{2.306^2}{8 + 2.306^2}} = 0.632, \quad r_{0.01} = \sqrt{\frac{3.355^2}{8 + 3.355^2}} = 0.765$$

这说明，在 $DF_r = n-2 = 8$ 时，若实测 $|r| > 0.632$，则在 $\alpha = 0.05$ 水平上显著；若实测 $|r| > 0.765$，则在 $\alpha = 0.01$ 水平上显著。由此便构造出不同 DF_r 和 ρ 下的 r 达到显著的 r_α 临界值表，并以此为依据检验 H_0：$\rho = 0$ 的假设是否成立，而不必进行繁杂的计算。

（2）关于总体相关系数等于非零值的假设检验

这是检验一个实得的相关系数 r 与某一指定的相关系数 ρ_0 是否有显著差异，其统计假设为 H_0：$\rho = \rho_0$；H_A：$\rho \neq \rho_0$。检验统计数为：

$$u = \frac{z - \mu_z}{S_z} \sim N(0, 1) \tag{12-9}$$

其中：

$$S_z = \frac{1}{\sqrt{n-3}} \tag{12-10}$$

$$z = \begin{cases} \frac{1}{2}\ln\left(\frac{1+r}{1-r}\right) & (r > 0) \\ -\frac{1}{2}\ln\left(\frac{1+|r|}{1-|r|}\right) & (r < 0) \end{cases} \tag{12-11}$$

$$\mu_z = \begin{cases} \frac{1}{2}\ln\left(\frac{1+\rho}{1-\rho}\right) & (\rho > 0) \\ -\frac{1}{2}\ln\left(\frac{1+|\rho|}{1-|\rho|}\right) & (\rho < 0) \end{cases} \tag{12-12}$$

z 近似服从正态分布，数学期望为 μ_z，标准差为 S_z。

若 $|u| > u_\alpha$，则在 α 水平上否定 H_0：$\rho = \rho_0$，接受 H_A：$\rho \neq \rho_0$。

在具体计算时，z 和 μ_z 可由式（12-10）和式（12-11）计算，也可从 r 与 z 值的转换表中直接查用。

【例 12.2】 已知 $n = 15$，$r = -0.8325$，用 $\alpha = 0.05$ 的显著性水平，检验 H_0：

$\rho = -0.8$;H_A:$\rho \neq -0.8$。

解：根据式(12-9)至式(12-12)得

$$S_z = \frac{1}{\sqrt{15-3}} = 0.2887$$

$$z = -\frac{1}{2}\ln\left(\frac{1+0.8325}{1-0.8325}\right) = -1.1962$$

$$\mu_z = -\frac{1}{2}\ln\left(\frac{1+0.8}{1-0.8}\right) = -1.0986$$

$$u = \frac{z-\mu_z}{S_z} = \frac{-1.1962-(-1.0986)}{0.2887} = -0.338$$

因为$|u| = 0.338 < u_{0.05} = 1.96$，所以接受$H_0$：$\rho = -0.8$，即$r = -0.8325$可能取自$\rho = -0.8$的总体。

(3) 关于两个总体相关系数相等的假设检验

这是检验两个总体的相关系数是否相等的问题，即检验H_0：$\rho_1 = \rho_2$；H_A：$\rho_1 \neq \rho_2$。设两总体的样本相关系数分别为r_1和r_2，样本容量分别为n_1和n_2。在H_0成立的条件下，检验统计数为：

$$u = \frac{z_1-z_2}{S_{z_1-z_2}} \sim N(0, 1) \tag{12-13}$$

其中：

$$S_{z_1-z_2} = \sqrt{\frac{1}{n_1-3}+\frac{1}{n_2-3}} \tag{12-14}$$

为$z_1 - z_2$的标准差，z_1和z_2的计算用式(12-11)。

【例12.3】 已知14个水稻品种的籽粒蛋白质含量与赖氨酸含量之间的相关系数$r_1 = 0.83$；另11个水稻品种的籽粒蛋白质含量与赖氨酸含量之间的相关系数$r_2 = 0.81$，问两相关系数之间的差异是否显著？

解：由式(12-11)可得

$$z_1 = \frac{1}{2}\ln\left(\frac{1+0.83}{1-0.83}\right) = 1.1881$$

$$z_2 = \frac{1}{2}\ln\left(\frac{1+0.81}{1-0.81}\right) = 1.1270$$

由式(12-14)得

$$S_{z_1-z_2} = \sqrt{\frac{1}{14-3}+\frac{1}{11-3}} = 0.4647$$

从而 $u = \frac{z_1-z_2}{S_{z_1-z_2}} = \frac{1.1881-1.1270}{0.4647} = 0.1315$

因为$|u| = 0.1315 < u_{0.05} = 1.96$，所以接受$H_0$：$\rho_1 = \rho_2$，即两相关系数差异不显著。

12.3 直线回归

12.3.1 直线回归方程的建立

对于两个相关变数,一个变数(自变数)用 x 表示,另一个变数(依变数)用 y 表示,如果通过试验或调查获得两个变数的成对观察值为 $(x_1, y_1), (x_2, y_2), \cdots, (x_n, y_n)$。为了直观地看出 x 和 y 间的变化趋势,可将每一对观察值在平面直角坐标系描点,作出散点图。如果从散点图看出变数 y 与 x 是近似的直线关系,则实际观察值 y_i 可表示为:

$$y_i = \alpha + \beta x_i + \varepsilon_i \quad (i = 1, 2, \cdots, n) \tag{12-15}$$

式中,ε_i 为相互独立,且都服从 $N(0, \sigma^2)$ 的随机误差,从而 y_i 服从 $N(\alpha + \beta x_i, \sigma^2)$;$\beta$ 称为回归系数;α 称为回归截距。式(12-5)即为直线回归的数学模型。对此可以根据实际观察值对 α、β 以及方差 σ^2 做出估计。

在直角坐标平面上可以作出无数条直线,而回归直线是指所有直线中最接近散点图中全部散点的直线。设样本直线回归方程为:

$$\hat{y} = a + bx \tag{12-16}$$

式中,a 为 α 的估计值;b 为 β 的估计值。

回归直线在平面坐标系中的位置取决于 a、b 的取值,为了使 $\hat{y} = a + bx$ 能最好地反映 y 和 x 两变量间的数量关系,根据最小二乘估计,a、b 应使回归估计值 $\hat{y}_i = a + bx_i$ 与观察值 y_i 的偏差平方和最小,即

$$Q = \sum_{i=1}^{n}(y_i - \hat{y}_i)^2 = \sum_{i=1}^{n}(y_i - a - bx_i)^2 = \min$$

Q 是关于 a、b 的二次函数,根据多元函数的极值原理,令 Q 对 a、b 的一阶偏导数等于 0,即

$$\frac{\partial Q}{\partial a} = -2\sum_{i=1}^{n}(y_i - a - bx_i) = 0$$

$$\frac{\partial Q}{\partial b} = -2\sum_{i=1}^{n}(y_i - a - bx_i)x_i = 0$$

整理得关于 a、b 的正规方程组:

$$\begin{cases} an + b\sum_{i=1}^{n}x_i = \sum_{i=1}^{n}y_i \\ a\sum_{i=1}^{n}x_i + b\sum_{i=1}^{n}x_i^2 = \sum_{i=1}^{n}x_iy_i \end{cases}$$

解正规方程组,得:

$$b = \frac{\sum_{i=1}^{n}x_iy_i - (\sum_{i=1}^{n}x_i)(\sum_{i=1}^{n}y_i)/n}{\sum_{i=1}^{n}x_i^2 - (\sum_{i=1}^{n}x_i)^2/n} = \frac{\sum_{i=1}^{n}(x_i - \bar{x})(y_i - \bar{y})}{\sum_{i=1}^{n}(x_i - \bar{x})^2} = \frac{SP_{xy}}{SS_x} \tag{12-17}$$

$$a = \bar{y} - b\bar{x} \tag{12-18}$$

式中，a 为样本回归截距，是回归直线与 y 轴交点的纵坐标，当 $x=0$ 时，$\hat{y}=a$；b 为样本回归系数，表示 x 改变一个单位，y 平均改变的数量；b 的符号反映了 x 影响 y 的性质，b 的绝对值大小反映了 x 影响 y 的程度。

当 $b>0$ 时，表示 y 随 x 的增加而增加；当 $b<0$ 时，表示 y 随 x 的增加而减少；当 $b=0$ 或近似于 0 时，表示 y 的变化与 x 的取值无关，两变量间不存在直线回归关系。易验证回归直线过中心点 $(\bar{x}, \bar{y})$。

不难证明最小二乘估计的两个基本性质：

(1) a、b 是 α、β 的无偏估计。即 $E(a) = \alpha$，$E(b) = \beta$。

(2) $D(b) = \sigma^2/SS_x$。

【例 12.4】 研究某花生品种叶位 y 与生长天数 x 之间的关系，得观察数据如表 12-3 所示，试建立叶位 y 依生长天数 x 的回归方程。

表 12-3　叶位与生长天数观察数据

生长天数(x)	8	16	21	26	35	40	49	57	62	67	73	81	95	100	111
叶位(y)	6	7	8	9	10	11	12	13	14	15	16	17	18	19	20

解： 由表 12-3 的数据，得散点图，如图 12-3 所示。由此看出，叶位 y 依生长天数 x 呈线性关系。

首先，根据 $n=15$ 对观察值计算出下列数据：

$$\sum_{i=1}^{n} x_i = 8 + 16 + \cdots + 111 = 841; \bar{x} = 841/15 = 56.07;$$

$$\sum_{i=1}^{n} y_i = 6 + 7 + \cdots + 20 = 195; \bar{y} = 195/15 = 13;$$

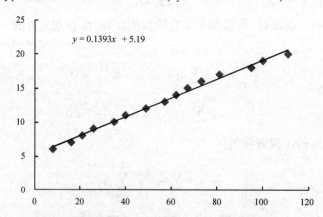

图 12-3　花生生长天数 x 与叶位 y 的散点图

$$\sum_{i=1}^{n} x_i^2 = 8^2 + 16^2 + \cdots + 111^2 = 61481;$$

$$\sum_{i=1}^{n} y_i^2 = 6^2 + 7^2 + \cdots + 20^2 = 2815;$$

$$\sum_{i=1}^{n} x_i y_i = 8 \times 6 + 16 \times 7 + \cdots + 111 \times 20 = 12929 \text{。}$$

根据式(12-3)至式(12-5)，得

$$SS_x = 61481 - (841)^2/15 = 14328.93,$$
$$SS_y = 2815 - (195)^2/15 = 280,$$
$$SP_{xy} = 12929 - 841 \times (195/15) = 1996$$

根据式(12-17)至式(12-18)，计算出 b、a：

$$b = \frac{SP_{xy}}{SS_x} = \frac{1996}{14328.93} = 0.1393$$
$$a = \bar{y} - b\bar{x} = 13 - 0.1393 \times 56.07 = 5.1900$$

从而得到花生叶位 y 依生长天数 x 的直线回归方程为：

$$\hat{y} = 5.1900 + 0.1393x$$

根据直线回归方程可作出回归直线，见图 12-3。从图 12-3 可看出，尽管 $\hat{y} = 5.1900 + 0.1393x$ 是该资料最恰当的回归方程，但是并不是所有的散点都恰好落在回归直线上，这说明用 $\hat{y}$ 去估计 y 是有偏差的。

12.3.2 直线回归方程的显著性检验

由上述求直线回归方程的过程知，无论 x 和 y 之间是否存在直线关系，只要由 n 对观察值 (x_i, y_i)，就可以求得回归方程 $\hat{y} = a + bx$。如果它们之间不存在线性关系，则所求得的回归方程就无意义。如何推断 x 与 y 之间是否真正存在直线回归关系，需要对回归方程进行显著性检验。若 x 与 y 之间不存在直线关系，则总体回归系数 $\beta = 0$，若 x 与 y 之间存在直线关系，则总体回归系数 $\beta \neq 0$。所以，对 x 与 y 之间是否存在直线关系的假设检验其无效假设 $H_0: \beta = 0$，备择假设 $H_A: \beta \neq 0$。检验方法有 F 检验(回归方程的方差分析)和 t 检验(回归系数的显著性检验)。

(1) 回归方程的方差分析——F 检验

回归方程的方差分析是进行回归关系显著性检验的基本方法。由方差分析的原理知，一个变数的总变异可按照变异原因分解成几个部分，然后再进行比较，以检验各种因素作用的大小。回归方程的方差分析也是基于这种思想，在依变数 y 对自变数 x 的回归关系中，y 是随机变数，它不仅受自变数 x 的制约，还受其他随机因子的影响，因此 $\sum_{i=1}^{n}(y_i - \bar{y})^2$ 反映了依变数 y 的总变异，由图 12-4 可以看到 y 的变异由两部分组成：一部分是 y 对 x 的回归方程所形成的变异 $(\hat{y}_i - \bar{y})$；另一部分是随机误差引起的变异 $(y_i - \hat{y}_i)$。所以 y 的总变异为：

$$\sum_{i=1}^{n}(y_i - \bar{y})^2 = \sum_{i=1}^{n}[(\hat{y}_i - \bar{y}) + (y_i - \hat{y}_i)]^2$$
$$= \sum_{i=1}^{n}(\hat{y}_i - \bar{y})^2 + \sum_{i=1}^{n}(y_i - \hat{y}_i)^2 + 2\sum_{i=1}^{n}(\hat{y}_i - \bar{y})(y_i - \hat{y}_i)$$

由于 $\hat{y}_i = a + bx_i = \bar{y} + b(x_i - \bar{x})$，所以 $\hat{y}_i - \bar{y} = b(x_i - \bar{x})$

于是

$$\sum_{i=1}^{n}(\hat{y}_i - \bar{y})(y_i - \hat{y}_i) = \sum_{i=1}^{n} b(x_i - \bar{x})[(y_i - \bar{y}) - b(x_i - \bar{x})]$$

$$= \sum_{i=1}^{n} b(x_i - \bar{x})(y_i - \bar{y}) - \sum_{i=1}^{n} b(x_i - \bar{x})b(x_i - \bar{x})$$

$$= b \cdot SP_{xy} - b^2 \cdot SS_x = b^2 \cdot SS_x - b^2 \cdot SS_x = 0$$

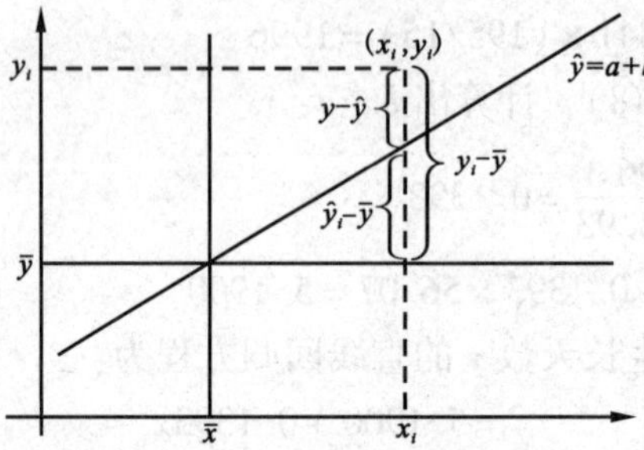

图 12-4 y 离均差的分解

所以有

$$\sum_{i=1}^{n}(y_i - \bar{y})^2 = \sum_{i=1}^{n}(\hat{y}_i - \bar{y})^2 + \sum_{i=1}^{n}(y_i - \hat{y}_i)^2 \tag{12-19}$$

$\sum_{i=1}^{n}(y_i - \bar{y})^2$ 反映了 y 的总变异程度,称为 y 的总平方和,记为 SS_y；$\sum_{i=1}^{n}(\hat{y}_i - \bar{y})^2$ 反映了由于 y 与 x 间存在直线关系所引起的 y 的变异程度,称为回归平方和,记为 U；$\sum_{i=1}^{n}(y_i - \hat{y}_i)^2$ 反映了除 y 与 x 存在直线关系以外的原因,包括随机误差所引起的 y 的变异程度,称为离回归平方和或剩余平方和,记为 Q。式(12-19)又可表示为:

$$SS_y = U + Q \tag{12-20}$$

这表明 y 的总平方和划分为回归平方和与离回归平方和两部分。相应的总自由度 DF_y 也划分为回归自由度 DF_U 与离回归自由度 DF_Q 两部分,即

$$DF_y = DF_U + DF_Q \tag{12-21}$$

在线性回归分析中,回归自由度等于自变数的个数,即 $DF_U = 1$；总自由度 $DF_y = n - 1$；离回归自由度 $DF_Q = n - 2$。于是离回归均方 $MS_Q = Q/DF_Q = Q/(n-2)$,并可以证明它 σ^2 的无偏估计；回归均方 $MS_U = U/DF_U$。

检验 x 与 y 间是否存在直线关系的无效假设 $H_0: \beta = 0$,备择假设 $H_A: \beta \neq 0$。在无效假设 H_0 成立的条件下:

$$F = \frac{MS_U}{MS_Q} = \frac{U/DF_U}{Q/DF_Q} = \frac{U}{Q/(n-2)} : F(1, n-2) \tag{12-22}$$

当 $F > F_\alpha(1, n-2)$ 时,否定无效假设 H_0,接受备择假设 H_A,回归系数不等于零,即在 α 水平上两变数之间的线性回归关系显著,或称为回归方程显著；否则,两变数之间的线性回归关系不显著。

回归平方和的计算公式:

$$U = \sum_{i=1}^{n}(\hat{y}_i - \bar{y})^2 = \sum_{i=1}^{n}[b(x_i - \bar{x})]^2 = b^2 SS_x = bSP_{xy} = SP_{xy}^2/SS_x \tag{12-23}$$

离回归平方和的计算公式为：

$$Q = SS_y - U = SS_y - \frac{SP_{xy}^2}{SS_x} \tag{12-24}$$

对于例 12-4 的资料，因为 $SS_y = 280$，$SS_x = 14328.93$，$SP_{xy} = 1996$，所以：

$$U = \frac{SP_{xy}^2}{SS_x} = \frac{1996^2}{14328.93} = 278.04$$

$$Q = SS_y - U = 280 - 278.04 = 1.96$$

而 $DF_y = n - 1 = 15 - 1 = 14$，$DF_U = 1$，$DF_Q = n - 2 = 15 - 2 = 13$。

于是

$$F = \frac{U}{Q/(n-2)} = \frac{278.04}{1.96/13} = \frac{278.04}{0.1508} = 1843.77$$

可以列出方差分析表进行回归关系显著性检验，见表 12-4。

表 12-4　叶位与生长天数回归关系方差分析

变异来源	DF	SS	MS	F 值	$F_{0.01}$
回归	1	278.04	278.04	1843.77	9.07
离回归	13	1.96	0.1508		
总变异	14	280.00			

因为 $F = 1843.77 > F_{0.01}(1, 13) = 9.07$，$P < 0.01$，表明叶位与生长天数间存在显著的直线关系。

（2）回归系数的显著性检验——t 检验

回归系数的显著性检验——t 检验也可以检验 x 与 y 间是否存在直线关系。回归系数显著性检验的无效假设和备择假设分别为 $H_0: \beta = 0$；$H_A: \beta \neq 0$。

由最小二乘估计的性质可知，$b \sim N(\beta, \sigma^2/SS_x)$，则

$$\frac{b - \beta}{\sqrt{\sigma^2/SS_x}} \sim N(0, 1)$$

其中，σ^2 未知时，用其无偏估计 $Q/(n-2)$ 代替，则称

$$S_b = \sqrt{\frac{Q}{(n-2)SS_x}} \tag{12-25}$$

为回归系数 b 的标准误。因此，在无效假设 H_0 成立的条件下

$$t = \frac{b}{S_b} \sim t(n-2) \tag{12-26}$$

当 $|t| > t_\alpha(n-2)$ 时，否定无效假设 H_0，即在 α 水平上两变数之间直线关系显著，或称为回归系数显著；否则，两变数之间的直线关系不显著。

对于例 12-4 的资料，已计算得 $b = 0.1393$，$SS_x = 14328.93$，$SS_e = 1.96$，故有

$$S_b = \sqrt{\frac{Q}{(n-2)SS_x}} = \sqrt{\frac{1.96}{(15-2) \times 14328.93}} = 0.0032$$

$$t = \frac{b}{S_b} = \frac{0.1393}{0.0032} = 43.53$$

查 t 临界值表，$t_{0.01}(13) = 3.012$，$|t| = 43.53 > t_{0.01}(13) = 3.012$，$P < 0.01$，所以否

定无效假设 $H_0: \beta = 0$，接受 $H_A: \beta \neq 0$，即叶位(y)与生长天数(x)的直线回归系数 $b = 0.1393$ 是极显著的，表明叶位与生长天数间存在极显著的直线关系。

F 检验的结果与 t 检验的结果一致。事实上，检验统计数 $F = t^2$，在直线回归分析中，这两种检验方法是等价的，可任选一种进行检验。

12.3.3 利用回归方程进行预测

当建立的直线回归方程 $\hat{y} = a + bx$ 显著时，可利用该回归方程进行预测，即当 $x = x_0$ 时，预测 y 的取值，这是"以 B 报 A"的典型方法。其点估计值 $\hat{y}_0 = a + bx_0$，区间估计(预测置信区间)可分为对 y 的总体平均数的估计和对 y 的单个值的估计。

(1) 对 y 总体平均数的置信区间

可以证明：y 总体平均数的 $1 - \alpha$ 置信区间为 $\hat{y}_0 \pm \Delta$，即 $[\hat{y}_0 - \Delta, \hat{y}_0 + \Delta]$。

其中

$$\Delta = t_\alpha(n-2)\sqrt{\frac{Q}{n-2}}\sqrt{\frac{1}{n} + \frac{(x-\bar{x})^2}{SS_x}} \tag{12-27}$$

称为最大预测误差限。

对例 12.4 的资料，求当 $x = 90$ 时 y 总体平均数的 99% 置信区间。

当 $x = 90$ 时，$\hat{y}_0 = 5.1894 + 0.1393 \times 90 = 17.7264$，$t_{0.01}(13) = 3.012$，从而

$$\Delta = 3.012\sqrt{\frac{1.96}{15-2}}\sqrt{\frac{1}{15} + \frac{(90-56.07)^2}{14328.93}}$$

$$= 3.012 \times 0.3883 \times 0.3834 = 0.4484$$

$\hat{y}_0 - \Delta = 17.7264 - 0.4484 = 17.278$，$\hat{y}_0 + \Delta = 17.7264 + 0.4484 = 18.175$，所以当 $x = 90$ 时，y 总体平均数的 99% 置信区间为：[17.278, 18.175]。

这说明生长天数为 90 天时，叶位总体平均在 [17.278, 18.175] 区间内，其可靠性为 99%。

(2) 单个 y 值的置信区间

单个 y 值的 $1 - \alpha$ 预测置信区间为 $\hat{y}_0 \pm \Delta$，即 $[\hat{y}_0 - \Delta, \hat{y}_0 + \Delta]$。

其中：

$$\Delta = t_\alpha(n-2)\sqrt{\frac{Q}{n-2}}\sqrt{1 + \frac{1}{n} + \frac{(x-\bar{x})^2}{SS_x}} \tag{12-28}$$

对例 12.4 的资料，求当 $x = 90$ 时单个 y 值的 99% 置信区间。

当 $x = 90$ 时，$\hat{y}_0 = 5.1894 + 0.1393 \times 90 = 17.7264$，$t_{0.01}(13) = 3.012$，从而

$$\Delta = 3.012\sqrt{\frac{1.96}{15-2}}\sqrt{1 + \frac{1}{15} + \frac{(90-56.07)^2}{14328.93}}$$

$$= 3.012 \times 0.3883 \times 1.0710 = 1.2526$$

$\hat{y}_0 - \Delta = 17.7264 - 1.2526 = 16.474$，$\hat{y}_0 + \Delta = 17.7264 + 1.2526 = 18.979$，所以当 $x = 90$ 时，y 总体平均数的 99% 置信区间为：[16.474, 18.979]。

这说明生长天数为 90 天时，叶位在 [16.474, 18.979] 区间内，其可靠性为 99%。

从式(12-27)和式(12-28)可以看出：对 y 总体平均值的估计预测精度要比对单个 y 值的估计精度高；最大估计误差限 Δ，随 $(x_0-\bar{x})$ 的绝对值的增大而增大，这表明 x_0 愈靠近 $\bar{x}$，对 y 总体平均值或单个 y 值的估计就愈精确；否则，预测精度越低。图 12-5 给出了预测区间置信限。因此，在利用直线回归方程进行预测时，x_0 的取值只能在原来研究的范围内，即 $x_0 \in [\min\{x_i\},$

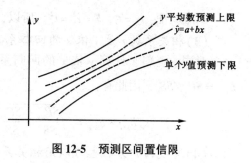

图 12-5　预测区间置信限

$\max\{x_i\}]$，不能随意外推预测，因为在研究的范围内两变数是直线关系，这并不能保证在这研究范围之外仍然是直线关系，这也是回归预测的一个缺点。当给定 y 的值，估计 x 取值的过程称为控制，这里不再讨论。

12.4　有关应用问题讨论

12.4.1　直线回归与相关的内在联系

(1) 回归系数和相关系数的关系

回归系数与相关系数有相同的符号(正或负)，所以反映 x 与 y 之间关系的性质是相同的。这是因为它们的符号都由 SP_{xy} 的符号所确定。它们的不同之处是：回归系数是有量纲(单位)的，而相关系数是无量纲的。若将回归系数 b 作消去量纲的标准化处理，即对 b 中的 x 和 y 的离差分别除以各自的标准差 s_x 和 s_y，则有标准回归系数为：

$$b^* = \frac{\sum_{i=1}^{n}\left(\frac{x_i-\bar{x}}{s_x}\right)\left(\frac{y_i-\bar{y}}{s_y}\right)}{\sum_{i=1}^{n}\left(\frac{x_i-\bar{x}}{s_x}\right)^2} = \frac{SP_{xy}}{s_x \cdot s_y} \cdot \frac{s_x^2}{\sum_{i=1}^{n}(x_i-\bar{x})^2}$$

$$= \frac{SP_{xy}}{\sqrt{\sum_{i=1}^{n}(y_i-\bar{y})^2}} \cdot \frac{\sqrt{\sum_{i=1}^{n}(x_i-\bar{x})^2}}{\sum_{i=1}^{n}(x_i-\bar{x})^2}$$

$$= \frac{SP_{xy}}{\sqrt{\sum_{i=1}^{n}(x_i-\bar{x})^2}\sqrt{\sum_{i=1}^{n}(y_i-\bar{y})^2}} = \frac{SP_{xy}}{\sqrt{SS_x}\sqrt{SS_y}} = r$$

所以，有时把相关系数称为标准回归系数。

(2) 回归方程、回归系数和相关系数检验之间的关系

三种检验的统计数分别为：

$$F = \frac{U}{Q/(n-2)},\quad t_b = \frac{b}{\sqrt{\dfrac{Q}{(n-2)SS_x}}},\quad t_r = \frac{r\sqrt{n-2}}{\sqrt{1-r^2}}$$

不难验证：$t_b = t_r$，$F = t_b^2 = t_r^2$。所以，在实际应用中只检验其中之一即可。

(3) 相关系数 r 是 y 依 x 的回归系数 $b_{y/x}$ 和 x 依 y 的回归系数 $b_{x/y}$ 的几何平均数

对同一资料，计算 y 依 x 的回归系数 b 记为 $b_{y/x}$，计算 x 依 y 的回归，其回归系数 $b_{x/y} = SP_{xy}/SS_y$，因此有：

$$\sqrt{b_{y/x} \cdot b_{x/y}} = \sqrt{\frac{SP_{xy}}{SS_x} \cdot \frac{SP_{xy}}{SS_y}} = \sqrt{\frac{SP_{xy}^2}{SS_x \cdot SS_y}} = \sqrt{r^2} = r$$

(4) 直线回归方程也可以用相关系数表示

因为 $b = \dfrac{SP_{xy}}{SS_x} = \dfrac{SP_{xy}}{\sqrt{SS_x \cdot SS_y}} \cdot \sqrt{\dfrac{SS_y}{SS_x}} = r\sqrt{\dfrac{SS_y}{SS_x}}$，所以回归方程可写为

$$\hat{y} = \bar{y} + r\sqrt{\frac{SS_y}{SS_x}}(x - \bar{x})$$

(5) 回归平方和与剩余平方和也可以用相关系数表示

由式(12-23)与式(12-24)得：

$$U = \frac{SP_{xy}^2}{SS_x} = \frac{SP_{xy}^2}{SS_x \cdot SS_y} \cdot SS_y = r^2 SS_y$$

$$Q = SS_y - U = (1 - r^2)SS_y$$

由此可见，直线相关分析与回归分析关系十分密切，事实上，它们研究的都是呈直线关系的相关变数。直线回归分析将两个相关变数区分为自变数和依变数，侧重于寻求它们之间的联系形式——直线回归方程；直线相关分析不区分自变数和依变数，侧重于揭示它们之间的联系程度和性质——相关系数。两种分析的显著性检验都是检验 y 与 x 间是否存在直线关系。因而二者的检验是等价的。即相关系数显著，回归系数和回归方程亦显著；相关系数不显著，回归系数和回归方程也必然不显著。由于利用查表法对相关系数进行检验十分简便，因此在进行直线回归分析时，可先计算出相关系数 r 并对其进行显著性检验，若检验结果 r 不显著，则不需要建立直线回归方程；若 r 显著，再计算回归系数 b、回归截距 a，建立直线回归方程，此时所建立的直线回归方程是有意义的，可利用来进行预测和控制。

12.4.2 直线相关与回归的应用要点

直线相关与回归分析在各领域中得到了广泛的应用，是统计方法中应用最广的方法之一。但在实际工作中可能被误用或作出不恰当的解释。为了正确地应用直线相关与回归分析这一工具，特提出以下应用要点：

(1) 根据专业知识确定相关变数

直线相关与回归分析是处理变数间关系的数学方法，要根据专业知识和客观实际情况确定变数。譬如变量间是否存在直线相关以及在什么条件下会发生直线相关，求出的直线回归方程是否有意义，自变数或依变数的确定等等，都必须由相应的专业知识来决定，并且还要到实践中去检验。如果不以一定的专业知识为前提，随意把资料凑到一起作直线相关与回归分析，将会造成根本性的错误。

(2) 保持研究变数以外因素的一致性

由于自然界各种事物间的相互联系和相互制约，一个变数的变化通常会受到许多其他变数的影响，因此，在研究两个变数间关系时，要求其余变量应尽量保持一致，否则，回归分析和相关分析可能会导致完全虚假的结果。例如，研究密度与产量的关系，由于品种、播期、肥水等条件的不同也影响产量，所以这些条件要保持一致，才能真正反映密度与产量的关系。

(3) 正确认识相关关系的显著性

一个不显著的相关系数并不意味着变量 x 和 y 之间没有关系，而只能说明两变数间没有显著的直线关系，不能排除存在非线性关系(用非线性回归)；一个显著的相关系数也并不意味着 x 和 y 的关系必定为直线，因为并不排除它们有更好的非线性关系。

(4) 样本容量 n 要尽可能大一些

在进行直线回归与相关分析时，样本容量 n 要尽可能大一些，这样可提高分析的精确性，n 必须大于 2，一般 $n>4$，同时变数 x 的取值范围要尽可能大一些，这样才容易发现两个变数间的变化规律。

(5) 预测外推要谨慎

直线回归方程是在一定取值范围内对两个变数间关系的描述，超出这个范围，变数间关系类型可能会发生改变，所以回归预测必须限制在自变数 x 的取值范围以内，外推要谨慎，否则会得出错误的结果。

(6) 回归关系显著不一定具有实践上的预测意义

要用回归方程进行预测，回归关系必须显著；但回归关系显著，不一定具有实践上的预测意义。如 $n=26$ 的样本相关系数 $r=0.5>r_{0.01}=0.496$，表明相关系数极显著。而 $r^2=0.25$，即 y 的总变异能够通过 x 以直线回归的关系来估计的比重只占 25%，其余的 75% 的变异无法借助直线回归来估计，所以由 x 预测 y 可靠性不高。一般而言，要求 $|r|>0.7$，这样 y 的变异将由 49% 以上由 x 的变异说明。

小　结

本节重点讨论了两个变数之间的线性关系，研究方法分为相关分析和回归分析，其差别在于：相关分析是研究两个变数之间的相互依存关系，用相关系数来表达；回归分析是研究两个变量之间的单向依存关系，用回归方程来表达。

(1) 相关系数。先介绍相关系数的计算公式，然后给出了显著性检验的 t 检验法，或者直接使用相关系数临界值 r_α 进行检验。当相关系数显著时，认为两变数间线性关系显著。

(2) 回归方程。根据最小二乘估计，依变数 y 和自变数 x 间的回归直线方程中有回归截距与回归系数。检验两个变数之间是否存在直线关系的方法或者使用 F 检验或者使用 t 检验。当回归方程显著或回归系数显著时，则回归方程有意义。

(3) 回归预测。当建立的回归方程显著时，可利用该回归方程对给定自变数值来预测估计依变数的取值。直接由回归方程得其点估计值，$1-\alpha$ 置信区间估计因估计对象不同分为两种情形：对 y 总体平均数进行估计和对单个 y 值进行估计。

练习题

1. 什么是直线相关分析？决定系数、相关系数的意义是什么？如何计算？
2. 什么叫直线回归分析？回归截距、回归系数与回归估计值 $\hat{y}$ 的统计意义是什么？
3. 设 $(x_i, y_i)(i=1, 2, \cdots, n)$ 是来自二维正态总体的一组随机样本，问这批数据获得的 y 依 x 的回归直线和 x 依 y 的回归直线是否是同一条直线？这直线的回归系数与他们的相关系数之间有什么关系？
4. 试证明：(1) a、b 是 α、β 的无偏估计；(2) $D(b)=\sigma^2/SSx$；(3) $Q/(n-2)$ 是 σ^2 的无偏估计。
5. 对麻栎树木的树高 y 和胸径 x 进行测量，其数据见下表，试进行相关分析。($r=0.9797$)

胸径 x	5.8	8.1	9.9	11.9	14.0	16.2	17.9	19.9	21.6	23.7
树高 y	4.8	6.2	7.6	8.6	8.2	9.2	10.1	10.4	11.4	12.8

6. 在马铃薯膨化试验中，测得膨化度 y 和复水比 x 数据见下表，试进行相关分析。($r=0.9284$)

复水比 x	1.82	1.97	2.13	2.15	2.11
膨化度 y	1.94	2.25	2.30	2.31	2.32

7. 对 8 个鲁麦系列品种的株高 y(cm) 与穗长 x(cm) 进行测量，得数据如见下表，(1) 求 y 依 x 的直线回归方程；(2) 对回归方程进行显著性检验；(3) 当 $x=7.8$ 时，预测单个 y 的 95% 置信区间。($a=40.99$，$b=4.68$；$F=28.20$，$t=5.31$；[70.25, 84.71])

穗长 x	8.24	6.43	6.20	7.30	9.42	8.37	8.98	8.79
株高 y	77.03	71.44	72.65	72.45	86.20	76.69	84.10	85.47

8. 在香蕉膨化试验中，测得膨化度 y 和温度 x 数据见下表，(1) 求 y 依 x 的直线回归方程；(2) 对回归方程进行显著性检验；(3) 当 $x=100$ 时，预测单个 y 的 95% 置信区间。($a=0.115$，$b=0.029$；$F=49.47$，$t=7.03$；[2.56, 3.47])

温度 x	85	95	105	115	125
膨化度 y	2.5	2.9	3.2	3.6	3.6

第13章 多元回归与相关

13.1 概 述

在生产和现实世界中，我们经常遇到一些复杂的现象，这些现象往往由多种因素综合而成。例如，作物产量的高低不仅与播期、密度、施肥等因素有关，而且还与气温、雨量、太阳辐射有关。为研究这类问题，我们必须在直线相关和回归分析的基础上，进一步扩展，增加变数个数，综合若干变数间关系，真实反映客观事物的内在规律性。

13.1.1 多元线性回归

在多个变数中，有一个依变数，该依变数和两个或两个以上自变数的回归称为多元回归或复回归。多元回归在实践中应用很多。如我们农业科学中作物产量与产量构成因素穗数、粒数、粒重的关系；害虫发生量与上代基数、生殖与死亡率、温度、雨量等关系；以及果品贮藏期与贮藏温度、通气情况的关系等。在上述关系中如果各自变数与依变数具线性关系则称为多元线性回归。对于不呈线性关系的回归又称非线性回归。

13.1.2 多元线性相关

在多个变数中，一个变数和其他所有变数的综合的相关叫多元相关或复相关。若这些变数间的相互关系呈线性关系，则称为多元线性相关。在多元相关分析中，若除指定的两个变数间相关外，其余变数皆固定，则称这种相关叫偏相关或净相关。相关分析是一个独立的多变数分析体系，并不需要依赖于回归。但正如我们在直线相关与回归分析中已知的事实；相关和回归是相互独立的，又是相互联系的。从理论上讲多元相关和偏相关的变数都是随机的，无自变数和依变数之分。在实践上，复相关和偏相关的统计数，也常用于有自变数和依变数之分的资料，并用作回归的显著性的一个指标。

13.2 多元线性回归方程的建立

13.2.1 多元线性回归模型

设自变数 $X_1, X_2, \cdots, X_m$ 与依变数 Y 皆具线性关系，则一个 m 元线性回归模型为：

$$y_j = \beta_0 + \beta_1 x_{1j} + \beta_2 x_{2j} + \cdots + \beta_m x_{mj} + \varepsilon_j \, JZ) \tag{13-1}$$

式中，$j = 1, 2, \cdots, N$；$\beta_0, \beta_1, \beta_2, \cdots, \beta_m$ 为常数，且称作总体偏回归系数；ε_j 为随机误差，且服从正态分布 $N(0, \sigma_\varepsilon^2)$。该模型的总体回归方程为

$$\mu_y = \beta_0 + \beta_1 x_1 + \beta_1 x_2 + \cdots + \beta_m x_m \tag{13-2}$$

当用样本估计回归方程时，设样本容量为 n，则回归模型为：

$$y_j = b_0 + b_1 x_{1j} + b_2 x_{2j} + \cdots + b_m x_{mj} + e_j \quad (j = 1, 2, \cdots, n) \tag{13-3}$$

样本回归方程为：

$$\hat{y} = b_0 + b_1 x_1 + b_2 x_2 + \cdots + b_m x_m \tag{13-4}$$

式中，$b_0, b_1, b_2, \cdots, b_m$ 分别是相应总体参数的估计值。

13.2.2 偏回归系数的计算

回归模型为：

$$y_j = b_0 + b_1 x_{1j} + b_2 x_{2j} + \cdots + b_m x_{mj} + e_j \quad (j = 1, 2, \cdots, n) \tag{13-5}$$

用矩阵表示为：

$$\begin{pmatrix} y_1 \\ y_2 \\ \vdots \\ y_n \end{pmatrix} = \begin{pmatrix} 1 & X_{11} & \cdots & x_{m1} \\ 1 & X_{12} & \cdots & x_{m2} \\ \vdots & \vdots & \vdots & \vdots \\ 1 & X_{1n} & \cdots & x_{mn} \end{pmatrix} \begin{pmatrix} b_1 \\ b_2 \\ \vdots \\ b_m \end{pmatrix} + \begin{pmatrix} e_1 \\ e_2 \\ \vdots \\ e_n \end{pmatrix} \tag{13-6}$$

即

$$Y = Xb + e \tag{13-7}$$

求回归统计数 b 时，必须满足 $Q = e'e$ 为最小。令

$$\frac{\partial Q}{\partial b} = 0$$

即

$$\frac{\partial Q}{\partial b} = \frac{\partial (Y - Xb)'(Y - Xb)}{\partial b}$$

$$= \frac{\partial (Y'Y - 2b'X'Y + b'X' \cdot Xb)}{\partial b}$$

$$= -2X'Y + 2X'Xb$$

$$= 0$$

整理得
$$X'Y - X'X\,b = 0$$
即
$$X'X\,b = X'Y$$
因此
$$b = (X'X)^{-1}(X'Y) \tag{13-8}$$

【例 13.1】 测定 13 块某品种水稻高产田的每 667m^2 穗数(x_1，单位：万)每穗实粒数(x_2)和每 667m^2 稻谷产量(y，单位：kg)得结果于表 13-1。试建立二元线性回归方程。

解：因为

$$X = \begin{pmatrix} 1 & 26.7 & 73.4 \\ 1 & 31.3 & 59.0 \\ \vdots & \vdots & \vdots \\ 1 & 34.0 & 59.8 \end{pmatrix}$$

$$Y = \begin{pmatrix} 1008 \\ 959 \\ \vdots \\ 1045 \end{pmatrix}$$

表 13-1 水稻每 667m^2 穗数(x_1)每穗粒数(x_2)和每 667m^2 产量(y)

x_1	x_2	y	一级数据	二级数据
26.7	73.4	1008	$\sum x_1 = 20.4$	$l_{11} = 79.6077$
31.3	59.0	959	$\sum x_2 = 44.7$	$l_{1y} = 943.7692$
30.4	65.9	1051	$\sum y = 324$	$\bar{x}_1 = 31.5692$
33.9	58.2	1022	$\sum x_1^2 = 111.62$	$l_{22} = 295.9108$
34.6	64.6	1097	$\sum x_2^2 = 449.61$	$l_{2y} = 38.9385$
33.8	64.6	1103	$\sum y^2 = 36320$	$\bar{x}_2 = 63.4385$
30.4	62.1	992	$\sum x_1 x_2 = -39.96$	$l_{yy} = 28244.9231$
27.0	71.4	945	$\sum x_1 y = 1452.2$	$l_{12} = -110.1046$
33.3	64.5	1074	$\sum x_2 y = 1153.0$	$\bar{y} = 1024.9231$
30.4	64.1	1029		
31.5	61.1	1004		
33.1	56.0	995		
34.0	59.8	1045		

所以

$$X'X = \begin{pmatrix} 1 & 1 & \cdots & 1 \\ 26.7 & 31.3 & \cdots & 34.0 \\ 73.4 & 59.0 & \cdots & 59.8 \end{pmatrix} \begin{pmatrix} 1 & 26.7 & 73.4 \\ 1 & 31.3 & 59.0 \\ \vdots & \vdots & \vdots \\ 1 & 34.0 & 59.8 \end{pmatrix}$$

$$= \begin{pmatrix} 13 & 410.40 & 824.70 \\ 410.40 & 13035.62 & 25925.04 \\ 824.70 & 25925.04 & 52613.61 \end{pmatrix}$$

$$X'Y = \begin{pmatrix} 1 & 1 & \cdots & 1 \\ 26.7 & 31.3 & \cdots & 34.0 \\ 73.4 & 59.0 & \cdots & 59.8 \end{pmatrix} \begin{pmatrix} 1008 \\ 959 \\ \vdots \\ 1045 \end{pmatrix}$$

$$= \begin{pmatrix} 13324.00 \\ 421572.20 \\ 845293.00 \end{pmatrix}$$

$$(X'X)^{-1} = \begin{pmatrix} 13 & 410.40 & 824.70 \\ 410.40 & 13035.62 & 25925.04 \\ 824.70 & 25925.04 & 52613.61 \end{pmatrix}^{-1}$$

$$= \begin{pmatrix} 92.4613 & -1.4279 & -0.7457 \\ -1.4279 & 0.0259 & 0.0096 \\ -0.7457 & 0.0096 & 0.0070 \end{pmatrix}$$

由此可得

$$b = (X'X)^{-1}(X'Y)$$

$$= \begin{pmatrix} 92.4613 & -1.4279 & -0.7457 \\ -1.4279 & 0.0259 & 0.0096 \\ -0.7457 & 0.0096 & 0.0070 \end{pmatrix} \begin{pmatrix} 13324.00 \\ 421572.20 \\ 845293.00 \end{pmatrix}$$

$$= \begin{pmatrix} -351.7457 \\ 24.8002 \\ 9.3594 \end{pmatrix}$$

故回归方程为：

$$\hat{y} = -351.7457 + 24.8002x_1 + 9.3594x_2$$

该方程的意义是：当每穗粒数(x_2)保持不变时，每667m² 穗数(x_1)每增加1(万)，每667m² 产量将平均增加约24.8kg；当每667m² 穗数(x_1)保持不变时，每穗粒数(x_2)每增加1粒，每667m² 产量平均增加约9.4kg，这里还要注意，该方程自变数的取值范围：x_1 为[26.7, 34.6]，x_2 为[56.4, 73.4]。

13.3 多元线性回归的统计推断

13.3.1 多元线性回归关系的假设检验

和直线回归的情况一样，在多元线性回归下，依变数的平方和也分解成回归(U)和离回归(Q)两部分。即

$$SS_y = U + Q$$
$$SS_y = Y'Y - (1'Y)^2/n$$
$$U = b'X'Y - (1'Y)^2/n$$
$$Q = e'e = Y'Y - b'X'Y$$

可以证明
$$Q = SS_y - U \tag{13-9}$$

U 是由 $x_1, x_2, \cdots, x_m$ 的不同所引起，具有自由度 m，Q 是与自变数无关的，具有自由度 $n-m-1$。所作假设为：$H_0: \beta_1 = \beta_2 = \cdots = \beta_m = 0$；$H_A: \beta_1, \beta_2, \cdots, \beta_m$ 不全等于零。因此，由 F 值

$$F = \frac{U/m}{Q/(n-m-1)} \tag{13-10}$$

可进行多元回归关系是否真实存在的检验。

【例 13.2】 试对例 13.1 作多元回归关系的假设检验。

解：$SS_y = Y'Y - (1'Y)^2/n$

$$= (1008 \quad 959 \quad \cdots \quad 1045) \begin{pmatrix} 1008 \\ 959 \\ \vdots \\ 1045 \end{pmatrix} - \left[(1 \quad 1 \quad \cdots \quad 1) \begin{pmatrix} 1008 \\ 959 \\ \vdots \\ 1045 \end{pmatrix} \right]^2 \div 13$$

$= 13684320 - 177528976/13$

$= 13684320 - 13656075.1$

$= 28244.9231$

$U = b'X'Y - (1'Y)^2/n$

$= 13679845.15 - 13656075.1$

$= 23770.0711$

$Q = SSy - U = 28244.9231 - 23770.0711 = 4474.8520$

将计算结果列成方差分析表，见表 13-2。

表 13-2 多元回归的方差分析

变异来源	DF	SS	MS	F	$F_{0.01}$
二元回归	2	23770.0711	11885.0356	26.56	7.56
离回归	10	4474.8520	447.4852		
总变异	12	28244.9231			

F 检验表明 H_0 被否定，即 x_1 和 x_2 与 y 有真实回归关系。这种真实的回归关系是全部自变数的综合对 y 的关系，未揭示各自变数对 y 的单独关系。为此，还需进一步对各偏回归系数进行假设检验。

13.3.2 偏回归系数的假设检验

偏回归系数的假设检验，就是检验各总体偏回归系数是否等于零。所作的假设是 H_0：

$\beta_i = 0$ 对 $H_A: \beta_i \neq 0$, $i = 1, 2, \cdots, m$。检验的方法可以用 t 检验或 F 检验。

(1) t 检验

偏回归系数的标准误为：

$$s_{b_i} = s_{y/12\cdots m} \sqrt{c_{(i+1)(i+1)}} \tag{13-11}$$

式中：

$$s_{y/12\cdots m} = \sqrt{\frac{Q}{n-m-1}}$$

$c_{(i+1)(i+1)}$ 是 $(X'X)^{-1}$ 主对角线上的第 $(i+1)$ 个元素。

由于 $(b_i - \beta_i)/s_{b_i}$ 符合 $DF = n - m - 1$ 的 t 分布，故在 $H_0: \beta_i = 0$ 假设下，由

$$t_i = b_i / s_{b_i}$$

可对 b_i 进行显著性检验。

【例 13.3】 试对例 13.1 的偏回归系数作 t 检验。

解：在上面的例子中我们已算得

$$c_{22} = 0.0258805, \quad c_{33} = 0.0069625$$

$$s_{y/12\cdots m} = \sqrt{\frac{Q}{n-m-1}} = \sqrt{\frac{4474.9116}{13-2-1}} = 21.15$$

因此有

$$s_{b_1} = 21.15 \times \sqrt{0.0258805} = 3.4024$$

$$t_1 = \frac{24.8001}{3.4024} = 7.29$$

$$s_{b_2} = 21.15 \times \sqrt{0.0069625} = 1.7648$$

$$t_2 = \frac{9.3594}{1.7648} = 5.30$$

当 $DF = n - m - 1 = 13 - 2 - 1 = 10$ 时，$t_{0.01}(10) = 3.17$，实得两个 $|t|$ 值都大于 $t_{0.01}$，即两个 H_0 被否定而接受 H_A，即每 667m² 穗数和每穗实粒数对产量的偏回归都是显著的。

(2) F 检验

多元回归中，由于采用最小平方法的缘故，自变数越多则回归的平方和也必然越大。相反地，若取消一个自变数 x_i，则回归平方和将减少 u_{pi}，其中：

$$u_{pi} = \frac{b_i^2}{c_{(i+1)(i+1)}}$$

称之为 y 在 x_i 上的偏回归平方和。即在 y 的变异中由 x_i 的变异所决定的那一部分平方和，具有自由度 $DF = 1$，因此，可用 F 检验：

$$F = \frac{u_{pi}/1}{Q_{y/12\cdots m}/(n-m-1)} \tag{13-12}$$

来对各偏回归系数进行检验。

【例 13.4】 试对表 13-1 资料的各偏回归系数作 F 检验。

解：根据上面例子所得结果，可得：

$$u_{p_1} = \frac{24.8001^2}{0.0258805} = 23764.8021$$

$$u_{p_2} = \frac{9.3594^2}{0.0069625} = 12581.4533$$

结合离回归按变异来源列出偏回归的方差分析见表13-3。

表13-3 偏回归 F 检验

变异来源	DF	SS	MS	F	$F_{0.01}$
因 x_1 的回归	1	23764.8001	3764.8021	53.1	10.04
因 x_2 的回归	1	12581.4533	12581.4833	28.1	10.04
离回归	10	4474.8520	447.4852		

表中检验结果表明 x_1 和 x_2 的偏回归都显著，与 t 检验结论相同。故在实际应用上可任选一种。

还有一点值得注意的是，在回归方程的方差分析和偏回归系数的方差分析中，回归平方和的计算，出现了自由度相等，而平方和不等的现象。对二元回归 $U = 23770$，$DF = 2$，而 x_1 和 x_2 为偏回归平方 23765 和 12581 二者之和为 36346，这超过了 U。这一"矛盾"的出现，反映了多元回归分析中一种新的信息：在 m 元线性回归中，如果各个自变数间没有相关，则必有：

$$U = \sum_1^m u_{p_i}$$

如果各个自变数间存在不同程度的相关，则

$$U \neq \sum_1^m u_{p_i}$$

如果各个自变数间的效应发生了混淆，对两个自变数 x_1 和 x_2 来说，若它们有显著的正相关，则 x_1 中包含着 x_2 的正效应，x_2 中也包含着 x_1 的正效应，因而有

$$U > u_{p_1} + u_{p_2}$$

若 x_1 和 x_2 有显著负相关则 x_1 中包含着 x_2 的负效应，x_2 中也包含 x_1 的负效应，因而

$$U < u_{p_1} + u_{p_2}$$

对于表13-1资料，$U < u_{p_1} + u_{p_2}$，从 $r_{12} = -0.9342$ 可知 x_1 和 x_2 间有一个显著的负相关。

13.3.3 多元回归方程的区间估计

与直线回归相类似，对多元回归方程的区间估计也分为 y 总体平均数和 y 总体观察值的区间估计。

在自变数一定时，m 元线性回归估计值的标准误为

$$s_{\hat{y}_{12\cdots m}} = s_{y/12\cdots m}\sqrt{\frac{1}{n} + \sum_1^m \sum_1^m c_{(i+1)(j+1)}(x_i - \bar{x}_i)(x_j - \bar{x}_j)}$$

观察值的标准误为：

$$s_{y_{12\cdots m}} = s_{y/12\cdots m}\sqrt{1 + \frac{1}{n} + \sum_1^m \sum_1^m c_{(i+1)(j+1)}(x_i - \bar{x}_i)(x_j - \bar{x}_j)} \tag{13-13}$$

式中：n 为多元样本的容量；$i,j=1,2,\cdots,m$；$c(i+1)(j+1)$ 为 $(X'X)^{-1}$ 中第 $(i+1)$ 行第 $(j+1)$ 列的元素；x_i 和 x_j 分别为第 i 自变数和第 j 自变数的值。因此，对于多元 y 总体平均数的 $1-\alpha$ 置信值区间可给定为：

$$L_1 = \hat{y}_{12\cdots m} - t_\alpha(n-m-1)s_{\hat{y}_{12\cdots m}},\ L_2 = \hat{y}_{12\cdots m} + t_\alpha(n-m-1)s_{\hat{y}_{12\cdots m}} \quad (13\text{-}14)$$

而对于多元 y 总体观察值的 $1-\alpha$ 预测区间可给定为：

$$L'_1 = \hat{y}_{12\cdots m} - t_\alpha(n-m-1)s_{y_{12\cdots m}},\ L'_2 = \hat{y}_{12\cdots m} + t_\alpha(n-m-1)s_{y_{12\cdots m}} \quad (13\text{-}15)$$

【例 13.5】 表 13-1 资料具有二元回归方程

$$\hat{y}_{12} = -351.74 + 24.8001x_1 + 9.3594x_2$$

试计算在 $x_1 = 30$（万穗/667m²）和 $x_2 = 70$（粒/穗）时置信概率为 95% 的 y 总体平均数区间和 y 总体观察值区间。

解：由计算回归方程的过程已经得到

$$(c_{ij})_{3\times 3} = (X'X)^{-1} = \begin{pmatrix} 92.4613 & -1.4279 & -0.7457 \\ -1.4279 & 0.0259 & 0.0096 \\ -0.7457 & 0.0096 & 0.0070 \end{pmatrix}$$

所以

$c_{22}(x_1-\bar{x}_1)(x_1-\bar{x}_1) + c_{23}(x_1-\bar{x}_1)(x_2-\bar{x}_2) + c_{32}(x_2-\bar{x}_2)(x_1-\bar{x}_1) + c_{33}(x_2-\bar{x}_2)(x_2-\bar{x}_2) = 0.0258805(30-31.5692)^2 + 0.0096298(30-31.5692)(70-63.4385)\times 2 + 0.0069625(70-63.4385)^2 = 0.1652$

故有

$$s_{\hat{y}_{12}} = 21.15\sqrt{\frac{1}{13}+0.1652} = 10.4071$$

$$s_{y_{12}} = 21.15\sqrt{1+\frac{1}{13}+0.1652} = 23.5718$$

将 $x_1 = 30$，$x_2 = 70$ 代入方程得回归值

$$\hat{y}_{12} = -351.74 + 24.8001\times 30 + 9.3594\times 70 = 1047.42$$

因此有

$$L_1 = 1047.42 - 2.228\times 10.4071 = 1024.23$$
$$L_2 = 1047.42 + 2.228\times 10.4071 = 1070.61$$

及

$$L'_1 = 1047.42 - 2.228\times 23.5718 = 994.9020$$
$$L'_2 = 1047.42 + 2.228\times 23.5718 = 1100.0380$$

结果表明：在 $x_1 = 30$，$x_2 = 70$ 时，该品种水稻在与本试验相似条件下种植的总体平均产量在 95% 置信度下，其波动范围在 $1024.23 \sim 1070.61\text{kg}/667\text{m}^2$。而在具体观察时，某田块的产量可在 $994.9020 \sim 1100.0380\text{kg}/667\text{m}^2$ 变动。作这样的估计，置信度为 95%。

13.3.4 决定系数

在直线回归中，决定系数是回归平方和对 y 总变异平方和的比率。这个定义推广到多元线性回归中则有：设依变数 y 依 m 个自变数 x 的线性回归平方和为 U，则 y 依全部 x 的

多元决定系数定义为：
$$R^2 = U/SS_y = U/\sum(y-\bar{y})^2$$
$$R^2 = 23770.0711/28244.9231 = 0.8416 = 84.16\%$$
水稻产量变化的 84.16% 是由每 $667\mathrm{m}^2$ 穗数和穗粒数的变化引起的。

13.4 多项式回归

在一元回归中，若 y 与 x 的关系为 p 次多项式，即
$$y_\alpha = \beta_0 + \beta_1 x_\alpha + \beta_2 x_\alpha^2 + \cdots + \beta_p x_\alpha^p + \varepsilon\beta \quad (\alpha = 1, 2, \cdots, N)$$
令 $x_{\alpha 1} = x_\alpha,\ x_{\alpha 2} = x_\alpha^2, \cdots,\ x_{\alpha p} = x_\alpha^p$
$$y_\alpha = \beta_0 + \beta_1 x_{\alpha 1} + \beta_2 x_{\alpha 2} + \cdots + \beta_p x_{\alpha p} + \varepsilon_\alpha$$
则其多元线性回归方程为
$$y_\alpha = \beta_0 + \beta_1 x_{\alpha 1} + \beta_2 x_{\alpha 2} + \cdots + \beta_p x_{\alpha p}$$
对上式用最小二乘法求出各项回归系数，即
$$X = \begin{pmatrix} 1 & x_1 & x_1^2 & \cdots & x_1^p \\ 1 & x_2 & x_2^2 & \cdots & x_2^p \\ \vdots & \vdots & \vdots & & \vdots \\ 1 & x_N & x_N^2 & \cdots & x_N^p \end{pmatrix}$$

$$A = X'X = \begin{pmatrix} 1 & 1 & \cdots & 1 \\ x_1 & x_2 & \cdots & x_N \\ x_1^2 & x_2^2 & \cdots & x_N^2 \\ \vdots & \vdots & & \vdots \\ x_1^P & x_2^P & \cdots & x_N^P \end{pmatrix} \begin{pmatrix} 1 & x_1 & x_1^2 & \cdots & x_1^P \\ 1 & x_2 & x_2^2 & \cdots & x_2^P \\ \vdots & \vdots & \vdots & & \vdots \\ 1 & x_N & x_N^2 & \cdots & x_N^P \end{pmatrix}$$

$$= \begin{pmatrix} N & \sum x_a & \sum x_a^2 & \cdots & \sum x_a^p \\ \sum x_a & \sum x_a^2 & \sum x_a^3 & \cdots & \sum x_a^{p+1} \\ \vdots & \vdots & \vdots & & \vdots \\ \sum x_a^p & \sum x_a^{p+1} & \sum x_a^{p+2} & \cdots & \sum x_a^{2p} \end{pmatrix}$$

$$B = X'Y = \begin{pmatrix} 1 & 1 & \cdots & 1 \\ x_1 & x_2 & \cdots & x_N \\ x_1^2 & x_2^2 & \cdots & x_N^2 \\ \vdots & \vdots & & \vdots \\ x_1^P & x_2^P & \cdots & x_N^P \end{pmatrix} \begin{pmatrix} y_1 \\ y_2 \\ y_3 \\ \vdots \\ y_N \end{pmatrix} = \begin{pmatrix} \sum y_a \\ \sum x_a y_a \\ \sum x_a^2 y_a \\ \vdots \\ \sum x_a^P y_a \end{pmatrix}$$

$$b = A^{-1}B = (X'X)^{-1}X'Y$$

许多生物试验结果通常采用多元二次多项式回归模型，当因素数为 2 时，其通式如下：

$$y_\alpha = \beta_0 + \beta_1 x_{\alpha 1} + \beta_2 x_{\alpha 2} + \beta_3 x_{\alpha 1}^2 + \beta_4 x_{\alpha 2}^2 + \beta_5 x_{\alpha 1} x_{\alpha 2} + \varepsilon_a \quad (\alpha = 1, 2, \cdots, N)$$

则其五元线性回归方程为：

$$\hat{y}_a = b_0 + b_1 x_{\alpha 1} + b_2 x_{\alpha 2} + b_3 x_{\alpha 1}^2 + b_4 x_{\alpha 2}^2 + b_5 x_{\alpha 1} x_{\alpha 2}$$

此类计算一般都在计算机上进行。

【例 13.6】 现有水稻氮、钾两因素肥料试验，N 分 0、2.5、5、7.5、10kg/667m² 5 个水平，K_2O 分 0、2.5、5kg/667m² 3 个水平，共 15 个处理，每 667m² 产量见表 13-4。

表 13-4 氮、钾两因素肥料试验数据

施钾量(x_1)	施氮量(x_2)		
	0	2.5	5.0
0	389.3	394.2	389.3
2.5	457.5	494.3	498.2
5.0	470.5	508.7	551.5
7.5	488.8	554.9	667.7
10.0	480.6	594.5	676.3

解：采用计算机以二次多项式拟合肥料效应方程：

$$\hat{y} = 397.8981 + 22.5855 x_1 + 0.5480 x_2 - 1.4263 x_1^2 - 0.3760 x_2^2 + 4.2368 x_1 x_2$$

上述回归方程的 F 值为 70.127，在回归自由度为 5，离回归自由度为 9 下，查 F 临界值表，得 $F_{0.01}$ 值为 6.06，这表明供试氮、钾肥效应方程达极显著水平，氮、钾肥与水稻产量存在真实回归关系。

13.5 多元相关

13.5.1 多元相关系数的计算与假设检验

设有 m 个变数 $x_1, x_2, \cdots, x_m$，x_i 与其他 $m-1$ 个变数的多元相关系数定义为：

$$R_{i \cdot 12 \cdots (i-1)(i+1) \cdots m} = \sqrt{1 - \frac{D_m}{D_m^*}} \quad (i = 1, 2, \cdots, m) \tag{13-16}$$

式中的 D_m 和 D_m^* 为行列式值，其定义为：

$$D_m = \begin{vmatrix} r_{11} & r_{12} & \cdots & r_{1m} \\ r_{21} & r_{22} & \cdots & r_{2m} \\ \vdots & \vdots & & \vdots \\ r_{m1} & r_{m2} & \cdots & r_{mm} \end{vmatrix}$$

$$D_m^* = \begin{vmatrix} r_{11} & \cdots & r_{1(i-1)} & r_{1(i+1)} & \cdots & r_{1m} \\ \vdots & & \vdots & \vdots & & \vdots \\ r_{(i-1)1} & \cdots & r_{(i-1)(i-1)} & r_{(i-1)(i+1)} & \cdots & r_{(i-1)m} \\ r_{(i+1)1} & \cdots & r_{(i+1)(i-1)} & r_{(i+1)(i+1)} & \cdots & r_{(i+1)m} \\ \vdots & & \vdots & \vdots & & \vdots \\ r_{m1} & \cdots & r_{m(i-1)} & r_{m(i+1)} & \cdots & r_{mm} \end{vmatrix}$$

D_m 是 m 阶行列式，D_m^* 是 $m-1$ 阶行列式，显然它是 r_{ij} 的余子式。

$$r_{ij} = \frac{l_{ij}}{\sqrt{l_{ii}l_{jj}}}$$

$$l_{ij} = \sum (x_i - \bar{x}_i)(x_j - \bar{x}_j) \quad (i,j = 1,2,\cdots,m)$$

多元相关系数的假设检验 $H_0: \rho_{y.12\cdots m} = 0$；$H_A: \rho_{y.12\cdots m} = 0$，检验计算可由式(13-17)进行：

$$F = \frac{DF_2 R_{i \cdot 12\cdots(i-1)(i+1)\cdots m}^2}{DF_1 (1 - R_{i \cdot 12\cdots(i-1)(i+1)\cdots m}^2)} \tag{13-17}$$

式中：$DF_1 = m - 1$；$DF_2 = n - m$。

在实际检验时并不需要计算 F，因为：

$$R_{y \cdot 12\cdots m} = \sqrt{\frac{DF_1 F}{DF_1 F + DF_2}} \tag{13-18}$$

故代入 F_α 即可得到 DF_1 和 DF_2 一定时显著水平 α 的多元相关系数临界值。由此式计算的临界值列于附表。

13.5.2 偏相关系数的计算

我们曾讨论了双变数的相关模型。对这一模型推广，可得多元线性相关模型。

在 m 个变数中，当其他 $m-2$ 个变数都保持一定时，变数 x_i 和 x_j 的线性相关系数即为偏相关系数。m 个变数共有 $m(m-1)/2$ 个偏相关系数，用 r 附加下标说明来表示。偏相关系数的计算方法如下：

m 个变数的两两相关构成矩阵 R：

$$R = (r_{ij})_{m \times m} = \begin{pmatrix} r_{11} & r_{12} & \cdots & r_{1m} \\ r_{21} & r_{22} & \cdots & r_{2m} \\ \vdots & \vdots & & \vdots \\ r_{m1} & r_{m2} & \cdots & r_{mm} \end{pmatrix} \tag{13-19}$$

式中，r_{ij} 表示第 i 个变数与第 j 个变数的简单相关系数，计算公式为：

$$r_{ij} = \frac{l_{ij}}{\sqrt{l_{ii}l_{jj}}} \tag{13-20}$$

式中，

$$l_{ij} = \sum (x_i - \bar{x}_i)(x_j - \bar{x}_j) \quad (i \ j = 1,2,\cdots,m)$$

显然 $r_{ij} = r_{ji}$，$r_{ii} = 1$，R 为一主对角线上元素全为 1 的对称矩阵。
由此可得到逆矩阵：

$$R^{-1} = (c'_{ij})_{m \times m} = \begin{pmatrix} c'_{11} & c'_{12} & \cdots & c'_{1m} \\ c'_{21} & c'_{22} & \cdots & c'_{2m} \\ \vdots & \vdots & & \vdots \\ c'_{m1} & c'_{m2} & \cdots & c'_{mm} \end{pmatrix} \tag{13-21}$$

式中，$c'_{ij} = c'_{ji}$。
偏相关系数为：

$$r_{ij\cdot} = \frac{-c'_{ij}}{\sqrt{c'_{ii} \cdot c'_{jj}}} \tag{13-22}$$

式中，$r_{ij\cdot}$ 为偏相关数系数的一种简略表达；i，j 说明被固定 $m-2$ 个变数后的两个变数；"."后被固定的变数省略。

13.5.3 偏相关系数的假设检验

偏相关系数的假设检验是检验其总体偏相关系数是否等于零。所做假设为 $H_0: \rho_{ij\cdot} = 0$；$H_0: \rho_{ij\cdot} \neq 0$。当 H_0 成立时，

$$t = \frac{r_{ij\cdot}}{\sqrt{(1 - r_{ij\cdot}^2)/(n-m)}} \tag{13-23}$$

式中，n 为样本容量；m 为变数总个数；自由度 $DF = n - m$。故由此可推断接受或否定假设。在实际应用上，并不需要计算 t 值，将式(13-23)改写可得：

$$r_{ij\cdot} = \sqrt{\frac{t^2}{DF + t^2}} \tag{13-24}$$

将 t_α 代入式(13-24)，可求出显著水平为 α 的偏相关系数的临界值，求得 $r_{ij\cdot}$ 后，直接比较可确定其显著性。

【例 13.7】 试根据表 13-1 资料计算偏相关系数并进行假设检验。

解：由表 13-1 的一级和二级数据可算得，三个简单相关系数。

$$r_{1y} = \frac{943.7692}{\sqrt{79.6077 \times 28244.9231}} = 0.6294$$

$$r_{2y} = \frac{38.9385}{\sqrt{295.9108 \times 28244.9231}} = 0.0135$$

$$r_{12} = \frac{-110.1046}{\sqrt{79.6077 \times 295.9108}} = -0.7174$$

偏相关系数的计算：

$$R^{-1} = \begin{pmatrix} 1.0000 & -0.7174 & 0.6294 \\ -0.7174 & 1.0000 & 0.0135 \\ 0.6294 & 0.0135 & 1.0000 \end{pmatrix}^{-1} = \begin{pmatrix} 13.0020 & 9.4393 & -8.3104 \\ 9.4393 & 7.8530 & -6.0467 \\ -8.3104 & -6.0467 & 6.3119 \end{pmatrix}$$

$$r_{1y\cdot} = \frac{-(-8.3102)}{\sqrt{13.0020 \times 6.3119}} = 0.9174$$

$$r_{2y.} = \frac{-(-6.0467)}{\sqrt{7.8530 \times 6.3119}} = 0.8589$$

$$r_{12.} = \frac{-9.4393}{\sqrt{13.0020 \times 7.8530}} = -0.9342$$

偏相关系数的检验的无效假设是 $H_0: \rho_{ij.} = 0$；$H_0: \rho_{ij.} \neq 0$。

前已述及，可以直接查附表中 $DF = n - m = 13 - 3 = 10$、变数个数等于 2 一栏的相关系数临界值 $r_{0.01} = 0.708$。上述三个相关系数的绝对值都大于该临界值，故上述各偏相关系数均显著。

13.5.4 偏相关和简单相关的关系

从例 13.7 的计算中我们发现简单相关系数与偏相关系数在数值上是不同的，经假设检验其显著性也不同。这是什么原因造成的呢？换句话说简单相关和偏相关之间的关系是什么样的呢？它们的根本区别是什么？为解释这一问题，我们从以下几个方面进行叙述：

①简单相关是双变数模型中两个变数间相互关系的度量，而偏相关系数是多个变数相关模型中，当其他变数固定时，两个变数间相关关系的度量。因此，在多变数条件下，在两变数间直接应用简单相关模型计算相关系数，不能真实反映两变数间的相互关系。

②多变数条件下，各变数间经常存在着不同程度的相关。只有偏相关系数才能正确地评估任两个变数间的线性相关程度；简单相关系数未剔除变数间的相互影响，所表示的仅是表面的，非本质的关系，是靠不住的。如例 13.7 中 x_2 与 y 简单相关系数根本不显著，但其偏相关系数为显著。从专业意义上讲，穗粒数是产量构成因素之一，它的多少必然影响到产量的高低。出现这种不显著的假象是因为 x_1 和 x_2 间有负效应，从而使该相关系数明显地偏小。

③当多个变数彼此独立时，简单相关系数和偏相关系数是一致的，且只有在此情况下才是一致的。

从上面的例子及讨论可以得出这样的结论：当有多个变数时，简单相关不足以说明问题，必须采用多元相关分析方法，以偏相关系数来刻画多个变数间的相关关系。

小 结

本章共有 5 个大问题：①多元线性回归与相关分析概述(多元线性回归、多元线性相关)。②多元线性回归方程的建立(多元线性回归模型、偏回归系数的计算)。③多元线性回归的统计推断(多元线性回归关系的假设检验、偏回归系数的假设检验、多元回归方程的区间估计、决定系数)。④多元相关(多元相关系数的计算与假设检验、偏相关系数的计算、偏相关系数的假设检验)。⑤多项式回归。

练 习 题

1. 什么叫多元相关系数和偏相关系数？如何计算？如何作出假设检验？

2. 什么叫多元回归？什么叫偏回归？偏回归系数的意义是什么？如何计算？

3. 试述建立多元回归方程的步骤，并说明多元回归的假设检验如何进行？

4. 下表是晋中高产棉田的部分调查资料，y 为每 $667m^2$ 皮棉产量（kg），x_1 为每 $667m^2$ 株数（千株），x_2 为每株铃数，试计算偏相关系数并和简单相关系数作一比较，分析其不同的原因。

y	190	221	190	214	219	189	189	199	182	201
x_1	6.21	6.29	6.38	6.50	6.52	6.55	6.61	6.77	6.82	6.96
x_2	10.2	11.8	9.9	11.7	11.1	9.3	10.3	9.8	8.8	9.6

5. 由第 4 题资料建立该资料的多元回归方程，并对偏回归系数作假设检验，并解释所得结果。

6. 下表为水稻氮磷肥用量试验结果，x_1 为氮肥用量（$kg/667m^2$），x_2 为磷肥用量（$kg/667m^2$），y 为水稻产量（$kg/667m^2$）。试建立肥料效应方程（二次多项式），并作显著性检验（F 检验）。

施磷量(x_1)	施氮量(x_2)		
	0	3	6
0	312	325	347
3	354	379	400
6	398	429	455
9	439	479	513
12	450	500	550
15	423	437	440

第14章 统计图表的编制

14.1 概 述

本章重点对生物学试验研究中最常用的数据分析技术——平均数比较结果的展示，提供有关图表的类型选择、内容编排、格式要求等方面的指南，以发挥统计图表在信息交流中的重要作用。

14.1.1 统计图表的作用

研究工作者最后一个也是最重要的一个工作就是试验研究结果的总结与报告，其根本目标就是，将研究新发现以读者容易理解的形式展示出来。未加总结的原始数据依然留在研究者的文件夹中，精心加工成文的数据信息才能获得读者的欣赏。统计图表就起着文字无法代替的重要作用，它们能够概括数据的主要内容，易于比较分析，免除繁琐文字叙述，达到简明扼要、一目了然地展示试验因素、试验环境、试验指标及其相互关系的目的，从而缩短了与读者的距离，提高了信息传递的效率。应当注意，图或表的编制与应用不当，还会造成错觉和错误结论。

14.1.2 统计图表的常见类型与基本结构

(1) 表格

统计表一般包括有表序号、表名称、行标目与列标目、表体、附注等部分。表的基本结构是"三线式"。第一条横线将序号及名称与列标目分隔，第二条横线将列标目与行标目及表体分隔，第三条横线封闭表格，并与附注分隔（表14-1）。

表 14-1 肥料定位试验地点的表层土壤的理化特性

土壤性状	单位	平均数[①]
pH 值	—	5.8 ± 0.1
有机质	%	4.15 ± 0.01
全氮	%	0.31 ± 0.01
可提取磷	mg/kg	7.3 ± 1.0
可代换锌	meg/100g	1.46 ± 0.07
可代换钙	meg/100g	9.18 ± 0.27
阳离子代换量	meg/100g	73.3 ± 0.6

注：①8 个样品的平均数 ± 标准误。

表序号列于表顶部左上方，表名称置于表顶部中央，它应简短确切地说明表的内容（包括何事、何时、何地）。

行或列标目的文字要简明。列标目列于第一表线下，它的第一个标目是主题。行标目是体现主题特征的，列于表的左侧。除非特殊情况，标目的单位，如℃、mm 等紧挨标目名称右侧，用括号或逗号与名称分隔。表体中的数字或文字在同一列时应上下对齐，必须是具体数字或文字，不得使用省略的词语或符号表示重复内容，如"同上"等。

附注列于最后一条表线下方，以最简练的语言说明表中的符号、标记、代码及其他事项。附注的序号宜用小号阿拉伯数字标在对象右上角。

（2）曲线图

曲线图一般包括有图序号、图名称、纵横坐标轴、数据点标记、数据点连线、图例及附注等部分（图 14-1）。其坐标轴通常由轴名称及单位、轴线、刻度线、刻度数量等要素组成。横轴为试验因素，纵轴为试验指标，一个轴的刻度线与其刻度数量成同一比例。

图序号及图名称同处一行，置于横轴下方或整幅图上方，名称应准确反映图的主题。

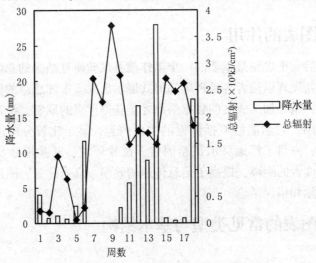

图 14-1 试验期间的降水量与太阳总辐射
（例示曲线图与柱图及其组合）

数据点标记可醒目地标出数据在图中的位置，数据点连线则可清楚地反映出试验指标随因素量不同而变化的趋势。

图例对图中的符号、标记、代码、线型等用最简练的文字说明，一般置于图的空白处。附注对试验条件等事项简练说明，置于图名称下方，字号要小一些。

(3) 柱图及饼图

柱图一般包括图序号、图名称、纵横坐标轴、数据柱、图例及附注等(图14-1)。纵轴为试验指标，与曲线图一样，由轴名称及单位、轴线、刻度线、刻度数量等要素组成。横轴为定量试验因素时，其组成要素类似于纵轴；为定性因素时，则包括轴名称、轴线、数据柱名称等要素。

图序号及图名称仍同曲线图一样，同处一行，共置于横轴下方或整幅图上方，名称力求简短切题。

数据柱以固定宽度的方柱表示数据的值，一般一个柱代表一个数据(图14-1)，必要时一个柱可分段表示多个数据(图14-2)。

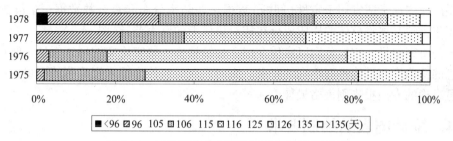

图14-2 玉米品种生育期的频率分布(例示柱图)

图例对图中的符号、标记、代码、柱型等给以简练准确的文字说明，置于图的空白之处。

附注则对试验条件等事项给以扼要说明，置于图名称下方。

饼图以扇形面积表示数据的值，结构非常简单，由图序号、图名称、圆周线及扇面组成(图14-3)。

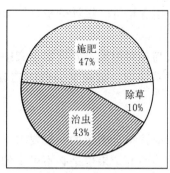

图14-3 治虫、施肥与除草的相对贡献(例示饼图)

14.1.3 统计图表的类型选择

尽管没有公认的标准可以用来选择统计图表的最佳类型，以展示数据。但是可以考虑以下几方面：数据信息类型及其的大小、读者群、图表的功能特性等。

生物学研究中有两种基本数据信息类型。一类是试验材料及试验环境方面的信息。正确展示此类信息涉及指标选择、统计值类型及精度。对于定性指标，列表展示是常见形式。算术平均数是最常用的统计值，另附表示精度的标准误。对于时间系列指标，诸如降水与太阳辐射，曲线图、柱图或两者组合最常用（图14-1）。第二类是有关数据分析结果方面的信息。此类信息的展示形式变化极大，取决于供试处理（如定性或定量、单因素或多因素），试验指标（如时间系列或多指标数据），以及采用的统计分析方法（如平均数比较、回归分析或卡平方检验）。

表格是展示研究结果时最常用的形式。表格结构灵活，能用来展示各式各样的结果。实践中，不适宜用图总结的任何类型的数据，都可以采用表格展示。非定量处理的平均数比较结果，以及重要环境因素的概况介绍，是使用表格的两种常见的场合。

在生物学研究中常见的统计图，按照其准确程度与使用频率排列，分别是曲线图、柱图、饼图。曲线图适于表示两个数量（连续性）变数的关系，如作物产量与某个定量因素用量的关系。柱图通常适宜用于定性（间断）数据，如频率分布和百分数数据（图 14-2）。饼图通常用于反映某事物整体的构成成分在相对量值上的巨大差异（图14-3）。

同样的研究结果，它能分别以宣传介绍、总结报告、研究论文的形式表达，相应的读者对信息的精确度和易读性有不同的要求。面向大众的宣传介绍采用简明的图最好，而为保证信息准确的专门报告则表格最佳。

14.1.4　统计图表的编制要求

（1）关联性

图表的内容必须与正文中说明、分析或论述的主题相呼应，为正文的主题思想服务。图表内容不应包括正文中未论及的项目，图表中的缩略词与符号，必须与正文保持一致。图表组成成分的取舍与详略，应与其读者群相适应，简化图表以提高易读性。

（2）自明性

只看图表名称、图表结构与内容，不阅读正文，就可以理解图意或表意。图表应全面反映事物的特征与规律性，防止引起错觉。统计分析之结果最好展示检验显著性的内容。

（3）突出性

图表中有关内容的排列方式与相对位置，要突出正文中强调的比较、差异与对比。紧邻的两个事物之差异容易引起读者注意，故正文强调的内容应在图表中出现于相邻位置，或行或列或线或柱。

（4）规范性

图表的内容、结构与格式，应该符合图形的一般要求。对于统计推断的结果，除展示描述统计的结果外，展示显著性检验的结果也是必不可少的，而且是更重的。数据的量纲与单位及符号表示应该符合相关的国家标准或者行业标准。小数的保留位数应该与试验实际达到的精确度相当。一篇论文中的全部图表在结构与格式方面应该保持一致，投往刊物时应该特别注意目标刊物的特殊要求。

14.2 单因素试验的图表编制

在单因素试验中，处理平均数间的比较有两种基本的类型：一是非定量处理的多重比较；二是定量处理的趋势比较。本节介绍比较结果的图表编制方法。

14.2.1 非定量处理的表格与柱图

最小显著差数法（LSD与DLSD）和Tukey固定极差法（TFR）是非定量处理平均数间比较的两类最常用的方法。此类比较的结果既能用图也能用表格表示。

(1) 最小显著差数法与Tukey固定极差法的表格

LSD、DLSD和Tukey固定极差法检验的平均数比较结果的表格表示方法简单，应该在各自最适用的条件下采用。此类表格的编制应掌握以下要点：

要点1：只使用一种检验方法。不要出现同组处理平均数采用两种甚至两种以上检验方法的现象。

表14-2 3个玉米杂交种A、B、D与对照品种C的产量比较

玉米杂交种/品种	平均产量(t/hm^2)[①]
A	1.46
B	1.47
C（对照）	1.07
D	1.34
$LSD_{0.05}$	0.25

注：① 4次重复的平均数。

要点2：检验的临界值与处理平均数必须有相同的度量单位、相同位数的小数部分。

要点3：如果方差分析采用了数据转换技术，那么，只有当处理平均数以转换尺度出现时，才能在表中表示检验的临界值。

要点4：对于两两互比的全部比较，在表中最后一行展示检验的临界值（表14-2），或者在表注中展示出来。对于对照与其他处理的成对比较，根据检验的显著水平，用"**""*"或者"ns"对处理平均数加以标记。

(2) 平均数比较字母标记法的表格

此类表格的编制应掌握以下要点：

要点1：字母标记法既能以处理平均数的排序方式出现，又能以处理的自然顺序方式出现（表14-3）。

要点2：如果两个以上处理出现4个或更多字母，使用连字符以简化表达。例如，abcd→a~d，bcdefg→b~g，如此等等。

要点3：如果打算在表中只展示全部处理的一部分，应该将剩余处理的字母加以校正，以使字母序列连续，同时使字母数目尽可能地少（表14-3）。

表 14-3　10 个品种中只有 6 个平均数参加编制时字母标记的校正

品　种	平均数 (t/hm^2)[①]	籽粒产量			平均数 (cm)[①]	株　高		
		显著性				显著性		
		原来	未校正	校正		原来	未校正	校正
13-32	1.16	a	a	a	56.5	f	f	d
214-52	0.44	c	c	b	53.2	f	f	d
6-22[②]	0.98	ab			120.2	a		
JS3	1.16	a			72.2	d		
晋单 26	0.49	c	c	b	64.7	e	e	c
245-1	1.14	a	a	a	105.9	b	b	a
28-14	0.60	bc	bc	b	66.3	de	de	c
C25	0.62	bc			104.6	b		
S109	0.51	c			67.4	de		
2787	0.81	abc	abc	ab	84.3	c	c	b

注：①4 次重复的平均数；平均数比较采用特基(Tukey)法，显著水平为 5%。
　　②有下划线的品种将不在正式表格中出现。

要点 4：有不同字母的处理，其平均数在表中禁止以完全相等的数值出现。此情况通常是由于四舍五入检验后的数值所致。当遇到这种情况时，采取增加小数部分的保留位数的措施(表 14-4)。别忘记，平均数的小数位数有可能多于观测值的小数位数。例如，在表 14-4 中，平均数比当初观测值多一位小数。

表 14-4　校正小数位数，以避免完全相同的平均数之数值出现不同字母标记

处理编号	某害虫头数(头/穴)[①]	
	校正前	校正后
1	1ab	1.1ab
2	1ab	1.2ab
3	1ab	1.3ab
4	1a	1.4a
5	1ab	1.2ab
6	1b	0.6b
7	2a	1.5a

注：①害虫头数 4 次重复的平均数，平均数比较采用特基法，显著水平为 5%。
　　②统计分析采用对数转换，表内数字为反转换结果。

要点 5：如果无显著差异，应相应减少小数部分的保留位数。例如，在表 14-5 中，平均数的小数部分明显地毫无必要，因为未检验出小于 10% 的平均数间差异。

要点 6：当表中全部处理有相同字母时，不用字母标记，代之以，在表注中说明处理间无显著差异。

表 14-5　校正小数位数，以反映出检验的精确度

处理编号	萌发率(%)	
	校正前	校正后
1	17.4b	17b
2	23.5b	24b
3	21.3b	21b
4	51.6a	52a
5	54.7a	55a
6	55.7a	56a
7	57.5a	58a
8	58.2a	58a
9	61.4a	61a

注：①4次重复平均数，平均数比较采用特基法，显著水平5%。
②统计分析采用反正弦转换，表内数字为反转换结果。

(3) 柱图

柱图适用于处理是非定量的，且数目相对较少的情形。通常，柱图用来强调处理间的巨大差异(图14-4)，或者展示成组处理间明显的相对变化格局(图14-5)。

非定量处理平均数间比较结果的柱图编制应掌握以下要点：

要点1：在下列情形之一使用柱图，一是欲强调巨大差异或者明显的相对变化格局；二是具体平均数的高精度展示并不重要。

要点2：当采用LSD或Tukey固定极差法时，将字母标记放在每一处理柱之顶(图14-4)。此外，LSD或Tukey或DLSD法，还可以将检验的临界值按坐标纵轴的刻度等比例标出(图14-5)。

要点3：Y 坐标轴刻度总是从零开始，以保证柱的绝对高度和相对高度能够准确反映处理平均数以及处理间差异的大小(图14-6)。

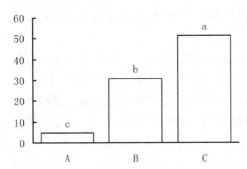

图 14-4　三种种植制度的土壤氨态氮

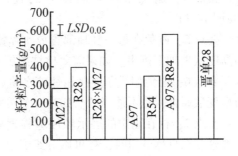

图 14-5　杂交种父母本以及对照品种的比较
（注意：处理已分组，LSD已展示）

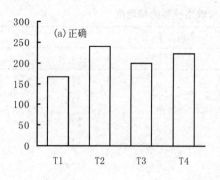
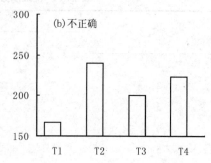

图 14-6　Y 轴刻度

(a)正确方法：Y 轴从零开始　　　　　　(b)不正确方法：Y 轴截短，处理间差异被夸大

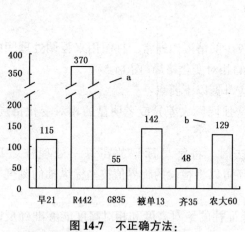
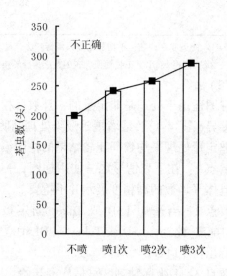

图 14-7　不正确方法：　　　　　　　图 14-8　喷药次数与某害虫若虫数(头)
(a)中间截空以缩小高度　(b)柱顶部置放数据　　　(不正确方法：单个指标用两种图形)

要点 4：避免采用中间截空的技术来缩短柱高度，即使柱高度差异非常非常大(图 14-7)。

要点 5：避免在每一柱顶部置放实际数据(图 14-7)。在柱图中，平均数应根据对应柱的高度从 Y 轴上读出。如果需要比柱图更高精度的表达，则不宜采用柱图(见要点 1)。

要点 6：避免用线条连接相邻柱之顶点(图 14-8)。采用连线表明变化趋势，这对于间断性变数而言，是不适当的。如果 X 轴变数是连续性变数，则应采用曲线图，而非柱图。

要点 7：柱在图中的展示顺序应根据处理类型以及正文中强调的主题内容加以确定。当处理存在自然分组时，柱可以分组展示(图 14-5、图 14-9)。否则，柱可以按照递增递减的顺序排列(图 14-10)。

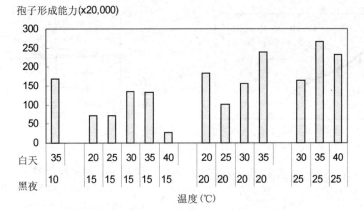

图 14-9　昼夜温度对赤霉素孢子形成的影响
（注意观察，柱以夜间温度分组展示）

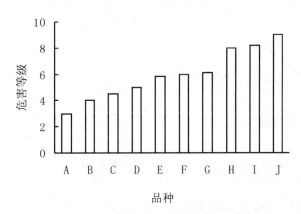

图 14-10　10 个水稻品种的害虫危害等级
（注意观察，柱以高度依次排列）

14.2.2　定量处理的曲线图

趋势比较能够反映处理水平与对应生物响应之间的函数关系，是定量处理间平均数比较的最恰当的方法。对于此类比较，曲线图是最适宜的，因为人们对响应值的兴趣，不只局限于参加试验的处理水平，而是参加试验处理所代表的整个区间（第 9 章 9.4）。采用表格或柱图，只能反映对应于某一具体参加试验处理的响应值；而采用曲线图，就能反映最高至最低处理水平区间内全部点所对应的响应值变化。

定量处理平均数比较的曲线图，在编制时应掌握以下要点：

要点 1：Y 轴做响应轴，X 轴做处理水平轴。为了充分反映重要的数据点，避免图形失真，要精心选择 X 轴和 Y 轴的刻度与比例。此时要考虑以下几方面。

第一，Y 轴的比例要能够反映出显著的差异，又要能够防止读者误把不显著的差异当做显著。小比例缩小差异，大比例夸大差异。

第二，曲线图的 Y 轴，没有必要总是从零开始（图 14-11、图 14-12）。类似地，X 轴应从最低处理水平开始（图 14-13）。

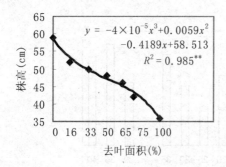

图 14-11 去叶程度对某小麦品种株高的影响

(注意观察，X 轴坐标间隔不等，Y 轴未从零开始)

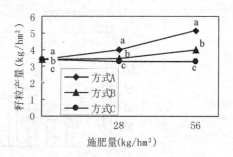

图 14-12 尿素施用量及包衣方式对某小麦品种产量的影响

(无公共字母者的差异在 5% 水平上显著)

(注意观察，因处理数目太少，不能配合回归方程，故用特基法)

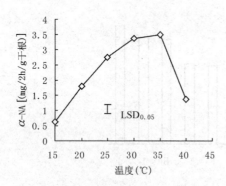

图 14-13 温度对水稻植株 α-NA 氧化反应的影响

(注意观察，因为关系不明确，未配合回归方程)

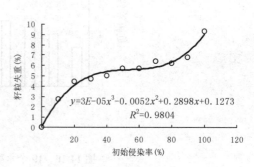

图 14-14 病虫浸染造成的产量损失

(注意观察，X 轴上刻度标记少于参试处理数目)

第三，X 轴区间应该只包括参加试验处理的区间。X 轴上刻度应尽可能地按照参加试验处理水平标出(图 14-11)。不过，若处理数目很多，那么并不是全部水平都要标出刻度。若处理并非等间距，则标出的刻度也不必等间距(图 14-11)，注意不要把此与 X 轴比例的均匀一致相混淆。Y 轴上刻度应保持等间距。为保证图的清晰易读，要把两个轴上的刻度数目控制在适宜范围。

要点 2：当至少有 3 个处理时，就采用曲线图。

要点 3：只要有可能，就用回归技术估计适当的回归方程，按图 14-11 和图 14-14 所示方法绘制曲线图。图应包括以下内容：一是实际观测的数据点；二是回归曲线，只绘制参试处理所在的区间这一部分；三是回归方程、显著性、决定系数。

要点 4：当由于处理数目太少(图 14-12)，或者函数关系不明确(图 14-13)，不能获得恰当的回归方程时，只需将相邻点用直线相连，并图示适当的显著性检验结果。

14.3 多因素试验的图表编制

多因素试验的平均数比较，其图表编制比较复杂，应当注意以下几个方面：

第一，试验因素之间的互作。当试验因素之间的互作显著而且较大时，图表应当突出互作的特征及大小。这可以通过建立一个多维图或一个多维(向)表来实现。例如，如果两个非定量因素 A 与 B 有互作，那么编制两者的两向表就行了。

第二，试验因素的类型。如同单因素试验的情形一样，分析结果最适当的展示方式，对定性因素而言，是一个表格或一个柱图，当至少有一个定量因素时，是一个曲线图。

第三，试验因素的数目。分析结果展示的复杂性随试验因素个数增加而增加。当试验因素数目(m)不超过 3 时，一般采用 m 维表格或 m 维图。超过 3 时，只有存在互作的试验因素才应该出现在同一个表格或同一个图中。

本节只讨论至多 3 维的图表绘制方法，这足以满足生物学试验的有关需求。因为高于二级的互作很少见。

14.3.1 表格

构造多维表格以展示多因素试验之分析结果，应该掌握以下要点：

要点 1：当欲展示的因素全部是定性因素时，采用表格形式，否则应考虑采用曲线图。

表 14-6 不正确方法，一维表格展示多因素试验数据

石灰	处理品种	二氧化锰	平均产量(t/hm^2)
无	A	无	3.6d
		有	3.9d
	B	无	4.0cd
		有	6.2a
有	A	无	4.3cd
		有	4.8bcd
	B	无	5.3b
		有	6.2a

注：平均产量为 4 次重复平均数，采用 Tukey 固定极差法，显著水平 5%。

要点 2：避免用一维(向)表格展示多因素试验数据(表 14-6)。这种格式无法直接反映试验因素之间互作。

要点 3：一个多维表格所容纳的试验因素个数，应按照下列方法确定：

第一，只要有可能，表的维数就应当与试验因素个数相同。通常，当因素个数不超过 3，而且各因素水平数不太多时，可以做到这点(表 14-7)。

第二，如果试验因素数超过 3，那么同一个表只展示这样的因素，它们的互作显著。例如，有一个 4 因素试验，如果 A×B×C 互作显著，且其他高级互作不显著，那么在一

个表中只展示 A、B、C 三因素。

表14-7 平均数的三向表，展示3因素试验数据（此表格结构优于表14-6）

二氧化锰	平均产量（t/hm²）			
	A品种		B品种	
	有石灰	无石灰	有石灰	无石灰
有	4.8bcd	3.9d	6.2a	6.2a
无	4.3cd	3.6d	5.3b	4.0cd

注：平均产量为4次重复平均数，采用Tukey固定极差法，显著水平为5%。

第三，当有一个以上同级互作显著时，那么，或者为每个互作单独构造一个表，或者构造比之多一维的表，容纳全部互作因素。例如，如果 A×B 与 A×C 互作均显著，要么构造两个两向表，即 A×B 和 A×C，要么构造一个 A×B×C 三向表。

要点4：若同一个表中的一个或多个因素只有两个水平，考虑展示两水平间差异，应将其列在平均数旁边，或者取代平均数位置（表14-8）。这样做，既有利于比较差异大小，又有利于反映显著性。例如，从表14-8很容易得出以下结论：在A品种，石灰或二氧化锰的作用都不显著；在B品种，无石灰时，二氧化锰的作用加强。无二氧化锰时，石灰的作用才可以观察到。

表14-8 三向表，展示 2^3 试验的平均数及两个因素水平间差异

二氧化锰	平均产量（t/hm²）					
	A品种			B品种		
	有石灰	无石灰	差异	有石灰	无石灰	差异
有	4.8bcd	3.9d	0.9ns	6.2a	6.2a	0.0
无	4.3cd	3.6d	0.7ns	5.3b	4.0cd	1.3*
差异	0.5ns	0.3ns		0.9*	2.2**	

注：平均产量为4次重复平均数，**表示1%显著水平，*表示5%显著水平，ns表示不显著。

要点5：对于完全随机设计、随机完全区组设计和拉丁方设计，使用字母标记法表示特基法检验结果，以便于水平方向或垂直方向上对全部处理进行比较（表14-7）。

要点6：对于两因素裂区设计、条区设计，表内行因素与列因素的检验临界值不同。此类检验结果绘制表格时，应考虑以下几方面：

（1）如果 A×B 互作显著，A因素水平数少于6而B因素大于6，则A因素作列因素，B因素作行因素。采用字母标记法表示在每一A水平之上B各水平互比的特基法结果。采用 LSD 或 DLSD 法互比在每一B水平之上A各水平平均数，并将 LSD 临界值作为表注展示（表14-9）。

（2）若 A×B 互作显著，A 与 B 水平数均小于6，但其中一个因素，比如 A 效应更重要，需加以强调，则 A 水平互比采用 Tukey 固定极差法，B 水平互比采用 LSD 法（表14-10）。若 A 与 B 同等重要，则都采用 LSD 法，两者的 LSD 临界值均以表注形式出现（表14-11）。

表 14-9　杂草防治与播前施肥方式对中草药产量的作用

（示例，列因素采用 Tukey 固定极差法，行因素采用 LSD 法）

杂草防治	常规施肥	平均产量（kg/hm²）	
		方式 A	方式 B
药剂 1	114　abc	574　ab	104　b
药剂 2	101　bcd	265　ab	84　b
药剂 3	26　d	232　ab	37　b
药剂 4	48　cd	201　bc	48　b
药剂 5	46　cd	200　bc	58　b
药剂 6	94　bcd	137　c	44　b
1 次人工除草	182　a	289　a	230　a
2 次人工除草	162　ab	263　ab	224　a
不除草	75　cd	148　c	54　b
平　均	94	223	98

注：平均产量为 4 次重复平均数。列内平均数用 Tukey 固定极差法，显著水平 5%；行内施肥方式平均数比较的临界值 $LSD_{0.05}=73kg/hm^2$。

表 14-10　三种尿素包衣方式与 5 种土壤耕作方式对水稻穗长的影响

（示例，为强调工厂需求，采用 Tukey 固定极差法取代 LSD 法）

耕作次数			平均穗长（cm）		
翻耕	耙糖	旋耕	包衣 A	包衣 B	包衣 C
1	1	0	20.8a	21.6a	22.1a
1	3	0	19.6b	21.2a	21.9a
1	1	1	20.5b	20.4b	22.4a
1	2	2	20.9a	20.1a	21.3a
2	2	0	21.6a	21.7a	21.2a

注：平均产量为两个品种 4 次重复的平均数，行内平均数比较为 Tukey 固定极差法，显著水平为 5%。列内平均数比较的 $LSD_{0.05}=1.5cm$。

表 14-11　不同稻草处理方法对 5 个水稻品种稻草重的影响

（示例，两个因素均采用 LSD）

稻草处理	稻草重（t/hm²）					
	品种 A	品种 B	品种 C	品种 D	品种 E	平均
清除稻草	3.44	5.00	3.56	3.72	3.80	3.90
覆盖稻草	3.30	4.28	4.08	3.60	3.24	3.70
烧掉稻草	3.14	3.68	3.98	3.94	3.32	3.61
翻埋稻草	2.88	3.90	3.60	4.12	3.84	3.67
平　均	3.19	4.22	3.80	3.84	3.55	3.72

注：平均产量为 5 次重复平均数。列内平均数互比时，$LSD_{0.05}=0.71t/hm^2$，行内平均数互比时，$LSD_{0.05}=0.65t/hm^2$。

(3) 若 A×B 互作显著，A 与 B 水平数都大于 5，使用两组特基法字母标记，一组用于列因素，另一组用于行因素（表 14-12）。

表 14-12　不同锈病生理小种对 6 个小麦品种叶锈斑长度(cm)的影响

(示例，两组 Tukey 固定极差法字母标记的应用)

生理小种	品　种												平均
	A		B		C		D		E		F		
T03	23.5b	w	18.4a	x	4.9ab	x	5.3ab	y	18.9b	x	23.0bc	w	15.7
T05	16.0c	xy	15.0b	y	6.5a	z	6.2a	z	18.8b	wx	20.5c	w	13.8
T07	1.4d	w	1.4f	w	2.2bc	w	2.2bc	w	1.1d	w	1.0d	w	1.6
T08	30.2a	w	4.4de	y	2.7bc	y	3.2abc	y	5.5c	y	25.6b	x	11.9
T10	24.3b	x	5.3de	y	1.5c	z	3.2abc	yz	5.7c	y	30.0a	w	11.7
T14	23.4b	w	8.6c	y	3.6abc	z	4.8abc	z	18.3b	x	25.2b	w	14.0
T31	24.2b	x	2.7ef	y	1.9bc	y	3.0abc	y	4.8c	y	28.7a	w	10.9
T33	1.4d	w	1.2f	w	2.0bc	w	1.8c	w	2.6cd	w	2.2d	w	1.9
T41	29.0a	w	6.1cd	y	3.6abc	y	4.9abc	y	23.3a	x	30.4a	w	16.2
平均	19.3		7.0		3.2		3.8		11.0		20.7		10.8

注：3 次重复平均数，平均数互比采用 Tukey 固定极差法，显著水平为 5%。列内平均数用"a~e"，行内平均数用"w~z"标记。

(4) 若 A×B 互作显著，其中一个因素，比如 A 有两个水平，另一因素 B 有 b 个或更多个水平，则 A 因素作列因素，并按要点 4 的方法展示两水平差异。对于 B 因素水平互比，采用特基法(见表 14-13)。

表 14-13　稻田水管理方式对某杂草株高的影响

水管理方式	收获时株高(cm)		差异
	高地田	低地田	
晒　田	17.50a	34.58c	−17.08*
湿　润	19.82a	33.46c	−13.64ns
苗后 7 天淹水	17.92a	84.60a	−66.68**
苗后 14 天淹水	24.85a	85.07a	−60.22**
苗后 21 天淹水	23.82a	71.60ab	−47.78**
苗后 28 天淹水	26.83a	67.04b	−40.21**

注：株高为 6 次重复平均数。列内平均数互比采用 Tukey 固定极差法，显著水平为 5%。** 表示 1% 显著水平，* 表示 5% 显著水平，ns 表示不显著。

(5) 若 A×B 互作不显著，且打算展示平均数的 A×B 表，则只对 A 主效、B 主效进行互比，采用 Tukey 固定极差法(表 14-14)。此时，两个因素不必使用两组不同的字母。

表 14-14　不同除草剂组合($W_1 \sim W_6$)和不同整地方法对玉米产量的影响

(示例，两因素互作不显著时平均数的正确比较)

整地	平均产量(t/hm²)①						平均②
	W_1	W_2	W_3	W_4	W_5	W_6	
M_1	3.45	4.42	4.01	3.84	4.04	4.15	3.98a
M_2	3.18	3.99	4.03	3.78	4.17	3.84	3.83a
M_3	3.16	4.36	4.11	4.07	4.28	3.75	3.96a
M_4	3.33	4.51	4.48	3.52	3.66	4.36	3.98a
M_5	3.46	4.13	4.06	4.25	4.05	4.14	4.02a
M_6	3.77	4.07	4.17	4.33	4.72	4.46	4.25a

(续)

整地	平均产量(t/hm²)①						平均②
	W_1	W_2	W_3	W_4	W_5	W_6	
M_7	2.88	3.89	3.52	3.69	3.62	4.06	3.61a
M_8	2.94	4.41	3.68	3.68	3.61	4.20	3.75a
M_9	3.15	4.26	4.51	4.27	4.26	3.98	4.07a
M_{10}	3.32	4.91	4.33	4.41	4.60	4.15	4.29a
平均②	3.26c	4.30a	4.09ab	3.98b	4.10ab	4.11ab	

注：①平均产量为3次重复平均数。

②同一行(或列)中，有公共字母的平均数差异不显著，显著水平为5%。

要点7：对于一个裂区、条区、裂裂区或条裂区设计的3因素试验，有2种或更多的检验临界值，适当的展示方法取决于显著的互作、因素的相对重要性、以及因素的水平数。

当3因素互作不显著时，应考虑编制一个或多个两向表，展示显著互作中各组合的平均数。例如，有一个5×2×3试验，其方差分析表见表14-15。因为只有A×C即耕作方式(包衣方法)互作显著，所以只需展示A×C两向表。

当全部3个因素同处一个表时，按照下列方法排列列因素或行因素：

组合具有相同精确度的试验因素，把这两个因素的组合作为表的行或列因素。例如，当一个试验采用裂区设计安排2以上试验因素时，2个或更多因素的组合可以作为主区处理或者副区处理。表14-16便是这种情况，其中水管理和稻草处理的6个处理组合为主区处理，4个品种为副区处理。这样，在编制3维平均数表时，水管理和稻草处理组合起来，作为行因素对待，4个品种作为列因素对待。

表14-15 穗长数据的方差分析，4次重复5×2×3裂区设计试验

变异来源	DF	SS	MS	F
区组	3	22.94025	—	—
耕作(A)	4	10.38033	2.59508	<1
误差a	12	38.35433	3.19619	—
品种(B)	1	304.96408	304.96408	154.53**
A×B	4	5.56467	1.39117	<1
误差b	15	29.60292	1.97353	—
包衣方式(C)	2	26.72017	13.36008	8.33**
A×C	8	31.94317	3.99290	2.49*
B×C	2	10.01217	5.00608	3.12^{ns}
A×B×C	8	17.31783	2.16473	1.35^{ns}
误差c	60	96.18000	1.60300	—
总变异	119	593.97992	—	—

注：①方差分析中$CV(a)=8.5\%$，$CV(b)=6.6\%$，$CV(c)=6.0\%$。

②**表示1%显著水平，*表示5%显著水平，ns表示不显著。

表 14-16 不同水管理方式下稻草处理对 4 个水稻品种产量的影响

(示例，两个因素组合成一维)

水管理方式		稻草处理	平均产量(t/hm²)			
休闲	中期排水		A	B	C	D
干	不排	处理	3.5b	3.5b	3.0b	2.7b
		不	3.4b	3.8ab	2.5b	2.8b
干	排	处理	4.0ab	4.4a	3.4a	3.3b
		不	3.7b	3.5b	3.4b	2.8b
淹水	排	处理	4.3a	3.8ab	4.0a	3.7a
		不	3.9ab	4.4a	3.7a	2.8b

注：平均产量为 4 次重复的平均数。列内平均数比较采用 Tukey 固定极差法，显著水平 5%。行内平均数比较的 $LSD_{0.05} = 0.7 t/hm^2$。

当 3 个因素有 3 个不同的检验临界值时，找出最不重要的因素，并将它与另一因素组合成行因素或列因素。

14.3.2 柱图

多因素试验中，若没有任何一个因素是定量的，则柱图与表格一样有效。除在本章 14.2 中的有关要点外，基本出发点就是对欲展示的因素及其水平作出正确排列和分组。例如，在品种(A)和二氧化锰(B)的 2×2 试验中，有 4 个柱，每柱对应一个组合。这些柱的排列通常应该如此排列，以便使很重要因素的水平彼此相邻，次要因素的水平则相远。因此，若研究者的基本兴趣是探究二氧化锰的效应，那么图 14-15(a)比图 14-15(b)更恰当。另一方面，若研究者希望强调品种间差异，则图 14-15(b)更恰当。

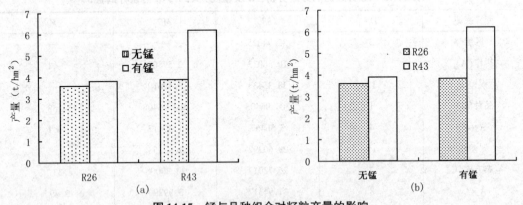

图 14-15 锰与品种组合对籽粒产量的影响

[示例，因素分组方案：(a)强调锰的作用；(b)强调品种差异]

当因素之一多于两个水平时，因素内水平的排列次序是否正确的问题更加突出。下面是一些有关排列次序准则的例子：

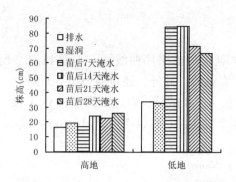

图 14-16 地势与水管理对水稻株高的影响

(有公共字母的平均数间差异在 5% 水平上不显著。示例，根据因素水平的自然次序对柱进行排列)

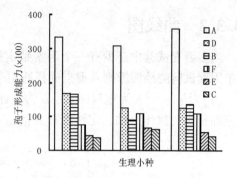

图 14-17 叶锈病生理小种在小麦上的孢子形成能力

(示例，根据品种在同一生理小种上的顺序排列品种柱)

(1) 处理的自然次序(图 14-16)。

(2) 根据另一因素的某一水平，通常是第一水平上的大小依次排列(图 14-17、图 14-18)。在图 14-17 中，6 个品种的排列依据是它们在第一生理小种水平上的排序，生理小种的次序未加任何限制。在图 14-18(a)中，7 个品种的排列依据是它们在无锌条件下的产量大小。

(3) 若另一因素只有两个水平，则可以按水平间差异大小排列，如图 14-18(b)。

排列次序准则的正确选择，一般取决于因素间互作的性质。例如，图 14-18(a) 优于图 14-18(b)，条件是研究者希望强调只有中等产量水平的品种施用锌肥，才能获得显著增产效果。

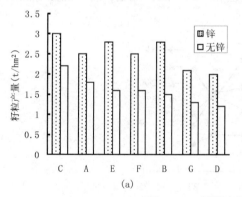
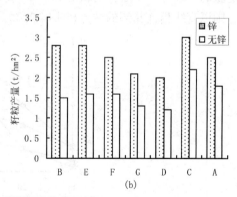

图 14-18 锌肥在不同品种的增产作用示例

(a) 依无锌时品种的产量从大到小排列 (b) 依锌肥增产作用从大到小排列

不过，无论使用哪种排列次序准则，同一排列次序必须在整幅图内保持一致，即在另一因素全部水平上的次序应始终如一。例如，在图 14-17 中，在其他两个生理小种水平上的 6 个品种之次序，必须与它们在第一生理小种上的次序一致。

14.3.3 曲线图

当多因素试验中至少有一个因素是定量时，就应考虑采用曲线图。本章 14.2.2 所述的单因素试验的绘图原则及要点同样适用于多因素试验。此外，还应遵循如下原则：

(1) 对于一个 A 为定量因素、B 为定性因素的 A×B 试验，以定量因素 A 作 X 轴，以响应即指标变数作 Y 轴，定性因素 B 的每一水平单独连线（图 14-19、图 14-20）。

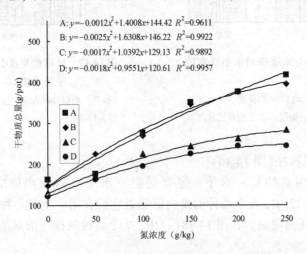

图 14-19　水稻不同品种产量对氮肥的响应

（示例，有定量因素的多因素试验之曲线图，配合回归方程）

在图 14-19 中，有两个因素，一是 4 水平的品种，二是 6 水平的施氮量。因为施肥量是定量的，故每一个品种对氮肥的产量响应都有绘制了回归线；反之，若不能拟合回归方程，则以直线相连相邻的两点（图 14-20）。

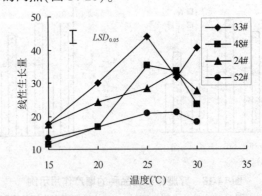

图 14-20　温度对叶锈生理小种生长速度的影响

（示例，有定量因素的多因素试验之曲线图，未配合回归方程）

(2) 若 A×B 试验中两个因素均为定量因素，则应将其中一个按定性对待，然后依原则(1)绘图。按定性因素对待的因素，应该是次要且水平数较少的因素，或者是它与作物响应（试验指标）的函数关系不太明确的因素（图 14-21）。

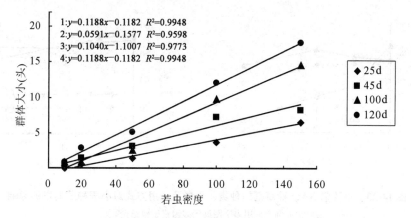

图 14-21　14 个植株年龄条件下若虫密度对巨翅雌蛾数的作用

（示例，两个定量因素之试验中曲线图的使用）

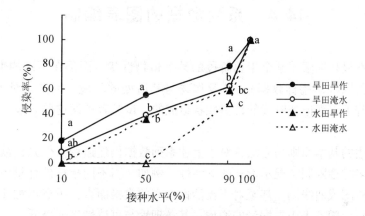

图 14-22　稻草翻埋后的侵染率(%)

（每一接种水平上，有公共字母的平均数在 5% 水平上不显著。
示例，采用适当的线型标记区别不同的因素）

(3) 对于只有一个定量因素 A 的 A×B×C 三因素试验，可以把 B×C 组合作为定性因素的水平，然后依原则 1 绘图。另外，采用适当的线性变化，以清楚地区分 B 与 C 因素。例如，有一个 4×2×2 试验由 4 个接种水平、2 种土壤类型(旱田土与水田土)以及 2 种水管理(旱作与淹水)组成，如图 14-22。其中，实线代表旱田土，虚线代表水田土，而实点表示旱作，空心表示淹水。

若有必要，当因素数大于 2 时，可以绘制多个坐标图。以某因素的每一水平作一个图，这个因素通常具有如此特征：要么它的主效并非根本所在，要么它的主效很大（图 14-23）。

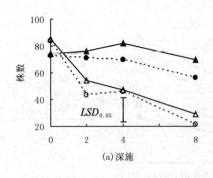 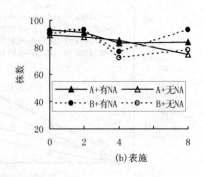

图 14-23　杀菌剂 NA、除草剂的种类、用量及施用方式对小麦种子萌发的影响
(示例，采用多个图展示多因素试验结论)

14.4　系列数据的图表编制

处理效应不只是局限于某个生长阶段的某个植物性状，而是在不同的生长阶段（时间序列）有一系列性状（多指标数据），涉及作物与其所处的环境。因此，对于大多数试验，试验数据是由若干观察记载阶段的许多性状组成的，试验者预期这些阶段这些性状均受处理影响。

前两节所述的基本原则与方法，对于上述系列数据仍然适用。但是，欲展示数据量的增加与数据的多样性限制了展示形式的灵活性。例如，当不同指标的计量单位不同时，就不宜采用一个柱图或曲线图。甚至对于灵活性很大的表格而言，虽然增加几个指标的容纳量很容易，但是，随着表内数据量的增加，其条理性与可读性迅速降低。

14.4.1　时间序列

在不同时间重复量度的指标组成的数据，可以归纳为 3 种类型。

第一，发展速度数据。以常规的时间间隔进行测量，目的是评价某性状改变速度的时间动态。

第二，生育期数据。测量的时期对应于某个生育阶段，而不是一个具体的时段。

第三，发生时期数据。测量生物现象的发生日期，其完成速度极快。例如，叶锈暴发日期。

对时间序列数据进行联合分析的意义，是在于评价处理与观测时间之间的互作。图表编制也应该反映这一重要方面。

通常，观测时间当做一个试验因素看待。因此，对于单因素试验，时间系列数据的展示如同两因素试验；对于两因素试验，则如同 3 因素试验；如此等等。这样，上一节介绍的多因素试验图表编制的原则可以直接应用。此外，还应掌握以下原则：

（1）若观测时间是定量的，则适宜使用曲线图，诸如定性处理（图 14-24）和定量处理（图 14-25）。尽管处理本身是定量的，但通常把观测时间作为 X 轴，以便于反映性状的时

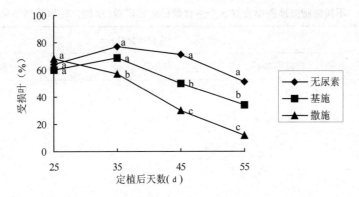

图 14-24　尿素施用方式对虫害后的恢复速度的作用

(同日比较采用特基法，取 α=0.05。单个定性因素试验时间系列数据展示采用曲线图)

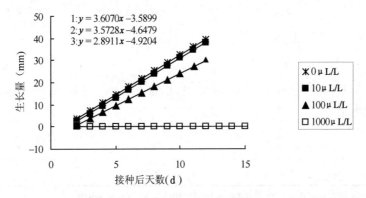

图 14-25　T27 生理小种在不同浓度的某植物提取液条件下的生长速度

(示例，单个定量因素试验时间系列数据展示采用曲线图)

间趋势，以及它们受处理影响的程度。

(2) 若观测时间是定性的，则可以采用表格(表 14-17)，或者柱图(图 14-26)。

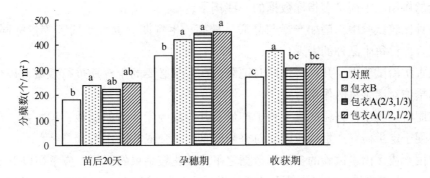

图 14-26　尿素包衣方式及施用方式对小麦不同生育期分蘖数的影响

(同时期的平均数比较采用特基法，5% 显著水平)

表 14-17 不同施肥处理的小麦在 3 个生育期的生物产量(示例，时间系列结果的表格)

施肥处理	生物产量(kg/m^2)		
	出苗后 40d	孕穗期	收获期
1	0.7f	1.4f	3.9d
2	0.9ef	2.1def	6.3cd
3	1.0ef	1.7f	4.8d
4	2.3ab	3.5bc	8.4bc
5	1.4de	2.4def	6.0cd
6	2.0bc	3.0bcd	7.5c
7	1.1def	2.0ef	6.5cd
8	2.6ab	4.8a	10.8ab
9	1.7cd	2.8cde	7.8c
10	2.7a	3.9ab	8.3bc
11	1.0ef	2.0ef	4.8d
12	2.4ab	4.7a	12.2a
平均数	1.6	2.9	7.3

注：生物产量为 4 次重复平均数。同一列平均数比较采用特基法，5% 显著水平。

14.4.2 多指标数据

除作物产量这类通常最重要的性状外，其他性状，诸如株高、成熟期、虫害、土壤肥力以及天气状况等，一般也进行测量，要么用来研究它们对处理的响应，要么用来研究它们对产量的作用。下面是多指标数据的一些例子。

①品种比较试验中，诸如产量与品质、株高、生育期、虫害及病害等指标同时测量，以利于综合评价每个品种的表现。

②虫害防治试验中，几种害虫同时记载，在若干必要的生育期进行观察，以便于评价害虫防治措施对诸害虫的作用方式。

③在肥料试验中，籽粒产量或种子产量及其构成因素，诸如穗数、穗粒数、单籽重被测定，以便于定量研究产量构成因素对籽粒产量的单独或共同作用。

对单因素或多因素试验的多指标数据之平均数比较结果的展示，应掌握以下要点：

要点 1：由于表格在性状个数上的灵活性，在测量单位上的便利性，所以表格是展示多指标数据最常见的方法。一旦确定一个性状的最佳表格格式，其他性状就可以或作为行(表 14-18)，或作为列(表 14-19)填入表中，此方法无论单因素或多因素试验都适用。

表 14-18　除草对大豆籽粒产量及其他性状的作用

（示例，表格展示多指标数据的灵活性）

性　状	除　草	未除草	差　异[①]
产量(kg/hm^2)[②]	969	516	453**
株高(cm)[②]	79	87	-8**
叶面积指数[②]	4.1	3.4	0.7**
荚长(cm)	10.0	9.5	0.5^{ns}
荚数(个/荚)	13.2	10.5	2.7**
粒数(个/荚)	12.2	11.7	0.5^{ns}
百粒重(g)	5.3	5.3	0.0

注：①**表示1%水平上显著，ns表示不显著。
②出苗后5周测定。

表 14-19　耕作与覆盖对玉米吐丝期穗位叶 N、P、K 含量[①]的影响

（示例，表格展示多指标数据的灵活性）

耕作	N(%)			P_2O_5(%)			K_2O(%)		
	覆盖	不盖	差异	覆盖	不盖	差异	覆盖	不盖	差异
免耕	2.57a	2.27a	0.30	0.31a	0.24b	0.07**	2.12a	2.12ab	0.00
翻耕	2.53a	2.16a	0.37*	0.28a	0.27ab	0.01	2.12a	2.06b	0.06
浅松土	2.71a	2.15a	0.56**	0.30a	0.28ab	0.02	2.10a	2.27a	-0.17*
深松土	2.29a	2.16a	0.13	0.28a	0.30a	-0.02	2.10a	2.03b	0.07
旋耕	2.47a	2.17a	0.30	0.27a	0.26ab	0.01	2.13a	2.15ab	-0.02
平均	2.51	2.18		0.29	0.27		2.11	2.13	

注：①4 次重复的平均数。同列平均数有公共字母者在5%水平上不显著。**在1%水平上显著，*在5%水平上显著。

要点 2：采用图形展示多指标数据时，通常使用独立的柱图或曲线图，一个指标一个图（图 14-27、图 14-28）。但下列情况例外：

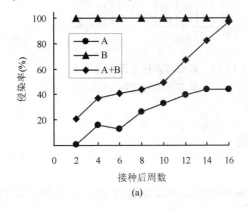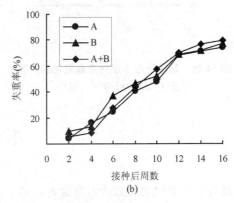

图 14-27　土壤分离微生物对秸秆降解(a)及失重(b)的影响

（示例，两曲线图展示两个指标）

不同测量单位的两个指标可以共存于一个图之中。

(1) 多指标数据，诸指标具有可加性，比如，植株各部分的干物质或者不同种类杂草量，可以采用多级柱展示于一个图之中(图14-29)。

(2) 有相同测量单位的多指标数据，可以共处于一个图之中(图14-30)。

要点3：不论采用何种图表，所展示的多指标之平均数比较应采用相同的检验方法。

要点4：只展示必要的数据指标。若只讨论处理的产量响应，则只展示产量数据，不必展示正文中未进行分析的产量构成或其他农艺性状；避免展示处理效应不显著的指标。

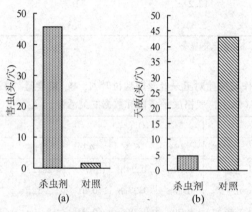

图14-28　杀虫剂对马铃薯田害虫(a)与天敌种群(b)的影响

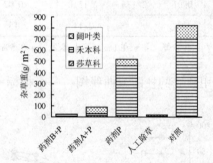

图14-29　杂草防治方法对杂草发生的影响
(示例，多级柱形图的应用)

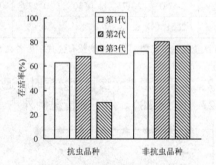

图14-30　抗虫与非抗虫品种植株上某害虫的存活率

小　　结

统计图表能够缩短作者与读者的距离，对于展示研究成果具有文字无法代替的重要作用，在计算机表格与绘图软件已经十分普及的今天更显得重要。以信息交流为目的时，首选图形，然后才是表格；有条件时首选彩色图形，然后用灰度图表，最后用单色图；电子图表还应该适当应用动画效果。图表制作必须坚持关联性、自明性、突出性和规范性的原则。当表示统计分析的结果时，规范的图表不仅应该有描述统计的结果，而且更应该有推断统计的结果，还应该有样本量或数据转换等试验方法或分析方法方面的附注。描述统计的结果不仅应该有反映集中性的统计量，还应该有反映变异性的统计量，展示大样本资料或者探索性研究的结果时，变异数更是不可缺少的内容。当然无论图形还是表格，都必须注明数据的单位，小数的保留位数应该与其精确度一致，过多会分散读者的注意力。统计图表的类型选择与绘制没有固定的程序可以遵循。投稿时，应该首先了解刊物对稿件图表的格式要求。限于篇幅，本章未能介绍应用计算机软件绘制统计图表的内容，本书实习指导中有简单的计算机作图与制表方法介绍，读者可以参照电子表格软件或数据绘图软件的专门文献了解有关的详细内容。

练习题

1. 利用第 7 章第 1 例的 Tukey 固定极差法的分析结果制作适当的表格。
2. 利用第 7 章第 1 例的 Tukey 固定极差法的分析结果制作适当的图形。
3. 利用第 8 章第 4 练习题之品种 × 氮肥二因素试验资料的分析结果制作适当的表格。
4. 利用第 8 章第 4 练习题之品种 × 氮肥二因素试验资料的分析结果制作适当的图形。
5. 利用关联性、自明性、突出性与规范性原则将图 14-14 进行改造，并说明改造依据。

第 15 章

EXCEL 应用——实习指导

15.1 概 述

Microsoft Excel 电子表格具有强大的统计分析功能，利用电子表格可以解决生物科学、农业试验和生产实践中数据资料的常见的统计分析问题。其统计分析过程主要通过内置的"分析工具库"和粘贴函数来完成。本章将主要讲述 Microsoft Excel 电子表格在统计分析中的应用，包括 Microsoft Excel 电子表格的基本操作方法、描述统计、t 检验、方差分析、卡方检验、统计图表的编制及简单相关与回归分析、多元相关与回归分析等。

15.2 Excel 基本操作

15.2.1 目的

（1）初步了解并掌握智能型电子表格软件 Excel 的基本操作方法和技能。
（2）熟悉 Excel 工作表的单元格结构、字符及公式的输入、替换、删除、插入等基本操作。
（3）熟练掌握 Excel 中数学公式的输入、修改方法，以及"自动填充"功能的应用。
（4）掌握 Windows 的"窗口切换"技术。

15.2.2 原理与步骤

Excel 的基本功能单位是单元格，单元格按行列方式在平面上顺序排列，故单元格的

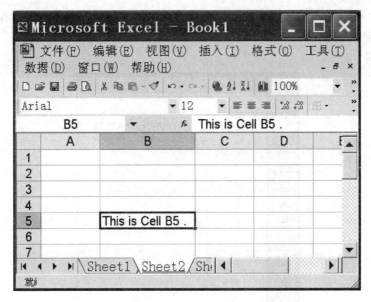

图 15-1　Excel 的基本功能单位——单元格

命名法则是"列号 + 行号",例如,B5 表示第 B 列第 5 行交叉处的单元格(图 15-1)。

(1) 输入文字与数字

通过鼠标单击,或 Enter 键,或 Tab 键,或四个方位键(上,下,左,右),选定目标单元格,然后通过键盘输入中英文或数字等,最后按 Enter 键。

(2) 修改单元格内容

鼠标双击待编辑的单元格,即可进入编辑状态(其特征是光标闪烁),此时可进行插入、删除、局部替换等修改操作。有关键的功能分别是:退格键(Back Space)每按一次,则向前删除一个字符;Delete 键每按一次,则向后删除一个字符;直接按键盘则插入新字符。

(3) 复制与粘贴单元格

选定一个或多个单元格,单击复制按钮,选定目标单元格,单击粘贴按钮即可。

(4) 删除单元格内容

先通过鼠标单击,或 Enter 键,或方位键选定目标单元格中,然后按 Delete 键。若利用鼠标拖放操作则应选定连续单元格区域(特征为反色显示),然后按 Delete 键,则一次操作就能删除多个单元格内容。

(5) 替换单元格内容

先选定目标单元格,然后直接通过键盘输入新字符。

注意:Excel 有两种基本状态:命令状态与编辑状态。在编辑状态(其特征是光标闪烁),许多按钮或菜单项失效(特征是颜色暗淡)。若要使用它们,必须先退出编辑状态,方法是用鼠标单击空白单元格。

(6) 输入并编辑公式

一个单元格就相当于一个电子计算器,可以执行任何复杂计算,只需要输入公式即可。先选定目标单元格,然后按" = "键,再通过键盘输入公式内容如:" = 200 + 3 * 5",

最后按 ENTER 键。公式的修改、删除、替换等操作与上述单元格的有关操作完全相同。

(7) 自动填充功能的应用

(举例说明)

	A	B
1	r	S
2	1	=3.141592654*A2*A2
3	2	
4	3	
5	4	
6	5	
7	6	
8	7	
9	8	
10	9	
11	10	

图 15-2　Excel 中圆面积的计算

① 计算圆面积 S 的值：公式为 $S = \pi \times r^2 = 3.141592654 \times r^2$，$r$ 分别为 1，2，3，…，10。在 B2 单元格中输入 "=3.141592654*A2*A2"，击 Enter 键(图 15-2)。接着选定 B2 单元格，然后鼠标在 B2 单元格右下角处小心移动，至鼠标形状变为实线小十字形(不是空心十字)，按下鼠标左按钮并向下拖动至 B11 处松开即可(图 15-3)。

	A	B
1	r	S
2	1	3.1416
3	2	12.5664
4	3	28.2743
5	4	50.2655
6	5	78.5398
7	6	113.0973
8	7	153.9380
9	8	201.0619
10	9	254.4690
11	10	314.1593

图 15-3　Excel 中自动填充功能的应用

② 九九乘法表：在 B2 单元格中输入公式："=B$1*$A2"(图 15-4)，再自动填充至 B10 处，保持 B2~B10 在选定状态，再自动填充至 J10 处即可(图 15-5)。

	A	B	C	D	E	F	G	H	I	J
1		1	2	3	4	5	6	7	8	9
2	1	=B$1*$A2								
3	2									
4	3									
5	4									
6	5									
7	6									
8	7									
9	8									
10	9									

图 15-4　Excel 中九九乘法表的计算公式

重要说明：B2 单元格中公式的前一项 B$1 之 $1 表示只有第 1 行数字参加计算；后一项 $A2 之 $A 表示只有第一列数字参加计算。

	A	B	C	D	E	F	G	H	I	J
1		1	2	3	4	5	6	7	8	9
2	1	1	2	3	4	5	6	7	8	9
3	2	2	4	6	8	10	12	14	16	18
4	3	3	6	9	12	15	18	21	24	27
5	4	4	8	12	16	20	24	28	32	36
6	5	5	10	15	20	25	30	35	40	45
7	6	6	12	18	24	30	36	42	48	54
8	7	7	14	21	28	35	42	49	56	63
9	8	8	16	24	32	40	48	56	64	72
10	9	9	18	27	36	45	54	63	72	81

图 15-5　Excel 中九九乘法表的输出结果

"窗口切换"功能的应用：在 Excel 中一个窗口表示一个正在执行的任务，Excel 可以同时执行多项任务。用鼠标单击"新建"按钮，然后打开"窗口"菜单，可看到"Book2"、"Book3"等类似窗口名称，单击它们则进入对应的窗口，这样便可实现窗口切换，实行多任务操作。

15.2.3　要求

在教师指导下，要求学生逐项练习上述内容，直到理解并熟练掌握 Excel 的基本操作方法与技能。

15.3 统计数的计算

15.3.1 目的

(1) 复习巩固平均数及变异数的概念、公式及计算方法。
(2) 熟练掌握 Excel 数据分析模块中"描述统计"工具的使用方法与技能。

15.3.2 原理与步骤

(1) 有关统计数计算公式

①算术平均数：$\bar{y} = \dfrac{\sum y}{n}$

②中位数：将资料中所有观察值从小到大依次排列，居中间位置的观察值，记作 M_d。

③众数：资料中最常见的一数，或次数最多一组的中点值，记作 M_o。

④几何平均数：$G = \sqrt[n]{y_1 \cdot y_2 \cdot y_3 \cdots y_n} = (y_1 \cdot y_2 \cdot y_3 \cdots y_n)^{\frac{1}{n}}$。

⑤极差：$R = \text{Max} - \text{Min}$。

⑥方差：$s^2 = \dfrac{\sum(y - \bar{y})^2}{n-1}$。

⑦标准差：$s = \sqrt{\dfrac{\sum(y - \bar{y})^2}{n-1}}$。

⑧变异系数：$CV = \dfrac{s}{\bar{y}} \times 100\%$。

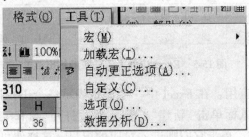

图 15-6　Excel 工具库中的数据分析模块

(2) 应用操作步骤

在同一行连续输入各个变量的名称→在名称下方输入数据→打开"工具"菜单→击"数据分析（图 15-6）…"选项→选择"描述统计"（图 15-7）→击"确定"按钮→选定包括变量名称在内的数据区域(B1：C10)→选中"标志位于第一行"单选钮→选中"输出区域"复选钮→击"输出区域"框内→选定显示计算结果的单元格(A12)→选中"汇总统计"复选钮→击"确定"按钮（图 15-8）。

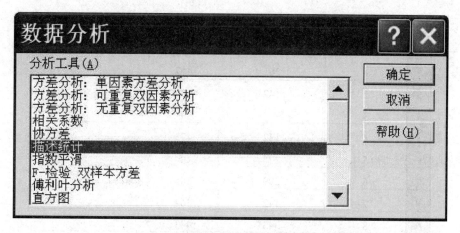

图 15-7　数据分析中的描述统计工具

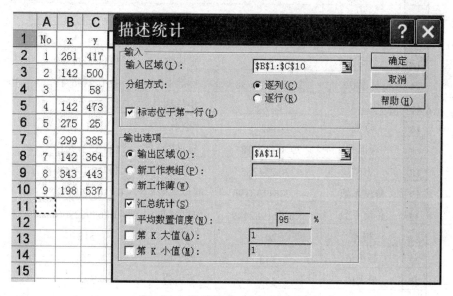

图 15-8　描述统计工具的工作界面

（3）输出结果判读："模式"=众数；"区域"=极差

要求：根据以上表格中的数据用 Excel 计算并与下表对照验证你的结果（已改正非规范的统计术语），如图 15-9 所示。

	A	B	C	D
1	No	x	y	
2	1	261	417	
3	2	142	500	
4	3		58	
5	4	142	473	
6	5	275	25	
7	6	299	385	
8	7	142	364	
9	8	343	443	
10	9	198	537	
11	计算结果:			
12		x		y
13	平均数	225.25	平均数	355.77777778
14	标准误	28.218376738	标准误	62.109396717
15	中位数	229.5	中位数	417
16	众数	142	众数	#N/A
17	标准差	79.813622181	标准差	186.32819015
18	方差	6370.2142857	方差	34718.194444
19	峰度系数	−1.7381133196	峰度系数	0.23008681922
20	偏度系数	0.16911982449	偏度系数	−1.2699029062
21	极差	201	极差	512
22	最小值	142	最小值	25
23	最大值	343	最大值	537
24	总和数	1802	总和数	3202
25	数据个数	8	数据个数	9

图 15-9 对给定资料进行描述统计分析的输出结果

15.4 两个处理比较的 t 检验

15.4.1 目的

(1) 巩固成组资料 t 检验及其区间估计的方法与步骤。
(2) 巩固成对资料 t 检验及其区间估计的方法与步骤。
(3) 熟练掌握 Excel 中"数据分析"模块有关工具的使用方法与技能。

(4)熟练掌握 Excel 中计算区间下限与上限的方法。

15.4.2 原理与步骤

(1)成组 t 检验

$$t = \frac{\bar{y}_1 - \bar{y}_2}{S_{\bar{y}_1 - \bar{y}_2}}, \quad s_{\bar{y}_1 - \bar{y}_2} = \sqrt{\frac{SS_1 + SS_2}{n_1 + n_2 - 2}\left(\frac{1}{n_1} + \frac{1}{n_2}\right)},$$ 如果大于 t 值的概率值(P)小于 α,则推断两处理之间在 α 水平有显著差异,否则推断彼此无显著差异。

(2)成对 t 检验

$$d = y_1 - y_2, \quad t = \frac{\bar{d}}{S_{\bar{d}}}, \quad s_{\bar{d}} = \sqrt{\frac{\sum(d - \bar{d})^2}{n - 1} \cdot \frac{1}{n}},$$ 若 P(大于 t 值)小于 α,则推断两处理间在 α 水平上差异显著,否则不显著。

(3)区间估计

①成组资料:置信度 $= 1 - \alpha$,$DF = n_1 + n_2 - 2$

$L_1 - L_2 = (\bar{y}_1 - \bar{y}_2) \pm t_\alpha \cdot s_{\bar{y}_1 - \bar{y}_2}$,$t_\alpha$ 为查表值。

②成对资料:置信度 $= 1 - \alpha$,$DF = n - 1$

$L_1 - L_2 = \bar{d} \pm t_\alpha \cdot s_{\bar{d}}$,$t_\alpha$ 为查表值。

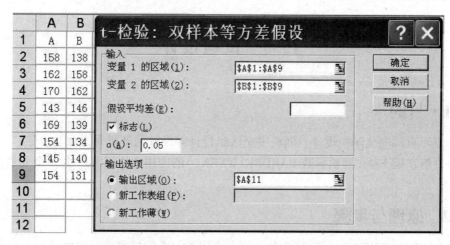

图 15-10 成组资料的 t 检验工作界面

(4)应用操作步骤

在同一行连续输入两个处理的名称→在名称下方输入相应的数据→打开"工具"菜单→选"数据分析…"项→选"t 检验:平均值的成对二样本分析(成对资料的 t 检验)"或"t 检验:双样本等方差假设(成组资料的 t 检验)"(图 15-10)→击"变量 1 的区域框"内→选定处理 1 名称及其数据区→击"变量 2 的区域框"内→选定处理 2 名称及其数据区→选中"标志"复选框→击"输出区域"单选钮→击"输出区域框"内→选定显示计算结果的单元格→击"确定"按钮→判读输出结果(如图 15-11)→区间估计→作结论。

		A	B
1	平均数	156.7432	143.625
2	方差	97.94647	122.5856
3	样本容量	8	8
4	合并方差	110.266	
5	假设平均差	0	
6	df	14	
7	t 值	2.498512	
8	P(>=t) 单尾	0.01277	
9	t 单尾临界值	1.761309	
10	P(>=t) 双尾	0.02554	
11	t 双尾临界值	2.144789	

图 15-11　成组设计 t 检验的输出结果

15.4.3　要求

分别对上述数据作成组 t 检验或成对 t 检验。

15.5　试验设计

15.5.1　目的

(1) 复习巩固完全随机设计、随机完全区组设计等设计的随机化方法与步骤。

(2) 熟练掌握 Excel 随机函数 RANDBETWEEN( ) 的使用方法以及产生 N 个元素随机排列的方法。

15.5.2　原理与步骤

(1) RANDBETWEEN(a, b) 产生从 a 到 b 之间的一个随机整数，即生成 [a, b] 区间上整数的均匀分布。

(2) 随机化步骤(以 $k=12$, $n=3$ 的试验为例)。

①完全随机设计：其本质就是生成一个 1~36($n \times k$) 的随机排列。在单元格 C1 中键入"N ="→在单元格 D1 中键入 36→在单元格 B3 中键入公式："= RANDBETWEEN(1, $D$1)"，然后击"Enter"键→选定单元格 B3→让鼠标指针在 B3 单元格右下角处小心移动，至鼠标形状变为实线小十字形(不是空心十字)，按下鼠标左按钮并向下拖动至 B75(意为大于 36 的一个较大的值)处松开→顺序记录随机编号，忽略重复出现的编号→抄录一个完整的排列即可。

说明：如果显示出的随机数字不足一个完整的排列，可以选定单元格 B75，然后向下自动填充，继续顺序记录随机编号，直到满足要求为止。

②随机完全区组设计：其本质就是分别生成3个1~12的随机排列。在单元格C1中键入"N ="→在单元格D1中键入"12"→在单元格B3中键入公式："= RANDBETWEEN (1, $ D$ 1)"后击Enter键→选定单元格B3→让鼠标指针在B3单元格右下角处小心移动，至鼠标形状变为实线小十字形（不是空心十字），按下鼠标左按钮并向下拖动至B26处松开→顺序记录随机编号，忽略重复出现的编号→抄录一个完整的排列→击F9键即可自动产生下一批随机编号→顺序记录随机编号，忽略重复出现的编号→抄录第二个完整的排列→击F9键即可自动产生下一批随机编号→顺序记录随机编号，忽略重复出现的编号→抄录第三个完整的排列。

15.5.3 要求

(1)完全随机设计：$K=7$，$n=3$。绘出随机化结果示意图。
(2)随机区组设计：$K=10$，$n=3$。绘出随机化结果示意图。

15.6 完全随机设计的分析

15.6.1 目的

(1)巩固完全随机设计资料的统计分析的方法与步骤。
(2)熟练掌握Excel中"数据分析"模块中有关工具的使用方法与技能。
(3)熟练掌握Excel中计算$s_{\bar{y}_1-\bar{y}_2}$、$s_{\bar{y}}$与LSD_α、$DLSD_\alpha$、TFR_α的方法。

15.6.2 原理与步骤

(1)完全随机设计的方差分析表（表15-1）

表15-1 完全随机设计的方差分析表

变异来源	DF	SS	MS	F	F_α
处理(t)	$k-1$	$\dfrac{\sum T_1^2}{n} - C$	$\dfrac{SS_t}{DF_t}$	$\dfrac{MS_t}{MS_e}$	$F_\alpha(DF_t, DF_e)$
误差(e)	$n(k-1)$	$SS_T - SS_t$	$\dfrac{SS_e}{DF_e}$		
总变异(T)	$nk-1$	$\sum y^2 - C$			
注：$C = \dfrac{(\sum y)^2}{nk}$					

(2)处理平均数的多重比较

$$LSD_\alpha = t_\alpha \cdot s_{\bar{y}_1-\bar{y}_2}，其中 t_\alpha 为查表值，s_{\bar{y}_1-\bar{y}_2} = \sqrt{\dfrac{2MS_e}{n}}$$

$TFR_\alpha = q_\alpha \cdot s_{\bar{y}}$，其中 q_α 为查表值，$s_{\bar{y}} = \sqrt{\dfrac{MS_e}{n}}$

(3) 在同一行连续输入处理名称→在处理名称下方输入各处理的数据→打开"工具"→打开"数据分析…"→选择"单因素方差分析"→选定处理名称及其数据→选中"标志位于第一行"复选钮→单击"输出区域"单选钮→单击"输出区域框"内→选定显示计算结果的单元格→单击"确定"按钮→判读输出结果(图15-12和表15-2、表15-3)→计算 LSD_α 或 TFR_α 并进行多重比较→作结论。

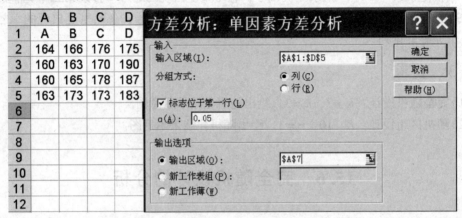

图 15-12　完全随机设计的方差分析的工作界面

表 15-2　数据整理结果

处理	重复次数	总和数	平均数	方差
A	4	646.7561	161.689	4.877834
B	4	667.9638	166.9909	18.01796
C	4	697.2069	174.3017	14.21711
D	4	735.1968	183.7992	43.20716

表 15-3　完全随机设计的方差分析结果

方差分析表差异源	SS	DF	MS	F	$P(\geq F)$	F临界值
处理间	1102.218	3	367.406	18.2971	$8.99E-05$	3.4903
处理内(误差)	240.9602	12	20.08001			
总计	1343.178	15				

15.7　随机完全区组设计的分析

15.7.1　目的

(1) 巩固随机完全区组设计资料结果的统计分析方法与步骤。

(2)熟练掌握 Excel 中"数据分析"模块有关工具的使用方法与技能。

(3)熟练掌握 Excel 中计算 $s_{\bar{y}_1-\bar{y}_2}$、$s_{\bar{y}}$ 与 LSD_α、TFR_α 的方法。

15.7.2 原理与步骤

(1)随机完全区组设计的方差分析表(表 15-4)

表 15-4 随机完全区组设计的方差分析表

变异来源	DF	SS	MS	F	F_α
区组(r)	$n-1$	$\frac{\sum T_r^2}{n} - C$	$\frac{SS_e}{DF_e}$	$\frac{MS_r}{MS_e}$	$F_\alpha (DF_r, DF_e)$
处理(t)	$k-1$	$\frac{\sum T_r^2}{n} - C$	$\frac{SS_r}{DF_r}$	$\frac{MS_t}{MS_e}$	$F_\alpha (DF_t, DF_e)$
误差(e)	$(k-1)(n-1)$	$SS_T - SS_r - SS_t$	$\frac{SS_t}{DF_t}$		
总变异(T)	$nk-1$	$\sum y^2 - C$			

注:$C = \frac{(\sum y)^2}{nk}$

(2)处理平均数的多重比较

$LSD_\alpha = t_\alpha \cdot s_{\bar{y}_1-\bar{y}_2}$,其中 t_α 为查表值,$s_{\bar{y}_1-\bar{y}_2} = \sqrt{\frac{2MS_e}{n}}$

$TFR_\alpha = s_{\bar{y}} \cdot q_\alpha$,其中 q_α 为查表值,$s_{\bar{y}} = \sqrt{\frac{MS_e}{n}}$

(3)按处理(行)*区组(列)格式输入数据

先输入区组名称→在同一行连续输入处理名称→在区组下方输入区组代号→在处理名称下方输入各处理的数据→打开"工具"→打开"数据分析…"→选择"无重复双因素分析"→选定区组及其代号、处理名称及其数据→选中"标志"复选钮→单击"输出区域"单选钮→单击"输出区域框"内→选定显示计算结果的单元格→单击"确定"按钮→判读输出结果→计算 LSD_α 或 TFR_α 并进行多重比较→作结论。

15.8 简单相关与回归分析

15.8.1 目的

(1)巩固线性相关与回归分析的方法与步骤。

(2)熟练掌握 Excel 中"数据分析"模块的"相关系数"与"回归分析"工具的使用方法与技能。

15.8.2 原理与步骤

(1) 相关系数

$$r = \frac{SP}{\sqrt{SS_x SS_y}} = \frac{\sum(x-\bar{x})(y-\bar{y})}{\sqrt{\sum(x-\bar{x})^2 \sum(y-\bar{y})^2}}$$

$$= \frac{\sum xy - \frac{(\sum x)(\sum y)}{n}}{\sqrt{\left(\sum x^2 - \frac{(\sum x)^2}{n}\right)\left(\sum y^2 - \frac{(\sum y)^2}{n}\right)}}$$

(2) 回归方程中系数

$$r^2 = (r)^2$$

(3) 显著性检验

$$F = \frac{\dfrac{U}{1}}{\dfrac{Q}{(n-2)}} = \frac{\dfrac{b \cdot SP}{1}}{\dfrac{(SS_y - U)}{(n-2)}}$$

(4) 区间估计

置信度 $= 1-\alpha$,$L_1 - L_2 = \hat{y} \pm t_\alpha \cdot s_{y \cdot x}$

式中:$\hat{y} = a + bx_0$,t_α 为 $DF = n-2$ 时的 t 查表值

$$s_{y \cdot x} = s_{y/x} \sqrt{1 + \frac{1}{n} + \frac{(x_0 - \bar{x})^2}{SS_x}}$$

$$s_{y/x} = \sqrt{\frac{Q}{n-2}}$$

(5) 简单相关操作步骤

在同一行连续输入变量名称→在名称下方输入各变量的数据→打开"工具"菜单→打开"数据分析…"选项→选"相关系数"选项→"确定"按钮→选定变量名称及其数据区域→选中"标志位于第一行"复选框→单击"输出区域"→单击"输出区域"框内→单击准备显示计算结果的单元格→"确定"按钮(图15-13)→判断输出结果(图15-14)→显著性检验→作结论。

(6) 回归分析操作步骤

(数据同上)→"工具"菜单→"数据分析…"选项→"回归"选项→"确定"按钮→选定Y变量名称及其数据区域→选定全部X变量名称及其数据区域→选中"标志"复选框→选定"残差(R)"、"标准残差(T)"、"线性拟合图(I)"复选框→单击"输出区域"→单击"输出区域"框内→单击准备显示计算结果的单元格→单击"确定"按钮(图15-18)→判读输出结果(图15-15~图15-17)→作显著性检验和区间估计(图15-17、图15-19)→预测预报(图15-20、图15-21)→最后作出结论。

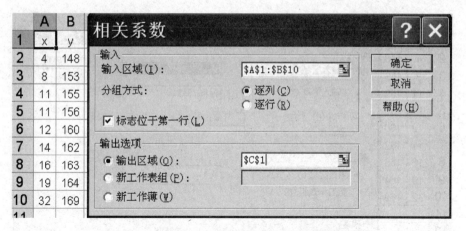

图 15-13　数据分析工具中计算相关系数的工作界面

	x	y
x	1	
y	0.914058	1

图 15-14　Excel 相关系数输出结果

回归统计数	
相关系数	0.9141
决定系数	0.8355
离回归标准误	2.7970
数据个数	9

图 15-15　Excel 回归分析的输出结果

变异来源	DF	SS	MS	F	P(≥F)
回归	1	278.1292	278.1292	35.5536	0.0006
离回归	7	54.7597	7.8228		
总变异	8	332.8889			

图 15-16　直线回归分析研究的方差分析 Excel 的输出结果

系数	系数值	标准误	t	P(≥t)
a	148.2620	2.0114	73.7124	0.0000
b	0.7404	0.1242	5.9627	0.0006

图 15-17　回归截距与回归系数的显著性检验 Excel 的输出结果

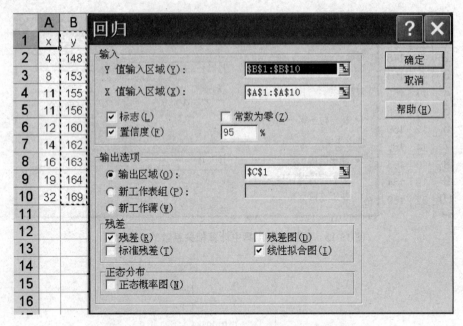

图 15-18　数据分析中直线回归分析的工作界面

系数	下限 95.0%	上限 95.0%
a	143.5059	153.0181
b	0.4468	1.0340

图 15-19　回归截距与回归系数的区间估计 Excel 的输出结果

No.	预测 y	离回归
1	151.6	−3.6
2	154.5	−1.5
3	156.3	−1.3
4	156.7	−0.7
5	157.4	2.6
6	158.9	3.1
7	160.4	2.6
8	162.0	2.0
9	172.3	−3.3

图 15-20　根据回归方程计算 y 预测值 Excel 的输出结果

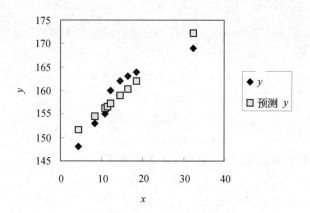

图 15-21 数据点与预测值对照图输出结果

15.9 多元相关与回归分析

15.9.1 目的

(1) 巩固多元线性相关与回归分析的方法与步骤。
(2) 掌握利用"相关系数"工具计算多个变量间全部简单相关系数的方法与技能。
(3) 掌握利用"相关系数"工具输出结果在 Excel 中进行偏相关分析的方法。
(4) 掌握利用"回归分析"工具进行多元线性回归分析的方法与技能。

15.9.2 原理与步骤

(1) 简单相关系数基本公式

$$r'_{ij} = \frac{\sum (x_i - \bar{x}_i)(x_j - \bar{x}_j)}{\sqrt{\sum (x_i - \bar{x}_i)^2 \sum (x_j - \bar{x}_j)^2}} \quad (i,j = 1,2,3,\cdots,M)$$

(2) 偏相关分析基本公式

$$r_{ij} = \frac{-c'_{ij}}{\sqrt{c'_{ii} \cdot c'_{jj}}} \quad (i,j = 1,2,\cdots,M)$$

$$s_{r_{ij}} = \sqrt{\frac{1 - r_{ij}^2}{n - M}}$$

$$t_{ij} = \frac{r_{ij}}{s_{r_{ij}}}$$

$$DF = n - M$$

(3) 多元线性回归分析基本公式

多元线性回归的数学模型(m 个自变量，1 个依变量，n 个数据点)

$$Y = X\beta + \varepsilon$$

$$X = \begin{pmatrix} 1 & x_{11} & \cdots & x_{1m} \\ 1 & x_{21} & \cdots & x_{2m} \\ \vdots & \vdots & \vdots & \vdots \\ 1 & x_{n1} & \cdots & x_{nm} \end{pmatrix}$$

$$Y = (y_1, y_2, \cdots, y_n)'$$
$$\beta = (\beta_0, \beta_1, \cdots, \beta_m)'$$
$$\varepsilon = (\varepsilon_1, \varepsilon_2, \cdots, \varepsilon_n)'$$

回归系数的最小二乘估计：$\hat{\beta} = (X'X)^{-1}X'Y$

回归方程：$\hat{y} = x^*\hat{\beta}$

式中，$x^* = (1, x_1, x_2, \cdots, x_m)$

(4) 计算简单相关系数

在同一行连续输入变量名称（应该把 Y 变量名称放在最右侧以便于进行回归分析）→在名称下方输入各变量的数据→"工具"菜单→"数据分析…"选项→"相关系数"选项→"确定"按钮→选定变量名称及其数据区域→选中"标志位于第一行"复选框→单击"输出区域"→单击"输出区域"框内→单击准备显示计算结果的单元格→单击"确定"按钮。

①计算简单相关系数矩阵的逆：（紧接计算简单相关系数部分）→在简单相关系数输出结果区域中复制并粘贴数据使其成为一个对称矩阵→在下方空白区域选定与对称矩阵大小相同的单元格区域→键入"="后单击常用工具栏上的"粘贴函数"钮（"f_x"）→选中"数字与三角函数"中的 MINVERSE→"确定"→选定上述简单相关系数的对称矩阵→同时按下 Ctrl + Shift + Enter 三个键。

②计算偏相关系数：将逆矩阵主对角元素复制并粘贴到矩阵下方空白区域最左一列和最上一行中→在此行此列所围区域的左上角单元格中输入计算偏相关系数的公式→选定包含公式的单元格→向右自动填充→选定包含公式的第一行单元格区域→向下自动填充。

③偏相关系数 t 检验：在下面空白区域单元格中输入 $s_{r_{ij}}$ 计算公式（按顺序点击公式中各要素所在单元格），选定包含公式的单元格，同(b)步进行自动填充，得到偏相关系数列表对应的 s_r 表；在下方空白单元格输入计算 t_r 公式，并给出输出条件：当 $s_{r_{ij}}$ 特别小时（如 $s_{r_{ij}} < 0.000001$，则不进行计算，显示"无"），同(b)步进行自动填充，得到 t_r 数值列表；选中 t_r 列表→格式→条件格式→在条件框内选"大于或小于"及点击 $t_{0.05}$ 值所在单元格→选定浅粉色→确定→确定。重复上面"格式"、"条件格式"步骤，并选"大于或小于"及 $t_{0.01}$ 值所在单元格→格式→深粉色→确定→确定。

说明：数字为深红色的则达到 0.05 显著水平，浅粉色则达到 0.01 显著水平。

(5) 回归分析计算

（数据输入参照计算简单相关系数部分）→"工具"菜单→"数据分析…"选项→"回归"选项→"确定"按钮→选定 Y 变量名称及其数据区域→选定全部 X 变量名称及其数据区域→选中"标志"复选框→单击"输出区域"→单击"输出区域"框内→单击准备显示计算结果的单元格→单击"确定"按钮。

15.10 卡方检验

15.10.1 目的

(1)巩固卡方检验的分析方法与步骤。
(2)掌握利用 Excel 计算理论次数的方法与技能。
(3)掌握利用 CHITEST 函数进行卡方检验的方法与技能。

15.10.2 原理与步骤

(1)计算理论次数的公式
适合性检验：$E = $ 调查总数 $\times$ 理论比率

$$E = \frac{\text{行总和} \times \text{列总和}}{\text{调查总数}}$$

(2)计算卡方值的公式

$$\chi_c^2 = \sum \frac{\left(|O-E| - \frac{1}{2}\right)^2}{E} \quad (DF = 1)$$

$$\chi^2 = \frac{(O-E)^2}{E} \quad (DF > 1)$$

(3)统计推断的方法

如果大于卡方值的右尾概率小于显著水平 α，则推断在 α 水平上不符合理论假设或两个变量间不独立；否则，结论相反。

(4)(以独立性检验为例)计算理论次数

按行列成排的格局输入实际观察值→利用 SUM 函数计算各行总和与各列总和→在数据区域下方相应的单元格中输入计算左上角第一个实际次数所对应的理论次数的公式(图15-22)→选定这个单元格→采用自动填充，得出理论次数表(图15-23)。

(5)在数据区域右侧一个单元格中输入"$P(<\chi_\alpha^2) = $"→在其右侧单元格中输入公式"=CHITEST(<选定实际次数区域>, <选定理论次数区域>)"后按 Enter 键(图15-22)。

	A	B	C	D	E	F	G
7		列1	列2	列3	行总和	DF=	4
8	行1	146	7	4	=B8+C8+D8	$P(>\chi^2)=$	=CHITEST(B8:D10, B13:D15)
9	行2	183	9	13	=B9+C9+D9	$\alpha=$	0.05
10	行3	152	14	16	=B10+C10+D10		
11	列总和	=B8+B9+B10	=C8+C9+C10	=D8+D9+D10	=B11+C11+D11		
12							
13		=$E$8*B$11/$E$11	=$E$8*C$11/$E$11	=$E$8*D$11/$E$11			
14		=$E$9*B$11/$E$11	=$E$9*C$11/$E$11	=$E$9*D$11/$E$11			
15		=$E$10*B$11/$E$11	=$E$10*C$11/$E$11	=$E$10*D$11/$E$11			

图15-22 卡方检验时计算行总和、列总和、理论次数、卡平方检验概率的公式输入方法

(6) 根据 CHITEST 函数算出的 $P(<\chi_\alpha^2)$ 概率值大小与 α 比较作出结论(图15-23)。

	A	B	C	D	E	F	G
8	行1	146	7	4	157	$P(>x^2)=$	0.06924872
9	行2	183	9	13	205	$\alpha=$	0.05
10	行3	152	14	16	182		
11	列总和	481	30	33	544		
12							
13		138.8	8.7	9.5			
14		181.3	11.3	12.4			
15		160.9	10.0	11.0			

图 15-23　卡方检验的输出结果(包括理论次数和检验结果)

15.11　统计图表的编制

15.11.1　目的

(1) 熟练掌握"三线表"的结构及其利用 Excel 进行编制的方法。

(2) 掌握利用 Excel 在处理平均数上标注显著性检验结果的基本方法(上标格式)。

(3) 熟练掌握利用 Excel 绘制 (X, Y) 数据散点图，添加趋势线的基本方法。

15.11.2　原理与步骤

(1) "三线表"是一种形式简明的表格，其基本结构为标题、栏目、表体、表注以及三条横贯表格的直线所组成。利用 Excel 制作表格有编辑方便的特点。

编"三线表"：在左上角单元格输入表的序号及其名称→在下一行各单元格输入列栏目名称→在最左一列输入行栏目名称→在行与列交叉处输入表体内容→选定列栏目所在的行→打开"格式"工具栏上的"边框"列表框→单击上边框线图标→重新打开击下边框图标→再选定表格的最下面一行→再打开"边框"列表框击下边框图标(表 15-5)。

(2) 在处理平均数上标显著性检验结果，其常见方法是用符号"*"与"**"分别表示在 5% 与 10% 显著水平上有差异。在平均数右侧输入"*"或"**"，然后选定"*"或"**"，打开"格式"菜单→单击"字体"选项→选中"上标"复选框→单击"确定"按钮即可。

(3) "散点图"是用图形直观表现二维或多维数值变量间对应关系的一种强有力的手段。绘"散点图"：通常将数据按列排列，在 Excel 中从某一单元格开始在同一行连续输入各数值变量的名称(注意用作 X 轴的变量就排在最左端)→在变量名称下方按列输入各自的数据(表 15-6)→选定名称与数据所在的区域→单击"常用"工具栏上的"图表向导"钮→

双击"XY 散点图"选项→单击对话框上的"确定"按钮即可。

添趋势线：右击"散点图"上的数据点便可以选定数据系列，并同时打开快捷菜单→单击"添加趋势线"选项便打开对话框→单击所需的趋势线"类型"与"选项"中的"显示公式"及"显示 R 平方值"等复选框→单击"确定"按钮即可。结果如图 15-24 所示。

表 15-5　A 因素 × B 因素平均数两向表(一个典型的三线表)

	A1	A2	A3
B1	0.445	0.473	0.524
B2	0.432	0.489	0.913

表 15-6　绘制散点图的数据

x	4	8	11	11	12	14	16	19	32
y	148	153	155	156	160	162	163	164	169

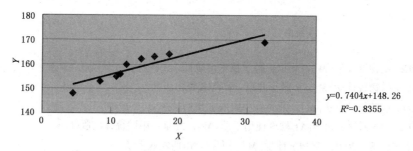

图 15-24　散点图与趋势线

小　结

Microsoft Excel 电子表格通过其内置的分析工具库和粘贴函数，可以对生物科学研究中的数据资料进行常规的统计分析。如：用"描述统计"可以计算各种统计数；用"双样本等方差假设"可以对成组试验资料进行分析；用"平均值的成对二样本分析"可以对成对资料进行分析；另外还可进行方差分析及相关回归分析等。这些分析工具为我们课堂教学及实际应用带来了很大的方便，通过实习，可以使学生系统掌握生物统计学的原理与方法，更重要的是提高了学生的实践技能，加强了他们的动手能力。掌握了这些粘贴函数和分析工具的使用，学生就可以顺利地解决实际中遇到的统计问题。

参考文献

董时富. 2002. 生物统计学[M]. 北京：科学技术出版社.
杜荣骞. 2003. 生物统计学[M]. 2版. 北京：高等教育出版社.
盖钧镒. 2000. 试验统计方法[M]. 北京：中国农业出版社.
高惠璇. 1997. SAS系统SAS/STAT软件使用手册[M]. 北京：中国统计出版社.
郭平毅，杨锦忠，等. 2001. 生物统计学[M]. 太谷：山西农业大学.
胡秉民，张全德. 1985. 农业试验统计分析方法[M]. 杭州：浙江科学技术出版社.
姜藏珍，等. 1997. 食品科学试验统计[M]. 北京：中国农业科技出版社.
蒋庆琅(美). 1998. 实用统计分析方法[M]. 方积乾，等译. 北京：北京医科大学、中国协和医科大学联合出版社.
Gerry Quinn Michael Keough. 2003. 生物实验设计与数据分析(中文版)[M]. 蒋志刚，李春旺，曾岩，译. 北京：高等教育出版社.
冷寿慈. 1992. 生物统计与田间试验设计[M]. 北京：中国广播电视出版社.
李春喜，王志和，王文林. 2000. 生物统计学[M]. 2版. 北京：科学出版社.
李松岗. 2002. 实用生物统计[M]. 北京：北京大学出版社.
李耀锽，高学曾译. 1983. 农业试验统计[M]. 北京：中国农业出版社.
林德光. 1982. 生物统计的数学原理[M]. 沈阳：辽宁人民出版社.
刘光祖. 2000. 概率论与应用数理统计[M]. 北京：高等教育出版社.
刘权. 1992. 果树试验设计与统计[M]. 北京：中国林业出版社.
骆建霞，孙建设. 2002. 园艺植物科学研究导论[M]. 北京：中国农业出版社.
马育华. 1982. 试验统计[M]. 北京：中国农业出版社.
马育华. 1996. 田间试验和统计方法[M]. 2版. 北京：农业出版社.
毛达如. 1994. 植物营养研究方法[M]. 北京：北京农业大学出版社.
明道旭. 2003. 生物统计附试验设计[M]. 3版. 北京：中国农业出版社.
莫惠栋. 1992. 农业试验统计[M]. 2版. 上海：上海科学技术出版社.
邵崇斌. 2004. 概率论与数理统计[M]. 北京：中国林业出版社.

王鉴明. 1988. 生物统计学[M]. 北京：中国农业出版社.
王钦德, 杨坚. 2003. 食品试验设计与统计分析[M]. 北京：中国农业大学出版社.
吴喜之, 王兆军. 1996. 非参数统计方法[M]. 北京：高等教育出版社.
吴仲贤. 1993. 生物统计学[M]. 北京：北京农业大学出版社.
项可风, 吴启光. 1989. 试验设计与数据分析[M]. 上海：上海科学技术出版社.
徐端正. 2004. 生物统计在试验和临床药理学中的应用[M]. 北京：科学出版社.
杨持. 1996. 生物统计学[M]. 呼和浩特：内蒙古大学出版社.
张勤, 张启能. 2002. 生物统计学[M]. 北京：中国农业大学出版社.
章文才. 1997. 果树研究法[M]. 3版. 北京：中国农业出版社.

附录

常用统计用表

附表1 正态分布数值表$[f(z) = P\{Z \leq z\}]$

z	0.00	0.01	0.02	0.03	0.04	0.05	0.06	0.07	0.08	0.09
0.00	0.5000	0.5040	0.5080	0.5120	0.5160	0.5199	0.5239	0.5279	0.5319	0.5359
0.10	0.5398	0.5438	0.5478	0.5517	0.5557	0.5596	0.5636	0.5675	0.5714	0.5753
0.20	0.5793	0.5832	0.5871	0.5910	0.5948	0.5987	0.6026	0.6064	0.6103	0.6141
0.30	0.6179	0.6217	0.6255	0.6293	0.6331	0.6368	0.6406	0.6443	0.6480	0.6517
0.40	0.6554	0.6591	0.6628	0.6664	0.6700	0.6736	0.6772	0.6808	0.6844	0.6879
0.50	0.6915	0.6950	0.6985	0.7019	0.7054	0.7088	0.7123	0.7157	0.7190	0.7224
0.60	0.7257	0.7291	0.7324	0.7357	0.7389	0.7422	0.7454	0.7486	0.7517	0.7549
0.70	0.7580	0.7611	0.7642	0.7673	0.7704	0.7734	0.7764	0.7794	0.7823	0.7852
0.80	0.7881	0.7910	0.7939	0.7967	0.7995	0.8023	0.8051	0.8078	0.8106	0.8133
0.90	0.8159	0.8186	0.8212	0.8238	0.8264	0.8289	0.8315	0.8340	0.8365	0.8389
1.00	0.8413	0.8438	0.8461	0.8485	0.8508	0.8531	0.8554	0.8577	0.8599	0.8621
1.10	0.8643	0.8665	0.8686	0.8708	0.8729	0.8749	0.8770	0.8790	0.8810	0.8830
1.20	0.8849	0.8869	0.8888	0.8907	0.8925	0.8944	0.8962	0.8980	0.8997	0.9015
1.30	0.9032	0.9049	0.9066	0.9082	0.9099	0.9115	0.9131	0.9147	0.9162	0.9177
1.40	0.9192	0.9207	0.9222	0.9236	0.9251	0.9265	0.9279	0.9292	0.9306	0.9319
1.50	0.9332	0.9345	0.9357	0.9370	0.9382	0.9394	0.9406	0.9418	0.9429	0.9441
1.60	0.9452	0.9463	0.9474	0.9484	0.9495	0.9505	0.9515	0.9525	0.9535	0.9545
1.70	0.9554	0.9564	0.9573	0.9582	0.9591	0.9599	0.9608	0.9616	0.9625	0.9633
1.80	0.9641	0.9649	0.9656	0.9664	0.9671	0.9678	0.9686	0.9693	0.9699	0.9706
1.90	0.9713	0.9719	0.9726	0.9732	0.9738	0.9744	0.9750	0.9756	0.9761	0.9767
2.00	0.9772	0.9778	0.9783	0.9788	0.9793	0.9798	0.9803	0.9808	0.9812	0.9817
2.10	0.9821	0.9826	0.9830	0.9834	0.9838	0.9842	0.9846	0.9850	0.9854	0.9857
2.20	0.9861	0.9864	0.9868	0.9871	0.9875	0.9878	0.9881	0.9884	0.9887	0.9890
2.30	0.9893	0.9896	0.9898	0.9901	0.9904	0.9906	0.9909	0.9911	0.9913	0.9916
2.40	0.9918	0.9920	0.9922	0.9925	0.9927	0.9929	0.9931	0.9932	0.9934	0.9936
2.50	0.9938	0.9940	0.9941	0.9943	0.9945	0.9946	0.9948	0.9949	0.9951	0.9952
2.60	0.9953	0.9955	0.9956	0.9957	0.9959	0.9960	0.9961	0.9962	0.9963	0.9964
2.70	0.9965	0.9966	0.9967	0.9968	0.9969	0.9970	0.9971	0.9972	0.9973	0.9974
2.80	0.9974	0.9975	0.9976	0.9977	0.9977	0.9978	0.9979	0.9979	0.9980	0.9981
2.90	0.9981	0.9982	0.9982	0.9983	0.9984	0.9984	0.9985	0.9985	0.9986	0.9986
3.00	0.9987	0.9987	0.9987	0.9988	0.9988	0.9989	0.9989	0.9989	0.9990	0.9990

注：1. $f(x) = 1 - P\{Z \leq |x|\}$，当 $x < 0$。

2. EXCEL 标准正态分布函数为 NORMSDIST(z)。

附表2 t 分布双侧临界值表 ($P\{|t| > t_\alpha\} = \alpha$)

α	0.100	0.050	0.025	0.010	0.001	α	0.100	0.050	0.025	0.010	0.001
v						v					
1	6.314	12.7	25.5	63.6	636.8	22	1.717	2.074	2.405	2.819	3.792
2	2.920	4.303	6.205	9.925	31.6	23	1.714	2.069	2.398	2.807	3.768
3	2.353	3.182	4.177	5.841	12.9	24	1.711	2.064	2.391	2.797	3.745
4	2.132	2.776	3.495	4.604	8.610	25	1.708	2.060	2.385	2.787	3.725
5	2.015	2.571	3.163	4.032	6.869	26	1.706	2.056	2.379	2.779	3.707
6	1.943	2.447	2.969	3.707	5.959	27	1.703	2.052	2.373	2.771	3.689
7	1.895	2.365	2.841	3.499	5.408	28	1.701	2.048	2.368	2.763	3.674
8	1.860	2.306	2.752	3.355	5.041	29	1.699	2.045	2.364	2.756	3.660
9	1.833	2.262	2.685	3.250	4.781	30	1.697	2.042	2.360	2.750	3.646
10	1.812	2.228	2.634	3.169	4.587	35	1.690	2.030	2.342	2.724	3.591
11	1.796	2.201	2.593	3.106	4.437	40	1.684	2.021	2.329	2.704	3.551
12	1.782	2.179	2.560	3.055	4.318	45	1.679	2.014	2.319	2.690	3.520
13	1.771	2.160	2.533	3.012	4.221	50	1.676	2.009	2.311	2.678	3.496
14	1.761	2.145	2.510	2.977	4.140	55	1.673	2.004	2.304	2.668	3.476
15	1.753	2.131	2.490	2.947	4.073	60	1.671	2.000	2.299	2.660	3.460
16	1.746	2.120	2.473	2.921	4.015	70	1.667	1.994	2.291	2.648	3.435
17	1.740	2.110	2.458	2.898	3.965	80	1.664	1.990	2.284	2.639	3.416
18	1.734	2.101	2.445	2.878	3.922	90	1.662	1.987	2.280	2.632	3.402
19	1.729	2.093	2.433	2.861	3.883	100	1.660	1.984	2.276	2.626	3.390
20	1.725	2.086	2.423	2.845	3.850	120	1.658	1.980	2.270	2.617	3.373
21	1.721	2.080	2.414	2.831	3.819	∞	1.645	1.960	2.241	2.576	3.291

注：EXCEL 的 t 双侧临界值函数为 TINV(α, v)。

附表3 χ^2 分布上侧临界值表 ($P\{\chi^2 > \chi_\alpha^2\} = \alpha$)

α \ v	0.995	0.990	0.975	0.950	0.900	0.750	0.500	0.250	0.100	0.050	0.025	0.010	0.005
1	0.00	0.00	0.00	0.00	0.02	0.10	0.45	1.32	2.71	3.84	5.02	6.63	7.88
2	0.01	0.02	0.05	0.10	0.21	0.58	1.39	2.77	4.61	5.99	7.38	9.21	10.60
3	0.07	0.11	0.22	0.35	0.58	1.21	2.37	4.11	6.25	7.81	9.35	11.34	12.84
4	0.21	0.30	0.48	0.71	1.06	1.92	3.36	5.39	7.78	9.49	11.14	13.28	14.86
5	0.41	0.55	0.83	1.15	1.61	2.67	4.35	6.63	9.24	11.07	12.83	15.09	16.75
6	0.68	0.87	1.24	1.64	2.20	3.45	5.35	7.84	10.64	12.59	14.45	16.81	18.55
7	0.99	1.24	1.69	2.17	2.83	4.25	6.35	9.04	12.02	14.07	16.01	18.48	20.28
8	1.34	1.65	2.18	2.73	3.49	5.07	7.34	10.22	13.36	15.51	17.53	20.09	21.95
9	1.73	2.09	2.70	3.33	4.17	5.90	8.34	11.39	14.68	16.92	19.02	21.67	23.59
10	2.16	2.56	3.25	3.94	4.87	6.74	9.34	12.55	15.99	18.31	20.48	23.21	25.19
11	2.60	3.05	3.82	4.57	5.58	7.58	10.34	13.70	17.28	19.68	21.92	24.73	26.76
12	3.07	3.57	4.40	5.23	6.30	8.44	11.34	14.85	18.55	21.03	23.34	26.22	28.30
13	3.57	4.11	5.01	5.89	7.04	9.30	12.34	15.98	19.81	22.36	24.74	27.69	29.82
14	4.07	4.66	5.63	6.57	7.79	10.17	13.34	17.12	21.06	23.68	26.12	29.14	31.32
15	4.60	5.23	6.26	7.26	8.55	11.04	14.34	18.25	22.31	25.00	27.49	30.58	32.80
16	5.14	5.81	6.91	7.96	9.31	11.91	15.34	19.37	23.54	26.30	28.85	32.00	34.27
17	5.70	6.41	7.56	8.67	10.09	12.79	16.34	20.49	24.77	27.59	30.19	33.41	35.72
18	6.26	7.01	8.23	9.39	10.86	13.68	17.34	21.60	25.99	28.87	31.53	34.81	37.16
19	6.84	7.63	8.91	10.12	11.65	14.56	18.34	22.72	27.20	30.14	32.85	36.19	38.58
20	7.43	8.26	9.59	10.85	12.44	15.45	19.34	23.83	28.41	31.41	34.17	37.57	40.00
21	8.03	8.90	10.28	11.59	13.24	16.34	20.34	24.93	29.62	32.67	35.48	38.93	41.40
22	8.64	9.54	10.98	12.34	14.04	17.24	21.34	26.04	30.81	33.92	36.78	40.29	42.80
23	9.26	10.20	11.69	13.09	14.85	18.14	22.34	27.14	32.01	35.17	38.08	41.64	44.18
24	9.89	10.86	12.40	13.85	15.66	19.04	23.34	28.24	33.20	36.42	39.36	42.98	45.56
25	10.52	11.52	13.12	14.61	16.47	19.94	24.34	29.34	34.38	37.65	40.65	44.31	46.93
26	11.16	12.20	13.84	15.38	17.29	20.84	25.34	30.43	35.56	38.89	41.92	45.64	48.29
27	11.81	12.88	14.57	16.15	18.11	21.75	26.34	31.53	36.74	40.11	43.19	46.96	49.65
28	12.46	13.56	15.31	16.93	18.94	22.66	27.34	32.62	37.92	41.34	44.46	48.28	50.99
29	13.12	14.26	16.05	17.71	19.77	23.57	28.34	33.71	39.09	42.56	45.72	49.59	52.34
30	13.79	14.95	16.79	18.49	20.60	24.48	29.34	34.80	40.26	43.77	46.98	50.89	53.67
40	20.71	22.16	24.43	26.51	29.05	33.66	39.34	45.62	51.81	55.76	59.34	63.69	66.77
50	27.99	29.71	32.36	34.76	37.69	42.94	49.33	56.33	63.17	67.50	71.42	76.15	79.49
60	35.53	37.48	40.48	43.19	46.46	52.29	59.33	66.98	74.40	79.08	83.30	88.38	91.95
70	43.28	45.44	48.76	51.74	55.33	61.70	69.33	77.58	85.53	90.53	95.02	100.43	104.21
80	51.17	53.54	57.15	60.39	64.28	71.14	79.33	88.13	96.58	101.88	106.63	112.33	116.32
90	59.20	61.75	65.65	69.13	73.29	80.62	89.33	98.65	107.57	113.15	118.14	124.12	128.30
100	67.33	70.06	74.22	77.93	82.36	90.13	99.33	109.14	118.50	124.34	129.56	135.81	140.17

注：EXCEL 的 χ^2 分布上侧临界值函数为 CHIINV(a, n)。

附表 4a F 分布上侧临界值表 ($P\{F > F_{0.05}\} = 0.05$)

n_1	1	2	3	4	5	6	7	8	12	24	∞
n_2											
1	161.4	199.5	215.7	224.6	230.2	234.0	236.8	238.9	243.9	249.1	254.3
2	18.51	19.00	19.16	19.25	19.30	19.33	19.35	19.37	19.41	19.45	19.50
3	10.13	9.55	9.28	9.12	9.01	8.94	8.89	8.85	8.74	8.64	8.53
4	7.709	6.944	6.591	6.388	6.256	6.163	6.094	6.041	5.912	5.774	5.628
5	6.608	5.786	5.409	5.192	5.050	4.950	4.876	4.818	4.678	4.527	4.365
6	5.987	5.143	4.757	4.534	4.387	4.284	4.207	4.147	4.000	3.841	3.669
7	5.591	4.737	4.347	4.120	3.972	3.866	3.787	3.726	3.575	3.410	3.230
8	5.318	4.459	4.066	3.838	3.688	3.581	3.500	3.438	3.284	3.115	2.928
9	5.117	4.256	3.863	3.633	3.482	3.374	3.293	3.230	3.073	2.900	2.707
10	4.965	4.103	3.708	3.478	3.326	3.217	3.135	3.072	2.913	2.737	2.538
11	4.844	3.982	3.587	3.357	3.204	3.095	3.012	2.948	2.788	2.609	2.404
12	4.747	3.885	3.490	3.259	3.106	2.996	2.913	2.849	2.687	2.505	2.296
13	4.667	3.806	3.411	3.179	3.025	2.915	2.832	2.767	2.604	2.420	2.206
14	4.600	3.739	3.344	3.112	2.958	2.848	2.764	2.699	2.534	2.349	2.131
15	4.543	3.682	3.287	3.056	2.901	2.790	2.707	2.641	2.475	2.288	2.066
16	4.494	3.634	3.239	3.007	2.852	2.741	2.657	2.591	2.425	2.235	2.010
17	4.451	3.592	3.197	2.965	2.810	2.699	2.614	2.548	2.381	2.190	1.960
18	4.414	3.555	3.160	2.928	2.773	2.661	2.577	2.510	2.342	2.150	1.917
19	4.381	3.522	3.127	2.895	2.740	2.628	2.544	2.477	2.308	2.114	1.878
20	4.351	3.493	3.098	2.866	2.711	2.599	2.514	2.447	2.278	2.082	1.843
21	4.325	3.467	3.072	2.840	2.685	2.573	2.488	2.420	2.250	2.054	1.812
22	4.301	3.443	3.049	2.817	2.661	2.549	2.464	2.397	2.226	2.028	1.783
23	4.279	3.422	3.028	2.796	2.640	2.528	2.442	2.375	2.204	2.005	1.757
24	4.260	3.403	3.009	2.776	2.621	2.508	2.423	2.355	2.183	1.984	1.733
25	4.242	3.385	2.991	2.759	2.603	2.490	2.405	2.337	2.165	1.964	1.711
26	4.225	3.369	2.975	2.743	2.587	2.474	2.388	2.321	2.148	1.946	1.691
27	4.210	3.354	2.960	2.728	2.572	2.459	2.373	2.305	2.132	1.930	1.672
28	4.196	3.340	2.947	2.714	2.558	2.445	2.359	2.291	2.118	1.915	1.654
29	4.183	3.328	2.934	2.701	2.545	2.432	2.346	2.278	2.104	1.901	1.638
30	4.171	3.316	2.922	2.690	2.534	2.421	2.334	2.266	2.092	1.887	1.622
40	4.085	3.232	2.839	2.606	2.449	2.336	2.249	2.180	2.003	1.793	1.509
60	4.001	3.150	2.758	2.525	2.368	2.254	2.167	2.097	1.917	1.700	1.389
120	3.920	3.072	2.680	2.447	2.290	2.175	2.087	2.016	1.834	1.608	1.254
∞	3.841	2.996	2.605	2.372	2.214	2.099	2.010	1.938	1.752	1.517	1.000

注：1. n_1 是分子的自由度；n_2 是分母的自由度。

2. EXCEL 的 F 分布上侧临界值函数为 FINV(α, n_1, n_2)。

附表 4b F 分布上侧临界值表 ($P\{F > F_{0.01}\} = 0.01$)

n_1 \ n_2	1	2	3	4	5	6	7	8	12	24	∞
1	4052	4999	5404	5624	5764	5859	5928	5981	6107	6234	6366
2	98.50	99.00	99.16	99.25	99.30	99.33	99.36	99.38	99.42	99.46	99.50
3	34.12	30.82	29.46	28.71	28.24	27.91	27.67	27.49	27.05	26.60	26.13
4	21.20	18.00	16.69	15.98	15.52	15.21	14.98	14.80	14.37	13.93	13.46
5	16.26	13.27	12.06	11.39	10.97	10.67	10.46	10.29	9.89	9.47	9.02
6	13.75	10.92	9.78	9.15	8.75	8.47	8.26	8.10	7.72	7.31	6.88
7	12.25	9.55	8.45	7.85	7.46	7.19	6.99	6.84	6.47	6.07	5.65
8	11.26	8.65	7.59	7.01	6.63	6.37	6.18	6.03	5.67	5.28	4.86
9	10.56	8.02	6.99	6.42	6.06	5.80	5.61	5.47	5.11	4.73	4.31
10	10.04	7.56	6.55	5.99	5.64	5.39	5.20	5.06	4.71	4.33	3.91
11	9.646	7.206	6.217	5.668	5.316	5.069	4.886	4.744	4.397	4.021	3.602
12	9.330	6.927	5.953	5.412	5.064	4.821	4.640	4.499	4.155	3.780	3.361
13	9.074	6.701	5.739	5.205	4.862	4.620	4.441	4.302	3.960	3.587	3.165
14	8.862	6.515	5.564	5.035	4.695	4.456	4.278	4.140	3.800	3.427	3.004
15	8.683	6.359	5.417	4.893	4.556	4.318	4.142	4.004	3.666	3.294	2.868
16	8.531	6.226	5.292	4.773	4.437	4.202	4.026	3.890	3.553	3.181	2.753
17	8.400	6.112	5.185	4.669	4.336	4.101	3.927	3.791	3.455	3.083	2.653
18	8.285	6.013	5.092	4.579	4.248	4.015	3.841	3.705	3.371	2.999	2.566
19	8.185	5.926	5.010	4.500	4.171	3.939	3.765	3.631	3.297	2.925	2.489
20	8.096	5.849	4.938	4.431	4.103	3.871	3.699	3.564	3.231	2.859	2.421
21	8.017	5.780	4.874	4.369	4.042	3.812	3.640	3.506	3.173	2.801	2.360
22	7.945	5.719	4.817	4.313	3.988	3.758	3.587	3.453	3.121	2.749	2.305
23	7.881	5.664	4.765	4.264	3.939	3.710	3.539	3.406	3.074	2.702	2.256
24	7.823	5.614	4.718	4.218	3.895	3.667	3.496	3.363	3.032	2.659	2.211
25	7.770	5.568	4.675	4.177	3.855	3.627	3.457	3.324	2.993	2.620	2.169
26	7.721	5.526	4.637	4.140	3.818	3.591	3.421	3.288	2.958	2.585	2.131
27	7.677	5.488	4.601	4.106	3.785	3.558	3.388	3.256	2.926	2.552	2.097
28	7.636	5.453	4.568	4.074	3.754	3.528	3.358	3.226	2.896	2.522	2.064
29	7.598	5.420	4.538	4.045	3.725	3.499	3.330	3.198	2.868	2.495	2.034
30	7.562	5.390	4.510	4.018	3.699	3.473	3.305	3.173	2.843	2.469	2.006
40	7.314	5.178	4.313	3.828	3.514	3.291	3.124	2.993	2.665	2.288	1.805
60	7.077	4.977	4.126	3.649	3.339	3.119	2.953	2.823	2.496	2.115	1.601
120	6.851	4.787	3.949	3.480	3.174	2.956	2.792	2.663	2.336	1.950	1.381
∞	6.635	4.605	3.782	3.319	3.017	2.802	2.639	2.511	2.185	1.791	1.000

注：1. n_1 是分子的自由度；n_2 是分母的自由度。

2. EXCEL 的 F 分布上侧临界值函数为 FINV(α, n_1, n_2)。

附表5　相关系数的临界值表 ($P\{|R|>R_\alpha\}=\alpha$)

α	0.05	0.05	0.05	0.05	0.01	0.01	0.01	0.01
M	2	3	4	5	2	3	4	5
v								
1	0.997	0.999	0.999	0.999	1.000	1.000	1.000	1.000
2	0.950	0.975	0.983	0.987	0.990	0.995	0.997	0.997
3	0.878	0.930	0.950	0.961	0.959	0.977	0.983	0.987
4	0.811	0.881	0.912	0.930	0.917	0.949	0.962	0.970
5	0.754	0.836	0.874	0.898	0.875	0.917	0.937	0.949
6	0.707	0.795	0.839	0.867	0.834	0.886	0.911	0.927
7	0.666	0.758	0.807	0.838	0.798	0.855	0.885	0.904
8	0.632	0.726	0.777	0.811	0.765	0.827	0.860	0.882
9	0.602	0.697	0.750	0.786	0.735	0.800	0.837	0.861
10	0.576	0.671	0.726	0.763	0.708	0.776	0.814	0.840
11	0.553	0.648	0.703	0.741	0.684	0.753	0.793	0.821
12	0.532	0.627	0.683	0.722	0.661	0.732	0.773	0.802
13	0.514	0.608	0.664	0.703	0.641	0.712	0.755	0.785
14	0.497	0.590	0.646	0.686	0.623	0.694	0.737	0.768
15	0.482	0.574	0.630	0.670	0.606	0.677	0.721	0.752
16	0.468	0.559	0.615	0.655	0.590	0.662	0.706	0.738
17	0.456	0.545	0.601	0.641	0.575	0.647	0.691	0.724
18	0.444	0.532	0.587	0.628	0.561	0.633	0.678	0.710
19	0.433	0.520	0.575	0.615	0.549	0.620	0.665	0.697
20	0.423	0.509	0.563	0.604	0.537	0.607	0.652	0.685
21	0.413	0.498	0.552	0.593	0.526	0.596	0.641	0.674
22	0.404	0.488	0.542	0.582	0.515	0.585	0.630	0.663
23	0.396	0.479	0.532	0.572	0.505	0.574	0.619	0.653
24	0.388	0.470	0.523	0.562	0.496	0.565	0.609	0.643
25	0.381	0.462	0.514	0.553	0.487	0.555	0.600	0.633
26	0.374	0.454	0.506	0.545	0.479	0.546	0.590	0.624
27	0.367	0.446	0.498	0.536	0.471	0.538	0.582	0.615
28	0.361	0.439	0.490	0.529	0.463	0.529	0.573	0.607
29	0.355	0.432	0.483	0.521	0.456	0.522	0.565	0.598
30	0.349	0.425	0.476	0.514	0.449	0.514	0.558	0.591
35	0.325	0.397	0.445	0.482	0.418	0.481	0.523	0.556
40	0.304	0.373	0.419	0.455	0.393	0.454	0.494	0.526
45	0.288	0.353	0.397	0.432	0.372	0.430	0.470	0.501
50	0.273	0.336	0.379	0.412	0.354	0.410	0.449	0.479
60	0.250	0.308	0.348	0.380	0.325	0.377	0.414	0.442
70	0.232	0.286	0.324	0.354	0.302	0.351	0.386	0.413
80	0.217	0.269	0.304	0.332	0.283	0.330	0.363	0.389

(续)

α	0.05	0.05	0.05	0.05	0.01	0.01	0.01	0.01
M	2	3	4	5	2	3	4	5
v								
90	0.205	0.254	0.288	0.315	0.267	0.312	0.343	0.368
100	0.195	0.241	0.274	0.299	0.254	0.297	0.327	0.351
125	0.174	0.216	0.246	0.269	0.228	0.267	0.294	0.316
150	0.159	0.198	0.225	0.247	0.208	0.244	0.269	0.290
200	0.138	0.172	0.196	0.215	0.181	0.212	0.235	0.253
300	0.113	0.141	0.160	0.176	0.148	0.174	0.192	0.208
400	0.098	0.122	0.139	0.153	0.128	0.151	0.167	0.180
500	0.088	0.109	0.124	0.137	0.115	0.135	0.150	0.162
1000	0.062	0.077	0.088	0.097	0.081	0.096	0.106	0.115

注：M 为变数的个数。$R_\alpha = \sqrt{(M-1)F_\alpha / [(M-1)F_\alpha + v]}$，$F_\alpha$ 的自由度为 $(M-1)$ 和 v。

附表 6a　　Tukey 检验 q 上侧临界值表($\alpha=0.05$)

P \ v	2	3	4	5	6	7	8	9	10	12	14	16	18	20
1	17.97	26.98	32.82	37.08	40.41	43.12	45.40	47.36	49.07	51.96	54.33	56.32	58.04	59.56
2	6.08	8.33	9.80	10.83	11.74	12.44	13.03	13.54	13.99	14.75	15.38	15.91	16.37	16.77
3	4.50	5.91	6.82	7.50	8.04	8.48	8.85	9.18	9.46	9.95	10.35	10.69	10.98	11.24
4	3.93	5.04	5.76	6.29	6.71	7.05	7.35	7.60	7.83	8.21	8.52	8.79	9.03	9.23
5	3.64	4.60	5.22	5.67	6.03	6.33	6.58	6.80	6.99	7.32	7.60	7.83	8.03	8.21
6	3.46	4.34	4.90	5.30	5.63	5.90	6.12	6.32	6.49	6.79	7.03	7.24	7.43	7.59
7	3.34	4.16	4.63	5.06	5.36	5.61	5.82	6.00	6.16	6.43	6.66	6.85	7.02	7.17
8	3.26	4.04	4.53	4.89	5.17	5.40	5.60	5.77	5.92	6.18	6.39	6.57	6.73	6.87
9	3.20	3.95	4.41	4.76	5.02	5.24	5.43	5.59	5.74	5.98	6.19	6.36	6.51	6.64
10	3.15	3.88	4.33	4.65	4.91	5.12	5.30	5.46	5.60	5.83	6.03	6.19	6.34	6.47
11	3.11	3.82	4.26	4.57	4.82	5.03	5.20	5.35	5.49	5.71	5.90	6.06	6.20	6.33
12	3.08	3.77	4.20	4.51	4.75	4.95	5.12	5.27	5.39	5.61	5.80	5.95	6.09	6.21
13	3.06	3.73	4.15	4.45	4.69	4.88	5.05	5.19	5.32	5.53	5.71	5.86	5.99	6.11
14	3.03	3.70	4.11	4.41	4.61	4.83	4.99	5.13	5.25	5.46	5.64	5.79	5.91	6.03
15	3.01	3.67	4.08	4.37	4.59	4.78	4.94	5.08	5.20	5.40	5.57	5.72	5.85	5.96
16	3.00	3.65	4.05	4.33	4.56	4.74	4.90	5.03	5.15	5.35	5.52	5.66	5.79	5.90
17	2.93	3.63	4.02	4.30	4.52	4.70	4.86	4.99	5.11	5.31	5.47	5.61	5.73	5.84
18	2.97	3.61	4.00	4.28	4.49	4.67	4.82	4.96	5.07	5.27	5.43	5.57	5.69	5.79
19	2.96	3.59	3.98	4.25	4.47	4.65	4.79	4.92	5.04	5.23	5.30	5.53	5.65	5.75
20	2.95	3.58	3.96	4.23	4.45	4.62	4.77	4.90	5.01	5.20	5.36	5.49	5.61	5.71
24	2.92	3.53	3.90	4.17	4.37	4.54	4.68	4.81	4.92	5.10	5.25	5.38	5.49	5.59
30	2.89	3.49	3.85	4.10	4.30	4.46	4.60	4.72	4.82	5.00	5.15	5.27	5.39	5.47
40	2.86	3.44	3.79	4.04	4.23	4.39	4.52	4.63	4.73	4.90	5.04	5.16	5.27	5.36
60	2.83	3.40	3.74	3.98	4.16	4.31	4.44	4.55	4.65	4.81	4.94	5.06	5.15	5.24
120	2.80	3.36	3.68	3.92	4.10	4.24	4.36	4.47	4.56	4.71	4.84	4.95	5.04	5.13
∞	2.77	3.31	3.63	3.86	4.03	4.17	4.29	4.39	4.47	4.62	4.74	4.85	4.93	5.01

附表6b　Tukey检验 q 上侧临界值表（$\alpha=0.01$）

v \ P	2	3	4	5	6	7	8	9	10	12	14	16	18	20
1	90.03	135.0	164.3	185.6	202.2	215.5	227.2	237.0	245.6	260.0	271.8	281.8	290.4	298.0
2	14.04	19.02	22.29	24.72	26.63	28.20	29.53	30.68	31.68	33.40	34.81	36.00	37.03	37.95
3	8.26	10.62	12.17	13.33	14.24	15.00	15.64	16.20	16.69	17.53	18.22	18.81	19.32	19.71
4	6.51	8.12	9.17	9.96	10.55	11.10	11.55	11.93	12.27	12.84	13.32	13.73	14.08	14.40
5	5.70	6.98	7.80	8.42	8.91	9.32	9.67	9.97	10.24	10.70	11.08	11.40	11.68	11.93
6	5.24	6.33	7.03	7.56	9.97	8.32	8.61	8.87	9.10	9.48	9.81	10.08	10.32	10.54
7	4.95	5.92	6.54	7.01	7.37	7.68	7.94	8.17	8.37	8.71	9.00	9.24	9.46	9.65
8	4.75	5.64	6.20	6.62	6.96	7.24	7.47	7.68	7.86	8.18	8.44	8.66	8.85	9.03
9	4.60	5.43	5.96	6.35	6.66	6.91	7.13	7.33	7.49	7.78	8.03	8.23	8.42	8.57
10	4.48	5.27	5.77	6.14	6.43	6.67	6.87	7.05	7.21	7.49	7.71	7.91	8.08	8.23
11	4.39	5.15	5.62	5.97	6.25	6.48	6.67	6.84	6.99	7.25	7.40	7.65	7.81	7.95
12	4.32	5.05	5.50	5.84	6.10	6.32	6.51	6.67	6.81	7.00	7.26	7.44	7.59	7.73
13	4.26	4.96	5.40	5.73	5.98	6.19	6.37	6.53	6.67	6.90	7.10	7.27	7.42	7.55
14	4.21	4.89	5.32	5.63	5.88	6.08	6.26	6.41	6.54	6.77	6.96	7.13	7.27	7.39
15	4.17	4.84	5.25	5.56	5.80	5.99	6.16	6.31	6.44	6.66	6.84	7.00	7.14	7.26
16	4.13	4.79	5.19	5.49	5.72	5.92	6.08	6.22	6.35	6.56	6.74	6.90	7.03	7.15
17	4.10	4.74	5.14	5.43	5.66	5.85	6.01	6.15	6.27	6.48	6.66	6.81	6.94	7.05
18	4.07	4.70	5.09	5.38	5.60	5.79	5.94	6.08	6.20	6.41	6.58	6.73	6.85	6.97
19	4.05	4.67	5.05	5.33	5.55	5.73	5.89	6.02	6.14	6.34	6.51	6.65	6.78	6.89
20	4.02	4.64	5.02	5.29	5.51	5.69	5.84	5.97	6.09	6.23	6.45	6.59	6.71	6.82
24	3.96	4.55	4.91	5.17	5.37	5.54	5.69	5.81	5.92	6.11	6.26	6.39	6.51	6.61
30	3.89	4.45	4.80	5.05	5.24	5.40	5.54	5.65	5.76	5.93	6.08	6.20	6.31	6.41
40	3.82	4.37	4.70	4.93	5.11	5.26	5.39	5.50	5.60	5.76	5.90	6.02	6.12	6.21
60	3.76	4.28	4.59	4.82	4.99	5.13	5.25	5.36	5.45	5.60	5.73	5.84	5.93	6.01
120	3.70	4.20	4.50	4.71	4.87	5.01	5.12	5.21	5.30	5.44	5.56	5.66	5.75	5.83
∞	3.64	4.12	4.40	4.60	4.76	4.88	4.99	5.08	5.16	5.29	5.40	5.49	5.57	5.65

附表7a Dunnett 临界值表(双尾, $\alpha = 0.05$)

$(k-1)$ v	1	2	3	4	5	6	7	8	9	10	11	12	15	20
5	2.57	3.03	3.29	3.48	3.62	3.73	3.82	3.90	3.97	4.03	4.09	4.14	4.26	4.42
6	2.45	2.86	3.10	3.26	3.39	3.49	3.57	3.64	3.71	3.76	3.81	3.86	3.97	4.11
7	2.36	2.75	2.97	3.12	3.24	3.33	3.41	3.47	3.53	3.58	3.63	3.67	3.78	3.91
8	2.31	2.67	2.88	3.02	3.13	3.22	3.29	3.35	3.41	3.46	3.50	3.54	3.64	3.76
9	2.26	2.61	2.81	2.95	3.05	3.14	3.20	3.26	3.32	3.36	3.40	3.44	3.53	3.65
10	2.23	2.57	2.76	2.89	2.99	3.07	3.14	3.19	3.24	3.29	3.33	3.36	3.45	3.57
11	2.20	2.53	2.72	2.84	2.94	3.02	3.08	3.14	3.19	3.23	3.27	3.30	3.39	3.50
12	2.18	2.50	2.68	2.81	2.90	2.98	3.04	3.09	3.14	3.18	3.22	3.25	3.34	3.45
13	2.16	2.48	2.65	2.78	2.87	2.94	3.00	3.06	3.10	3.14	3.18	3.21	3.29	3.40
14	2.14	2.46	2.63	2.75	2.84	2.91	2.97	3.02	3.07	3.11	3.14	3.18	3.26	3.36
15	2.13	2.44	2.61	2.73	2.82	2.89	2.95	3.00	3.04	3.08	3.12	3.15	3.23	3.33
16	2.12	2.42	2.59	2.71	2.80	2.87	2.92	2.97	3.02	3.06	3.09	3.12	3.20	3.30
17	2.11	2.41	2.58	2.69	2.78	2.85	2.90	2.95	3.00	3.03	3.07	3.10	3.18	3.27
18	2.10	2.40	2.56	2.68	2.76	2.83	2.89	2.94	2.98	3.01	3.05	3.08	3.16	3.25
19	2.09	2.39	2.55	2.66	2.75	2.81	2.87	2.92	2.96	3.00	3.03	3.06	3.14	3.23
20	2.09	2.38	2.54	2.65	2.73	2.80	2.86	2.90	2.95	2.98	3.02	3.05	3.12	3.22
24	2.06	2.35	2.51	2.61	2.70	2.76	2.81	2.86	2.90	2.94	2.97	3.00	3.07	3.16
30	2.04	2.32	2.47	2.58	2.66	2.72	2.77	2.82	2.86	2.89	2.92	2.95	3.02	3.11
40	2.02	2.29	2.44	2.54	2.62	2.68	2.73	2.77	2.81	2.85	2.87	2.90	2.97	3.06
60	2.00	2.27	2.41	2.51	2.58	2.64	2.69	2.73	2.77	2.80	2.83	2.86	2.92	3.00
120	1.98	2.24	2.38	2.47	2.55	2.60	2.65	2.69	2.73	2.76	2.79	2.81	2.87	2.95
∞	1.96	2.21	2.35	2.44	2.51	2.57	2.61	2.65	2.69	2.72	2.74	2.77	2.83	2.91

附表 7b   Dunnett 临界值表(双尾，$\alpha = 0.01$)

$(k-1)$	1	2	3	4	5	6	7	8	9	10	11	12	15	20
v														
5	4.03	4.63	4.98	5.22	5.41	5.56	5.69	5.80	5.89	5.98	6.05	6.12	6.30	6.52
6	3.71	4.21	4.51	4.71	4.87	5.00	5.10	5.20	5.28	5.35	5.41	5.47	5.62	5.81
7	3.50	3.95	4.21	4.39	4.53	4.64	4.74	4.82	4.89	4.95	5.01	5.06	5.19	5.36
8	3.36	3.77	4.00	4.17	4.29	4.40	4.48	4.56	4.62	4.68	4.73	4.78	4.90	5.05
9	3.25	3.63	3.85	4.01	4.12	4.22	4.30	4.37	4.43	4.48	4.53	4.57	4.68	4.82
10	3.17	3.53	3.74	3.88	3.99	4.08	4.16	4.22	4.28	4.33	4.37	4.42	4.52	4.65
11	3.11	3.45	3.65	3.79	3.89	3.98	4.05	4.11	4.16	4.21	4.25	4.29	4.39	4.52
12	3.05	3.39	3.58	3.71	3.81	3.89	3.96	4.02	4.07	4.12	4.16	4.19	4.29	4.41
13	3.01	3.33	3.52	3.65	3.74	3.82	3.89	3.94	3.99	4.04	4.08	4.11	4.20	4.32
14	2.98	3.29	3.47	3.59	3.69	3.76	3.83	3.88	3.93	3.97	4.01	4.05	4.13	4.24
15	2.95	3.25	3.43	3.55	3.64	3.71	3.78	3.83	3.88	3.92	3.95	3.99	4.07	4.18
16	2.92	3.22	3.39	3.51	3.60	3.67	3.73	3.78	3.83	3.87	3.91	3.94	4.02	4.13
17	2.90	3.19	3.36	3.47	3.56	3.63	3.69	3.74	3.79	3.83	3.86	3.90	3.98	4.08
18	2.88	3.17	3.33	3.44	3.53	3.60	3.66	3.71	3.75	3.79	3.83	3.86	3.94	4.04
19	2.86	3.15	3.31	3.42	3.50	3.57	3.63	3.68	3.72	3.76	3.79	3.83	3.90	4.00
20	2.85	3.13	3.29	3.40	3.48	3.55	3.60	3.65	3.69	3.73	3.77	3.80	3.87	3.97
24	2.80	3.07	3.22	3.32	3.40	3.47	3.52	3.57	3.61	3.64	3.68	3.70	3.78	3.87
30	2.75	3.01	3.15	3.25	3.33	3.39	3.44	3.49	3.52	3.56	3.59	3.62	3.69	3.78
40	2.70	2.95	3.09	3.19	3.26	3.32	3.37	3.41	3.44	3.48	3.51	3.53	3.60	3.68
60	2.66	2.90	3.03	3.12	3.19	3.25	3.29	3.33	3.37	3.40	3.42	3.45	3.51	3.59
120	2.62	2.85	2.97	3.06	3.12	3.18	3.22	3.26	3.29	3.32	3.35	3.37	3.43	3.51
∞	2.58	2.79	2.92	3.00	3.06	3.11	3.15	3.19	3.22	3.25	3.27	3.29	3.35	3.42

附表 8a　Duncan's 新复极差检验 SSR 值表（双尾，α = 0.05）

自由度 (v)	检验极差的平均数个数 (p)												
	2	3	4	5	6	7	8	9	10	12	14	16	18	20
1	18.00	18.00	18.00	18.00	18.00	18.00	18.00	18.00	18.00	18.00	18.00	18.00	18.00	18.00
2	6.09	6.09	6.09	6.09	6.09	6.09	6.09	6.09	6.09	6.09	6.09	6.09	6.09	6.09
3	4.50	4.50	4.50	4.50	4.50	4.50	4.50	4.50	4.50	4.50	4.50	4.50	4.50	4.50
4	3.93	4.01	4.02	4.02	4.02	4.02	4.02	4.02	4.02	4.02	4.02	4.02	4.02	4.02
5	3.64	3.74	3.79	3.83	3.83	3.83	3.83	3.83	3.83	3.83	3.83	3.83	3.83	3.83
6	3.46	3.58	3.64	3.68	3.68	3.68	3.68	3.68	3.68	3.68	3.68	3.68	3.68	3.68
7	3.35	3.47	3.54	3.58	3.60	3.61	3.61	3.61	3.61	3.61	3.61	3.61	3.61	3.61
8	3.26	3.39	3.47	3.52	3.55	3.56	3.56	3.56	3.56	3.56	3.56	3.56	3.56	3.56
9	3.20	3.34	3.41	3.47	3.50	3.52	3.52	3.52	3.52	3.52	3.52	3.52	3.52	3.52
10	3.15	3.30	3.37	3.43	3.46	3.47	3.47	3.47	3.47	3.47	3.47	3.47	3.47	3.47
11	3.11	3.27	3.35	3.39	3.43	3.44	3.45	3.46	3.46	3.46	3.46	3.46	3.47	3.48
12	3.08	3.23	3.33	3.36	3.40	3.42	3.44	3.44	3.46	3.46	3.46	3.46	3.47	3.48
13	3.06	3.21	3.30	3.35	3.38	3.41	3.42	3.44	3.45	3.45	3.46	3.46	3.47	3.47
14	3.03	3.18	3.27	3.33	3.37	3.39	3.41	3.42	3.44	3.45	3.46	3.46	3.47	3.47
15	3.01	3.16	3.25	3.31	3.36	3.38	3.40	3.42	3.43	3.44	3.45	3.46	3.47	3.47
16	3.00	3.15	3.23	3.30	3.34	3.37	3.39	3.41	3.43	3.44	3.45	3.46	3.47	3.47
17	2.98	3.13	3.22	3.28	3.33	3.36	3.38	3.40	3.42	3.44	3.45	3.46	3.47	3.47
18	2.97	3.12	3.21	3.27	3.32	3.35	3.37	3.39	3.41	3.43	3.45	3.46	3.47	3.47
19	2.96	3.11	3.19	3.26	3.31	3.35	3.37	3.39	3.41	3.43	3.44	3.46	3.47	3.47
20	2.95	3.10	3.18	3.25	3.30	3.34	3.36	3.38	3.40	3.43	3.44	3.46	3.46	3.47
22	2.93	3.08	3.17	3.24	3.29	3.32	3.35	3.37	3.39	3.42	3.44	3.45	3.46	3.47
24	2.92	3.07	3.15	3.22	3.28	3.31	3.34	3.37	3.38	3.41	3.44	3.45	3.46	3.47
26	2.91	3.06	3.14	3.21	3.27	3.30	3.34	3.36	3.38	3.41	3.43	3.45	3.46	3.47
28	2.90	3.04	3.13	3.20	3.26	3.30	3.33	3.35	3.37	3.40	3.43	3.45	3.46	3.47
30	2.89	3.04	3.12	3.20	3.25	3.29	3.32	3.35	3.37	3.40	3.43	3.44	3.46	3.47
40	2.86	3.01	3.10	3.17	3.22	3.27	3.30	3.33	3.35	3.39	3.42	3.44	3.46	3.47
60	2.83	2.98	3.08	3.14	3.20	3.24	3.28	3.31	3.33	3.37	3.40	3.43	3.45	3.47
100	2.80	2.95	3.05	3.12	3.18	3.22	3.26	3.29	3.32	3.36	3.40	3.42	3.45	3.47
∞	2.77	2.92	3.02	3.09	3.15	3.19	3.23	3.26	3.29	3.34	3.38	3.41	3.44	3.47

附表 8b Duncan's 新复极差检验 SSR 值表（双尾，α=0.01）

自由度 (v)	检验极差的平均数个数 (p)												
	2	3	4	5	6	7	8	9	10	12	14	16	18	20
1	90.00	90.00	90.00	90.00	90.00	90.00	90.00	90.00	90.00	90.00	90.00	90.00	90.00	90.00
2	14.00	14.00	14.00	14.00	14.00	14.00	14.00	14.00	14.00	14.00	14.00	14.00	14.00	14.00
3	8.26	8.50	8.60	8.70	8.80	8.90	8.90	9.00	9.00	9.00	9.10	9.20	9.30	9.30
4	6.51	6.80	6.90	7.00	7.10	7.10	7.20	7.20	7.30	7.30	7.40	7.40	7.50	7.50
5	5.70	5.96	6.11	6.18	6.26	6.33	6.40	6.44	6.50	6.60	6.60	6.70	6.70	6.80
6	5.24	3.51	5.65	5.73	5.81	5.88	5.95	6.00	6.00	6.10	6.20	6.20	6.30	6.30
7	4.95	5.22	5.37	5.45	5.53	5.61	5.69	5.73	5.80	5.80	5.90	5.90	6.00	6.00
8	4.74	5.00	5.14	5.23	5.32	5.40	5.47	5.51	5.60	5.60	5.70	5.70	5.80	5.80
9	4.60	4.86	4.99	5.08	5.17	5.25	5.32	5.36	5.40	5.50	5.50	5.60	5.70	5.70
10	4.48	4.73	4.88	4.96	5.06	5.13	5.20	5.24	5.28	5.36	5.42	5.48	5.54	5.55
11	4.39	4.63	4.77	4.86	4.94	5.01	5.06	5.12	5.15	5.24	5.28	5.34	5.38	5.39
12	4.32	4.55	4.68	4.76	4.84	4.92	4.96	5.02	5.07	5.13	5.17	5.22	5.24	5.26
13	4.26	4.48	4.62	4.69	4.74	4.84	4.88	4.94	4.98	5.08	5.13	5.14	5.15
14	4.21	4.42	4.55	4.63	4.70	4.78	4.83	4.87	4.91	4.96	5.00	5.04	5.06	5.07
15	4.17	4.37	4.50	4.58	4.64	4.72	4.77	4.81	4.84	4.90	4.94	4.97	4.99	5.00
16	4.13	4.34	4.45	4.54	4.60	4.67	4.72	4.76	4.79	4.84	4.88	4.91	4.93	4.94
17	4.10	4.30	4.41	4.50	4.56	4.63	4.68	4.72	4.75	4.80	4.83	4.86	4.88	4.89
18	4.07	4.27	4.38	4.46	4.53	4.59	4.64	4.68	4.71	4.76	4.79	4.82	4.84	4.85
19	4.05	4.24	4.35	4.43	4.50	4.56	4.61	4.64	4.67	4.72	4.76	4.79	4.81	4.82
20	4.02	4.22	4.33	4.40	4.47	4.53	4.58	4.61	4.65	4.69	4.73	4.76	4.78	4.79
22	3.99	4.17	4.28	4.36	4.42	4.48	4.53	4.57	4.60	4.65	4.68	4.71	4.74	4.75
24	3.96	4.14	4.24	4.33	4.39	4.44	4.49	4.53	4.57	4.62	4.64	4.67	4.70	4.72
26	3.93	4.11	4.21	4.30	4.36	4.41	4.46	4.50	4.53	4.58	4.62	4.65	4.67	4.69
28	3.91	4.08	4.18	4.28	4.34	4.39	4.43	4.47	4.51	4.56	4.60	4.62	4.65	4.67
30	3.89	4.06	4.16	4.22	4.32	4.36	4.41	4.45	4.48	4.54	4.58	4.61	4.63	4.65
40	3.82	3.99	4.10	4.17	4.24	4.30	4.34	4.37	4.41	4.46	4.51	4.54	4.57	4.59
60	3.76	3.92	4.03	4.12	4.17	4.23	4.27	4.31	4.34	4.39	4.44	4.47	4.50	4.53
100	3.71	3.86	3.98	4.06	4.11	4.17	4.21	4.25	4.29	4.35	4.38	4.42	4.45	4.48
∞	3.64	3.80	3.90	3.98	4.04	4.09	4.14	4.17	4.20	4.26	4.31	4.34	4.38	4.41

附表9 正交多项式表($n=3\sim9$)

(1) $n=3$

x	c_1	c_2	c_3	c_4
1	−1	1		
2	0	−2		
3	1	1		
除数	2	6		

(2) $n=4$

x	c_1	c_2	c_3	c_4
1	−3	1	−1	
2	−1	−1	3	
3	1	−1	−3	
4	3	1	1	
除数	20	4	20	

(3) $n=5$

x	c_1	c_2	c_3	c_4
1	−2	2	−1	1
2	−1	−1	2	−4
3	0	−2	0	6
4	1	−1	−2	−4
5	2	2	1	1
除数	10	14	10	70

(4) $n=6$

x	c_1	c_2	c_3	c_4
1	−5	5	−5	1
2	−3	−1	7	−3
3	−1	−4	4	2
4	1	−4	−4	2
5	3	−1	−7	−3
6	5	5	5	1
除数	70	84	180	28

(5) $n=7$

x	c_1	c_2	c_3	c_4
1	−3	5	−1	3
2	−2	0	1	−7
3	−1	−3	1	1
4	0	−4	0	0
5	1	−3	−1	1
6	2	0	−1	−7
7	3	5	1	3
除数	28	84	6	154

(6) $n=8$

x	c_1	c_2	c_3	c_4
1	−7	7	−7	7
2	−5	1	5	−13
3	−3	−3	7	−3
4	−1	−5	3	9
5	1	−5	−3	9
6	3	−3	−7	−3
7	5	1	−5	−13
8	7	7	7	7
除数	168	168	264	616

(7) $n=9$

x	c_1	c_2	c_3	c_4
1	−4	28	−14	14
2	−3	7	7	−21
3	−2	−8	13	−11
4	−1	−17	9	9
5	0	−20	0	18
6	1	−17	−9	9
7	2	−8	−13	−11
8	3	7	−7	−21
9	4	28	14	14
除数	60	2772	990	2002

附表10　符号检验表 $[P\{S \leq S_\alpha\}] = \alpha$（双尾概率）

n	α 0.01	0.05	0.1	0.25	n	α 0.01	0.05	0.1	0.25	n	α 0.01	0.05	0.1	0.25
1					31	7	9	10	11	61	20	22	23	25
2					32	8	9	10	12	62	20	22	24	25
3				0	33	8	10	11	12	63	20	23	24	26
4				0	34	9	10	11	13	64	21	23	24	26
5			0	0	35	9	11	12	13	65	21	24	25	27
6		0	0	0	36	9	11	12	14	66	22	24	25	27
7		0	0	1	37	10	12	13	14	67	22	25	26	28
8	0	0	1	1	38	10	12	13	14	68	22	25	26	28
9	0	1	1	2	39	11	12	13	15	69	23	25	27	29
10	0	1	1	2	40	11	13	14	15	70	23	26	27	29
11	0	1	2	3	41	11	13	14	16	71	24	26	28	30
12	1	2	2	3	42	12	14	15	16	72	24	27	28	30
13	1	2	3	3	43	12	14	15	17	73	25	27	28	31
14	1	2	3	4	44	13	15	16	17	74	25	28	29	31
15	2	3	3	4	45	13	15	16	18	75	25	28	29	32
16	2	3	4	5	46	13	15	16	18	76	26	28	30	32
17	2	4	4	5	47	14	16	17	19	77	26	29	30	32
18	3	4	5	6	48	14	16	17	19	78	27	29	31	33
19	3	4	5	6	49	15	17	18	19	79	27	30	31	33
20	3	5	5	6	50	15	17	18	20	80	28	30	32	34
21	4	5	6	7	51	15	18	19	20	81	28	31	32	34
22	4	5	6	7	52	16	18	19	21	82	28	31	33	35
23	4	6	7	8	53	16	18	20	21	83	29	32	33	35
24	5	6	7	8	54	17	19	20	22	84	29	32	33	36
25	5	7	7	9	55	17	19	20	22	85	30	32	34	36
26	6	7	8	9	56	17	20	21	23	86	30	33	34	37
27	6	7	8	10	57	18	20	21	23	87	31	33	35	37
28	6	8	9	10	58	18	21	22	24	88	31	34	35	38
29	7	8	9	10	59	19	21	22	24	89	31	34	36	38
30	7	9	10	11	60	19	21	23	25	90	32	35	36	39

附表 11 秩和检验表 $[P\{T_1 < T < T_2\} = 1 - \alpha(单尾概率)]$

n_1	n_2	$\alpha=0.025$		$\alpha=0.05$		n_1	n_2	$\alpha=0.025$		$\alpha=0.05$	
		T_1	T_2	T_1	T_2			T_1	T_2	T_1	T_2
2	4			3	11	5	5	18	37	19	36
	5			3	13		6	19	41	20	40
	6	3	15	4	14		7	20	45	22	43
	7	3	17	4	16		8	21	49	23	47
	8	3	19	4	18		9	22	53	25	50
	9	3	21	4	20		10	24	56	26	54
	10	4	22	5	21	6	6	26	52	28	50
3	3			6	15		7	28	56	30	54
	4	6	18	7	17		8	29	61	32	58
	5	6	21	7	20		9	31	65	33	63
	6	7	23	8	22		10	33	69	35	67
	7	8	25	9	24	7	7	37	68	39	66
	8	8	28	9	27		8	39	73	41	71
	9	9	30	10	29		9	41	78	43	76
	10	9	33	11	31		10	43	83	46	80
4	4	11	25	12	24	8	8	49	87	52	84
	5	12	28	13	27		9	51	93	54	90
	6	12	32	14	30		10	54	98	57	95
	7	13	35	15	33	9	9	63	108	66	105
	8	14	38	16	36		10	66	114	69	111
	9	15	41	17	39	10	10	79	131	83	127
	10	16	44	18	42						

附表12　配对比较的秩和检验 T 临界值表

N	单侧：0.05 双侧：0.10	0.025 0.05	0.01 0.02	0.005 0.01	N	单侧：0.05 双侧：0.10	0.025 0.05	0.01 0.02	0.005 0.01
5	0 – 15	—	—	—	28	130 – 276	116 – 290	101 – 305	91 – 315
6	2 – 19	0 – 21	—	—	29	140 – 295	126 – 309	110 – 325	100 – 335
7	3 – 25	2 – 26	0 – 28	—	30	151 – 314	137 – 328	120 – 345	109 – 356
8	5 – 31	3 – 33	1 – 35	0 – 36	31	163 – 333	147 – 349	130 – 366	118 – 378
9	8 – 37	5 – 40	3 – 42	1 – 44	32	175 – 353	159 – 369	140 – 388	128 – 400
10	10 – 45	8 – 47	5 – 50	3 – 52	33	187 – 374	170 – 391	151 – 410	138 – 423
11	13 – 53	10 – 56	7 – 59	5 – 61	34	200 – 395	182 – 413	162 – 433	148 – 447
12	17 – 61	13 – 65	9 – 69	7 – 71	35	213 – 417	195 – 435	173 – 457	159 – 471
13	21 – 70	17 – 74	12 – 79	9 – 82	36	227 – 439	208 – 458	185 – 481	171 – 495
14	25 – 80	21 – 84	15 – 90	12 – 93	37	241 – 462	221 – 482	198 – 505	182 – 521
15	30 – 90	25 – 95	19 – 101	15 – 105	38	256 – 485	235 – 506	211 – 530	194 – 547
16	35 – 101	29 – 107	23 – 113	19 – 117	39	271 – 509	249 – 531	224 – 556	207 – 273
17	41 – 112	34 – 119	27 – 126	23 – 130	40	286 – 534	264 – 556	238 – 582	220 – 600
18	47 – 124	40 – 131	32 – 139	27 – 144	41	302 – 559	279 – 582	252 – 609	233 – 628
19	53 – 137	46 – 144	37 – 153	32 – 158	42	319 – 584	294 – 609	266 – 637	247 – 656
20	60 – 150	52 – 158	43 – 167	37 – 173	43	336 – 610	310 – 636	281 – 665	261 – 685
21	67 – 164	58 – 173	49 – 182	42 – 189	44	353 – 637	327 – 663	296 – 694	276 – 714
22	75 – 178	65 – 188	55 – 198	48 – 205	45	371 – 664	343 – 692	312 – 723	291 – 744
23	83 – 193	73 – 203	62 – 214	54 – 222	46	389 – 692	361 – 720	328 – 753	307 – 744
24	91 – 209	81 – 219	69 – 231	61 – 239	47	407 – 721	378 – 750	345 – 783	322 – 806
25	100 – 225	89 – 236	76 – 249	68 – 257	48	426 – 750	396 – 780	362 – 814	339 – 837
26	110 – 241	98 – 253	84 – 267	75 – 276	49	446 – 779	415 – 810	379 – 846	355 – 870
27	119 – 259	107 – 271	92 – 286	83 – 295	50	466 – 809	434 – 841	397 – 878	373 – 902